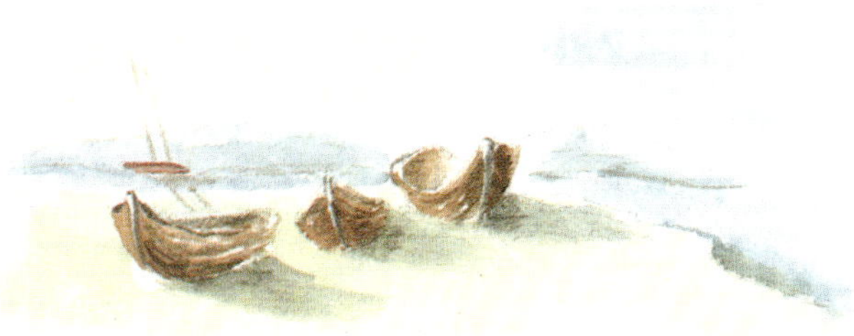

Landschaftsaquarelle

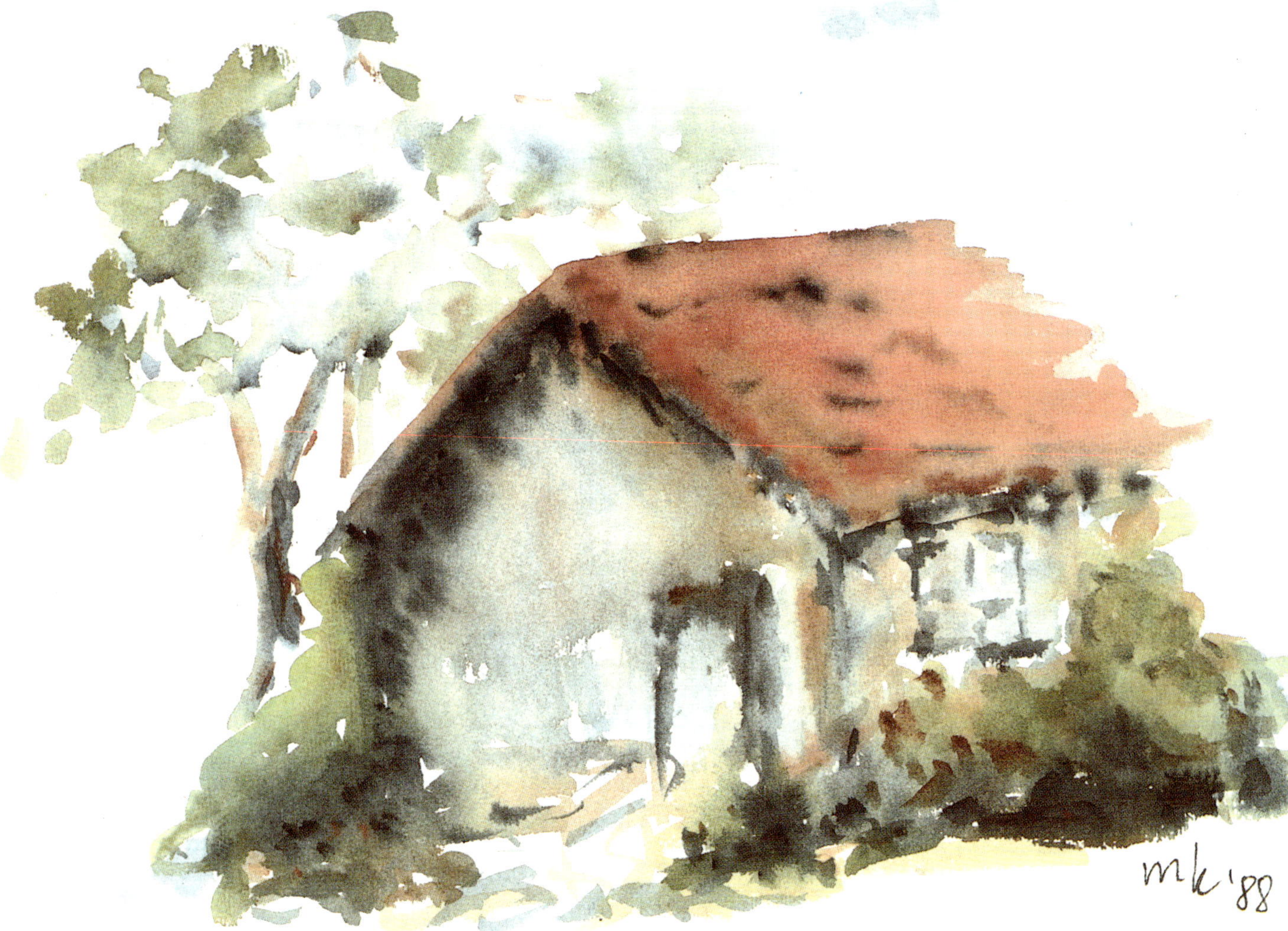
mk'88

Gisela Kiessling-Kuchenbuch

Landschaftsaquarelle

Über Technik und Komposition zum persönlichen Stil

AUGUSTUS VERLAG AUGSBURG

Das vorliegende Buch möchte Anfängern und Fortgeschrittenen die Aquarelltechnik für die Landschaftsmalerei vermitteln, um vor der Natur mit künstlerischer Aussagekraft malen zu können. Hauptziel ist es, zu zeigen, wie durch richtigen perspektivischen Aufbau harmonisch gestaltete Bilder entstehen.
Dafür wünsche ich gutes Gelingen.
Herzlich danken möchte ich den Mitarbeitern des Augustus Verlag für die fachgerechte Unterstützung. Besonderer Dank gebührt den Kursteilnehmern meiner Aquarellkurse der Volkshochschule Göttingen für ihre Hilfe bei der Auswahl der Beispiele und die gute Zusammenarbeit.

Gisela Kiessling-Kuchenbuch

Die Deutsche Bibliothek – CIP-Einheitsaufnahme

Kiessling-Kuchenbuch, Gisela:
Landschaftsaquarelle: über Technik und Komposition zum persönlichen Stil / Gisela Kiessling-Kuchenbuch. –
(Sonderausg.) – Augsburg: Augustus-Verl., 1994
ISBN 3-8043-0295-5
NE: HST

Lektorat: Klaus-Dieter Hartig, Darmstadt
Umschlaggestaltung: Christa Manner, München
unter Verwendung eines Aquarells der Autorin
Layout: Anton Walter, Gundelfingen

AUGUSTUS VERLAG AUGSBURG 1994

Gesamtherstellung: Appl, Wemding
Gedruckt auf 135 g umweltfreundlich, elementar chlorfrei gebleichtes Papier.
ISBN 3-8043-0295-5
Printed in Germany

Inhalt

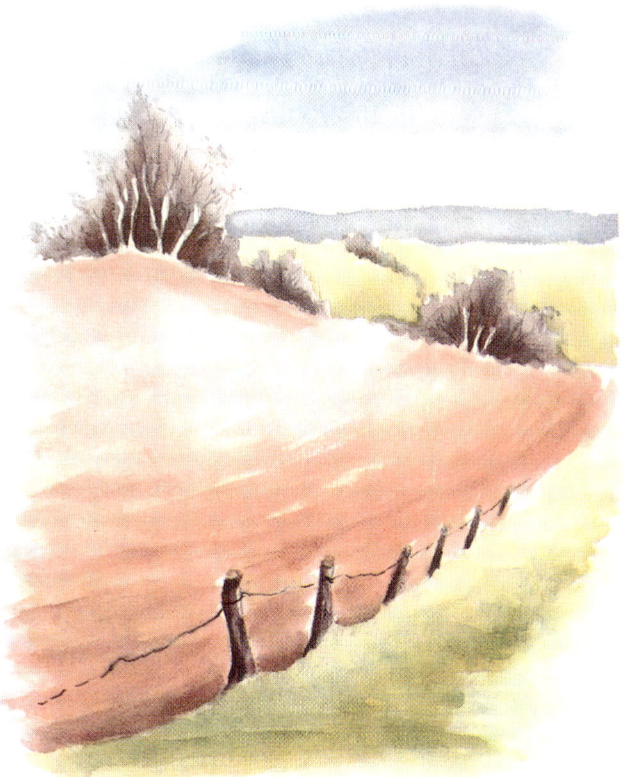

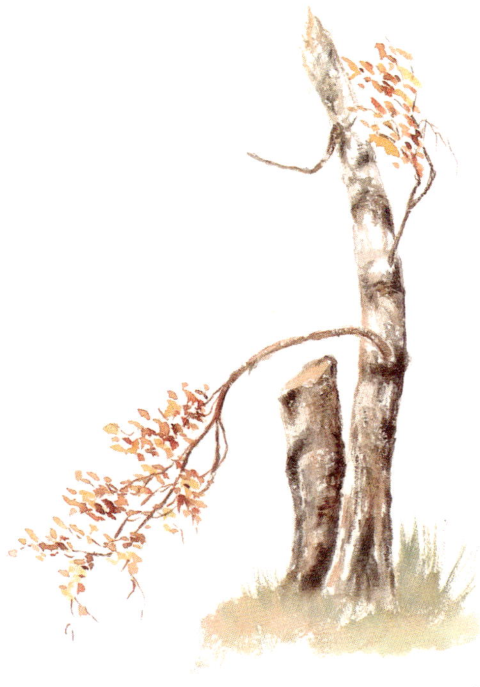

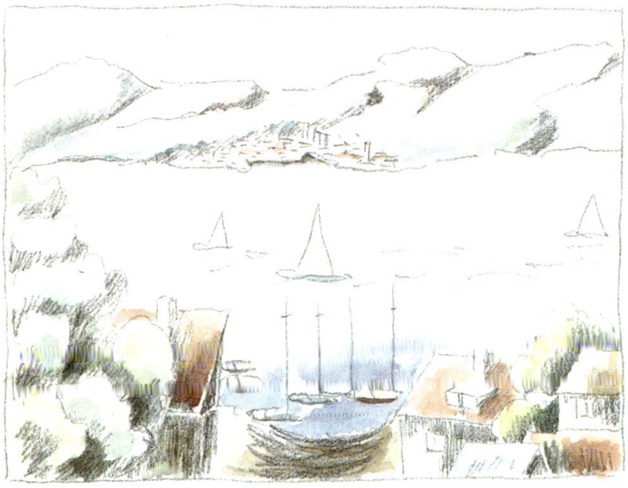

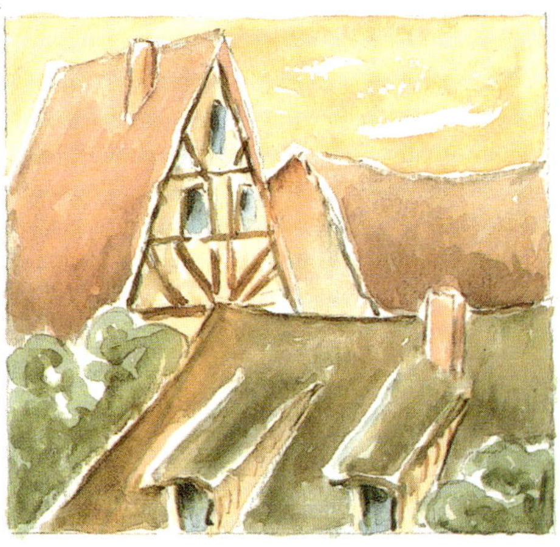

Vorwort

Die Natur ist überall schön, darum lernen wir mit ihr zu leben. Sie bewußt zu sehen, um malen zu können, wird jenen Freude bereiten, dem sie ihre ganze Vielfalt offenbart.

Das vorliegende Buch ist für alle jene gedacht, die gerne mit Skizzenblock und Bleistift durch die Natur streifen und davon träumen, eine Landschaft mit Bäumen, fließenden oder stillen Gewässern — eben die Natur — in Aquarellfarben darzustellen. Es soll helfen, daß Ihr Traum Wirklichkeit wird, und Anregungen bieten.

Die vorgestellten Aquarelltechniken unterscheiden sich etwas voneinander; sie beginnen jedoch alle mit gutdurchdachten Schritten. Lesen Sie am Anfang jedes Kapitel durch und beginnen Sie mit einer Bleistiftskizze. Wenn Sie die Aufgabe genau durchdacht und in sich aufgenommen haben, beginnen Sie in Ruhe die Zeichnung mit Aquarellfarben auf den Zeichenblock zu übertragen

Ein weiterer Gedanke soll dieses Buch begleiten: Entdecken Sie unsere Umwelt, indem Sie aktives Sehen lernen und erkennen, wie schön die Dinge im Umland sind. Es wird nicht lange dauern, und die Welt wird sich um Sie herum entfalten. Sie werden ergriffen von ihr sein und sehen, wie vielfältig sie ist. Haben Sie dabei etwas Geduld — sofort wird sie sich Ihnen nicht erschließen. Üben Sie das richtige Sehen und beginnen Sie mit kleinen Schritten. Das Buch will dazu anleiten, eine Landschaft zu entdecken, und zum Zeichnen und Malen anregen. Blick und Perspektive können geschult werden und mit fortschreitendem Können wird Ihnen die Motivwahl immer weniger Schwierigkeiten bereiten. Vertrauen Sie Ihrem guten Geschmack und Ihren Augen; sie sind das Maß aller Dinge. Ohne ein gutes Augenmaß geht es nicht. Nehmen Sie, wenn Sie im Freien zeichnen, den Bleistift in die ausgestreckte Hand und messen Sie wie groß der Baum im Vordergrund ist, danach fixieren Sie dieses Maß mit wenigen Strichen auf das Papier. Danach wird es keine Schwierigkeiten mehr bereiten, weitere Details perspektivisch genau auf das Papier zu bringen.

Diese Buch soll Anregungen geben und Techniken nahebringen, Hilfestellung bei dem Problem der Perspektive bieten.

Einführung

Das Leben in und mit der Natur kann zum beglückenden Erlebnis werden, wird sie richtig „erlebt". Eine Landschaft „sehen" lernen, um sie auf Papier in Aquarell gestaltend wiederzugeben, gleicht einer Herausforderung der Natur.

Diese Gedanken begleiten das Buch von Anfang an und sollen Anregung geben zum aktiven Sehen. Das menschliche Auge sieht die Linien in einer Landschaft kaum. Sie sind jedoch stets vorhanden und sollen nahegebracht werden. Natürlich gehört dazu die Bereitschaft, von alten eingefahrenen Gleisen Abschied zu nehmen und sich dem Neuen zu öffnen. Erkennbar dabei sind die Grundlagen und Gesetzmäßigkeiten, die beim künsterischen Gestalten einer Landschaft zu beachten sind. Sicher haben Sie schon den Versuch unternommen, eine Landschaft in ihrer Freizeit zu zeichnen oder zu malen, leider stellte sich dabei heraus, daß sie mit der Wirklichkeit nicht ganz übereinstimmte. Sehr oft verflüchtigt sich dadurch die spontane Zeichenbegeisterung. Das ist natürlich schade, denn was fehlt, ist der richtige Aufbau und die Perspektive, die die Qualität einer guten Zeichnung oder eines schönen Aquarellbildes ausmachen.

Wenn ein Anfänger besonders begabt ist, kommt er selbst hinter die Geheimnisse der Komposition. Doch um ernsthaft weiterzukommen, muß das Aufbausystem gründlich erlernt werden, damit es später wie von selbst geht. Dies prägt sich Ihnen sehr schnell ein. Nur durch Üben von Fluchtpunkten und Fluchtlinien gelingt es Ihnen, in das Geheimnis der Perspektive einzudringen. Sie ist in jeder Zeichnung enthalten, ob Landschaft oder Stilleben. Besonders deutlich ist sie in einer Konstruktionszeichnung zu erkennen, in der alle Linien durchgezogen und am Rande mit Nummern zum leichteren Erklären versehen wurden. Durch Zeichnungen möchte ich Hilfestellung geben für die Linienführung — den Aufbau, wie der Zeichner sagt.

Die Aquarellmalerei setzt keine künstlerische Vorbildung voraus, sondern lediglich ein wenig Liebe zur Natur, etwas Mut, Selbstvertrauen und Ausdauer. Verlieren Sie nicht die Freude am Malen, wenn nicht sofort der erhoffte Erfolg eintritt. Dieses Buch will dabei helfen, Schritt für Schritt in die Kunst der Perspektive einzusteigen. Es versteht sich dabei von selbst, daß die Linienführung in der Zeichnung eines Anfängers noch nicht so ausgewogen ist wie bei einem Fortgeschrittenen. Die Beispiele zeigen Ihnen, wie wertvoll diese Kenntnisse sind, um Horizont und Fluchtpunkt bestimmen zu können.

Jede Beschäftigung mit der Landschaft beginnt mit einem Motivsucher in der Natur, oder, wie in diesem Buch, mit einer Konstruktionszeichnung. Bemühen Sie sich, die vorausgehenden Zeichnungen genau nachzuzeichnen, um ein Gefühl für Perspektive zu bekommen. Ohne diese wichtigen Punkte geht es nicht. Blick und Aufmerksamkeit können Sie schulen, um mit fortschreitendem Können selbst auf Motivsuche zu gehen. Dabei wird Ihnen die Perspektive immer weniger Schwierigkeiten bereiten. Denken Sie daran: die Landschaft ist überall; sie fängt vor Ihrem Fenster oder Ihrer Haustür an. Sie breitet sich vor Ihnen aus, vom Garten bis hin zum Wald, zum Gebirge oder zum Meeresstrand. Man sollte nur bereit sein, sie zu sehen.

Geschichte der Landschaftsmalerei

Die Hinwendung zur Landschaftsmalerei begann im 15. Jahrhundert. Die Meister im Mittelalter, die Fresken, Tafelbilder und unübertroffene Buchmalereien schufen, waren meist mit Aufträgen von Kirchenfürsten und gekrönten Häuptern beschäftigt und hatten kein Auge für die Natur. In Klöstern zeigten sich allmählich neue Ansätze der Landschaftsmalerei in Paradiesdarstellungen in Wandbildern; dennoch boten diese Naturdarstellungen mehr Schrecken als Erbauung. Die zweite Hälfte des 15. Jahrhunderts war stark durch folgenschwere Ereignisse wie Kriege, Pest und große Not in vielen Ländern geprägt. Die Verbreitung einer neuen Geisteshaltung kam erst langsam auf. Humanismus und Renaissance wirkten sich auch auf die Landschaftsmalerei aus. Der Nürnberger *Albrecht Dürer (1471 — 1528)* hat mit seiner Wasserfarbenmalerei großen Einfluß auf die Entwicklung. Er schuf seine Werke eigentlich nur als Vorstudien. „Es bleibt eine singuläre Tat des Malers Dürer, bereits in den neunziger Jahren des 15. Jahrhunderts erlebte Landschaft in farbige Bilder umgesetzt zu haben" schreibt Kristina Herrmann-Fiore.

Erstmals in der deutschen Sprache kam das Wort „Landschaft" bei Dürer als Begriff vor. Er schuf etwa zweiunddreißig Landschaftsaquarelle, die wohl zu den kostbarsten Schätzen der Welt zählen.

Der Engländer *John White (1540? — 1600)* kehrte 1586 aus Brasilien mit reichem Material an Aquarellen und Zeichnungen von Fauna und Flora in seine Heimat zurück. Er war der erste Europäer, der Darstellungen der Neuen Welt vorstellte. Die Künstler in England griffen nun begierig zum Aquarellpinsel, um vor der Natur zu malen. Dadurch kam es gerade in England zu einer Entfaltung in der Aquarellkunst.

Der Landschaftsmaler *Hendrick Avercamp (1585 — 1663)* aus Amsterdam schuf viele Winterbilder mit Schlittschuhläufern auf zugefrorenen Seen. Er malte seine Aquarelle sehr fein und doch locker. Sie erweckten stets den Eindruck von Lebhaftigkeit. *Adam Elsheimer (1578 — 1610)* aus Frankfurt kam durch die niederländischen Landschaftsmaler angeregt, 1600 nach Rom um dort das letzte Jahrzehnt seines zu kurzen Lebens zu verbringen. Sein Oeuvre umfaßt fünfzig kleine Gemälde, achtzig Zeichnungen, jeoch keine eigentlichen Aquarelle — bis auf jene berühmte Reihe von dreiunddreißig Pinselzeichnungen in Gouache. Dieser Künstler handhabte den Pinsel in einer Weise wie keiner vor ihm: flüssig und breit im Auftrag, läßt er freie Lichter auf dem Papier stehen. Er verbrachte halbe Tage in der Umgebung Roms, schöne Bäume betrachtend zu, um das Gesehene zu Hause aufs Papier zu bringen. Von ihm kann gesagt werden er habe die Schönheit der Natur entdeckt. Das war sein Verdienst.

Der Lothringer Claude Gelée, genannt *Claude Lorrain (1600 — 1682)* geboren bei Toul, wurde ein großer Landschaftsmaler. In jungen Jahren arbeitete er bei Flämischen Künstlern, die nach Rom zogen. Dort verbrachte er den größten Teil seines Lebens. Um 1631 wurde das Malen vor der Natur noch von allen Malern abgelehnt. Aber Claude Lorrain malte entzückende Naturbilder voller Eleganz und Anmut der Formen. Er war auf harmonische Wirkung des Ganzen und Effekte des Lichts bedacht.

Mit dem Deutschen *Joachim von Sandrart (1606 — 1688)* in Frankfurt/M. geboren, freundete sich Claude Lorrain an. Sandrart hatte es von den Niederländern übernommen, vor der Natur und frei nach dem was er dort sah, zu malen. Claude Lorrain wurde zum Begründer der „Idealen Landschaft", wurde für kunstfähig erachtet und von den Akademien nachgeahmt und kopiert. Er arbeitete keineswegs in der Aquarellkunst, wie wir sie heute kennen. Mit Pinsel, Bister und Feder lavierte er viele Blätter, welche die Vorläufer zu unserer Malerei wurden. Das Malen und Zeichnen von Landschaften wurde nun in eine neue Kategorie erhoben. Seine Sammlung „Libro di verita" (liber veritatis) mit 200 Zeichnungen befindet sich seit 1770 im Schloß des Herzogs von Devonshire in England und wird als größte Kostbarkeit gehütet. Die Blüte der englischen Aquarellkunst war um die Mitte des 17. Jahrhunderts. Immer mehr Maler und Zeichner kamen zu dieser Zeit nach England und erhofften sich Aufträge. Die meisten von ihnen waren niederländischer Herkunft.

Der bedeutendste unter ihnen war *Antonius van Dyck (1599 — 1641)* aus Antwerpen, der dort 1632 seine Tätigkeiten abschloß und zu einem zweiten Aufenthalt nach London ging, wo er zweiundvierzigjährig starb. Er schuf eine Reihe von Landschaftsstudien mit transparenten Wasserfarben und Feder, aber auch mit Deckfarben. Viele niederländische Künstler waren das gesamte Jahrhundert über in England tätig. Sie malten Städtebilder und zahlreiche realistische Landschaften mit viel Erfolg.

Die Naturdarstellung erfuhr in England eine größere Bedeutung als anderswo. Der Kupferstecher *Wenzel Hollar (1607 — 1677)* aus Prag, der die Sammlung „Ansichten einer Reise" anfertigte, ging im jahr 1637 nach England. Seine Graphik wurde zu einem einzigartigen Dokument, sowohl in topographischer als auch technischer Hinsicht. Seine Zeichnungen waren bereits mit zarten Wasserfarben versehen.

Die Künstler sahen sich damals besonderen Problemen gegenüber, die nicht nur künstlerischer, sondern vor allem technischer Natur waren. Die Zubereitung der Farben war das Geheimnis eines jeden Malers; nur er kannte die richtigen Rezepte. Das Papier, welches die Anforderung des Aquarells erfüllt, war schwer zu beschaffen. Erst durch die spätere Papierproduktion gegen Ende des 18. Jahrhunderts bekam England einen deutlichen Vorsprung gegenüber dem Kontinent. Auch wurden ab 1760 erstmals in England Ausstellungen von Aquarellen veranstaltet, die auf junge Künstler wirkten. Die Formate der Bilder wurden größer, da sie den Ölgemälden angepaßt werden sollten. Dazu trug die verbesserte Papierqualität bei. Um die Jahrhundertwende gab es in England hervorragende Landschaftsmaler, die sich besonders hervortaten, indem sie die Schlösser, Häuser und Parks des Adels in Aquarell malten.

Thomas Gainsborough (1727 — 1788) aus Sulbury war ein bedeutender Maler der englischen und der Weltkunst. Er wollte nur noch vor der Landschaft malen. In der Landschaftsmalerei machte er Epoche; ihn fesselte die Natur selbst. Seine Landschaften sind gekennzeichnet durch harmonische Farben, große Sättigung und gefällige Wirkung. Seine Bedeutung lag in der phantasievollen Veränderung der Objekte. Durch Vereinfachung, Weglassen und Andeuten gewann er eine neue Schöpfung in Farbtönen und eine neue Ahnung der Natur.

Caspar David Friedrich (1774 — 1840) in Greifswald geboren, folgte dem Ruf der Natur und erhob die „innere Vision" geradezu zum eigentlichen Kern der Kunst. Er forderte die Maler auf, „die Augen zu schließen, um malen zu können". Man sollte malen, was man in sich, nicht vor sich sehe. Friedrich wurde durch seine sauber getuschten Landschaften bekannt. In seinen Bildern ist der poetische Gedanke vorhanden. Gemäß der romantischen Richtung der Zeit wird die Natur zum Symbol des Geistigen. Seine einfachen, aber ergreifenden Darstellungen schlugen einen neuen Weg der Landschaftsmalerei ein und vermitteln den fesselnden Eindruck der Natur.

Friedrich hatte großen Einfluß auf das Werk von *Philipp Otto Runge (1777 — 1810)*, geboren in Wolgast. Er faßte 1810, in seinem letzten Lebensjahr, seine Erfahrungen in der berühmten farbentheologischen Schrift „Farbkugel" zusammen. Runge schrieb am 3. Juli 1806 einen Brief an Goethe mit eindrucksvollen Sätzen zur Farbe, im besonderen zu jenen des Aquarells:

„Das Verhältnis des Lichts zu durchsichtigen Farben ist, wenn man sich darin vertieft, unendlich reizend und das Entzünden der Farben und das Verschwimmen ineinander und das Wiedersehen und Verschwinden ist, wie das Odemholen in den großen Pausen von Ewigkeit zu Ewigkeit, von höchstem Licht bis in die einsame und ewige Natur in den allertiefsten Tönen."

Runge gilt als eigentlicher Schöpfer der romantischen Malerei. Unter der Hülle eines plastischen und herben Realismus seiner Werke liegt das tiefe Gefühl des Romantischen.

Die Aquarellmalerei hatte eine große Höhe erreicht. Die bedeutendsten Aquarellmaler des Naturalismus kamen aus der Düsseldorfer Schule. Sie stand unter bestimmten französischen und auch belgischen Einflüssen.

Karl Blechen (1798 — 1840) aus Cottbus war Professor für Landschaftsmalerei in Berlin und ein trefflicher Genre- und Landschaftsmaler. Der Höhepunkt seines malerischen Schaffens wurde die Italienreise 1828. Dort begegnete er *William Turner*, der wahrscheinlich besonderen Einfluß auf Blechen hatte. Wie für den englischen Meister war auch für ihn das Spiel der Lichter bedeutender als das Motiv. 1831 wurde Blechen Professor in Berlin ohne allerdings Anerkennung zu finden. Auf die nachfolgenden Künstler war seine Wirkung hingegen beträchtlich.

Adolph Menzel (1815 — 1905), in Breslau geboren, war Meister des Berliner Realismus. Seine Vielseitigkeit ist bestechend. Er arbeitete in Öl, Pastell, Deckfarben und Aquarell. Er entwickelte seine eigene Technik die gekennzeichnet ist durch starke zeichnerische Pinselführung, das Setzen effektvoller Lichter und besonderer Akzente. Das „reine" Aquarell englischer Prägung war nicht sein Stil. Sein Pariser Aufenthalt wurde entscheidend für die impressionistische Pinselführung.

Ebenso wie zuvor in England war auch auf dem Kontinent die Epoche der Aquarellkunst zu Ende gegangen.

Jakob Alt (1789 — 1872) aus Frankfurt arbeitete mit seinem Sohn *Rudolf von Alt (1812 — 1905)* eng zusammen. *Jakob Alt* war auf dem Weg nach Italien in Wien geblieben und wurde hier in kurzer Zeit ein angesehener Aquarellmaler von Stadt- und Landschaftsveduten. Rudolf lernte bei seinem Vater schnell und überflügelte ihn später, blieb aber mit ihm in einer Werkstatt zusammen. Einen ersten künstlerischen Höhepunkt erreichte er in den Jahren 1839 bis 1848, indem er völlig transparente Aquarelle schuf. Rudolfs Schilderungen von Landschaften, Bauwerken und Menschen drücken eine besondere Stimmung aus. Im Jahr 1863, auf der Reise zur Krim wurde die Wende eingeleitet, die zu einer neuen malerischen Qualität in seinem Werk führte. Er malte im Großformat frei und findet zu künstlerischer Autonomie. Der Erfolg der achtziger Jahre brachte ihm Ehrungen und akademische Würden.

Der französische Impressionismus wurde zum Wegbereiter für andere Kunstrichtungen. Ein dramatisches Jahrhundert war angebrochen, nicht nur in der Kunst. „Je schreckenvoller diese Welt, desto abstrakter die Kunst", hatte *Paul Klee (1879 — 1940)*, Bern, angekündigt. Niemals mehr sollte die Kunst nur eine Ansicht sein oder nur den oberflächlichen Schein wiedergeben.

Mit *Eduard Manet (1832 — 1883)* wurde das Ende des Impressionismus eingeleitet. In Deutschland suchte der Expressionismus durch heftige, spontane Farbausbrüche neue Ausdrucksformen zu erreichen.

Ernst Ludwig Kirchner (1880 — 1938), Karl Schmidt-Rottluff (1884 — 1976) und Erich Heckel (1883 — 1970) gründeten die Künstlergemeinschaft die „Brücke" in Dresden. Es war eine Zeit des gesellschaftlichen Umbruchs in Deutschland. Die deutschen Expressionisten malten u.a. stimmungshafte Landschaften. Die Farbe und ein oft eigenwertiger Pinselduktus wurden zum bevorzugten Ausdrucksmittel. In den Werken Schmidt-Rottluffs z.B., die vor dem 1. Weltkrieg entstanden, werden unter Verzicht auf das Detail Formen und Flächen zusammengefaßt. Die Bildstruktur wurde vereinfacht. Die Räumlichkeit wich einer Übereinanderstaffelung.

Emil Nolde (1867 — 1956) spielte eine große Rolle als Wegbereiter für das wiederentdeckte heutige Aquarell. Die Sprache seiner Bilder, ob Blumen, Landschaften oder Genremalerei, war stark von der Farbe geprägt, der sich die Form unterordnete.

Die meisten Maler des neuen Jahrhunderts wichen von dem „reinen Landschaftsbild" ab. Heute stehen abstrakte Formen und Farben im Vordergrund. Naturalistische Bildwerke haben ihre große Bedeutung bei den Künstlern der Gegenwart verloren.

Von der Theorie zur Praxis

Ein gutes Landschaftsaquarell zeichnet sich durch die Leichtigkeit der Pinselführung und eine treffsichere Wiedergabe aus; das ist eben ein Bild ohne Kompositionsfehler.

Bevor Sie die erste, noch so kleine Skizze beginnen, sehen Sie sich bewußt die Landschaft an. Danach fertigt man, nach reichlichem Suchen durch den Motivsucher, die erste Bleistiftskizze auf dem Skizzenblock an. Man überträgt nur einige flüchtige Anhaltspunkte auf den Aquarellblock und beginnt stets mit dem Himmel. Die Natur ist und bleibt unser Vorbild. Jedoch kann die Wirklichkeit so wie sie das menschliche Auge erfaßt, in der bildnerischen Wiedergabe auch fehl am Platz sein, da stets Konstruktion und Komposition zu Grunde liegen müssen. Es kann durchaus geschehen, daß ein Baum, Haus oder andere Staffage die Komposition zu zerstören droht. Solche Dinge sollten weggelassen werden, damit der harmonische Aufbau nicht gestört wird.

Die Kunst der Malerei besteht darin, das Unsichtbare in der Umwelt sichtbar zu machen.

Detailstudien

Legen Sie besonderen Wert auf die richtige Wiedergabe zum Beispiel eines Baumes. Der Betrachter sollte sofort erkennen, um was für einen Baum es sich handelt. Ist er nur ein Klecks in der Landschaft oder, was schlimmer ist, im Vordergrund, so ist das Bild mißlungen. Er sollte nach der Natur gemalt werden, jedoch locker in die Komposition eingefügt werden und von richtiger Gestalt sein. Es kann von großem Nutzen werden, sich einen Baum im Spätherbst, wenn die Blätter von den Bäumen gefallen sind, genau anzusehen. Zeichnen Sie ihn in Ihr Skizzenbuch naturgetreu ab, mit allen Schattierungen und fast allen Zweigen. Die Form der Krone, die verschlungenen Äste, die Baumrinde, alles sollte Sie zum Zeichnen reizen. Bäume sind stets ein wichtiger Bestandteil in einem Landschaftsbild; durch die Art ihrer Darstellung kann es lebendig oder tot wirken. Sind sie zu Anfang zu steif gemalt, ohne jeden Schwung, mißlingt das Bild. Sehen Sie sich genau an, wie die Bäume gewachsen sind. Schattierungen an Ästen und Stamm sind wichtig, um den Baum rund erscheinen zu lassen.

In der Komposition sollte am äußeren Bildrand kein Baumstamm nur zur Hälfte stehen. Zu vermeiden sind auch ein großer Baum genau in der Mitte des Bildes, er zerschneidet das Bild. Detailstudien von Bäumen finden Sie in mehreren Kapiteln wieder, ebenso die Blätter und Früchte.

Blätter, Baumfrüchte und interessante Zweige mit Zapfen oder Beeren sind lohnende Studienobjekte, die in stillen Stunden zu Hause abgezeichnet werden können, und die das Gefühl für Schwarz-Weiß-Zeichnungen geben. Dabei arbeiten Sie nicht zu früh ein Detail aus; lassen Sie die Zeichnung mit der Schattierung langsam wachsen. Sie sollten stets eine Zeichnung im ganzen sehen und niemals nur eine Ecke mit dichter Schraffur bedecken. Dadurch müssen andere Details oft zu stark durchgezeichnet und besonders betont werden.

Malen vor der Natur

Sie haben sich für Sonntag fest vorgenommen, sich an den Waldrand zu setzen, um zu malen. Was benötigt ein Maler dazu? Die aufgeführten Materialien gehören auf jeden Fall zur Standardausrüstung des Aquarellmalers, ob im Atelier oder vor der Natur:

- Skizzenblock
- Bleistift HB
- Radiergummi
- Aquarellblock, 30 x 40 cm, matt oder rauh
- Aquarellfarben
- 3 Pinsel, in den Größen 4, 6 und 8 und einen großen Wasserpinsel zum Papieranfeuchten
- 2 Wassertöpfchen (Schraubgläser)
- Papiertücher
- kleiner Naturschwamm
- Bastelmesser
- weiße Kerze
- Klapphocker
- Motivsucher

Einen Motivsucher können Sie leicht herstellen. Nehmen Sie ein Stück Karton in der Größe 10 x 20 cm und schneiden Sie in der Mitte ein Fenster — in der Größe einer Streichholzschachtel — aus. Derart gut gerüstet geht es in die Landschaft.

Ist man am richtigen Ort angekommen, nimmt man den Motivsucher zu Hilfe und sucht mit ihm die Landschaft ab. Merken Sie sich einen bestimmten Punkt und setzen Sie ihn auf dem Skizzenblock ein. Zuerst werden die markanstesten Linien gezeichnet und Häuser und Bäume eingesetzt. Man prüft zwischendurch stetig mit dem Bleistift als Meßgerät die Höhe der Punkte im Vordergrund. Das kann ein Baum, Haus oder Buschwerk sein. Hinter diesem Punkt verkleinert sich alles Weitere in der Landschaft, was weit entfernt zu sehen ist. So entsteht eine räumliche Tiefenwirkung.

Motivsucher und Bleistift sind unentbehrliche Hilfsmittel beim Malen im Freien. Man sollte sich nicht nur auf sein Augenmaß verlassen. Nach dem Erstellen des Liniengerüsts, mit Fluchtpunkt und Fluchtlinien, kann man den Augen wieder voll vertrauen.

In Aquarellfarben übertragen sieht in der Ferne alles dunstig, grauer und bläulicher aus. In der Nähe ist die Farbe dagegen klarer, kräftiger und dunker. Mit der Zeit wird man alles besser und auch intensiver sehen können. Aber es erfordert eben eine gewisse Übung.

Wir beginnen mit dem Himmel, der möglichst zügig auf das angefeuchtete Papier gemalt werden sollte. Setzen Sie die Farbe am oberen Bildrand von links nach rechts auf das nasse Papier. Die Farbe läuft. Verwenden Sie auf keinen Fall Kadmiumgelb für das Licht im Himmel, stets nur lichten Ocker. Gelb und Blau würden zusammenlaufen und einen Grünton bilden. Kurz über der Erde am Horizont sollte man die Farben des Himmels nur mit klarem Wasser wegwaschen. Dadurch entsteht räumliche Tiefe im Bild.

Dies ist der erste einfache Grundsatz der Kompositionslehre. Danach werden alle Berge, Hügel, Felder, Wälder und Häuser, die in der Ferne gleich unter dem Horizont beginnen, grauer, blasser und schwächer gemalt, so wie sie in der Natur zu sehen sind. Das ist der zweite, jedoch wichtigste Kompositionspunkt. Man arbeitet auf dem Block stets von oben nach unten. Ein Fehler ist es, sich nur in einer Ecke festzumalen. Das Bild soll wie aus einem Guß wirken, ohne viele Korrekturen. Sind alle Farben noch blaß gehalten, können sie durch dunkle Töne gesteigert werden. Umgekehrt ist das nicht möglich.

Malen vor der Natur ist immer wieder ein Erlebnis. Für besonders schöne Stellen sind die Herzen und Augen stets offen. Doch erst müssen wir die Natur in uns aufnehmen, bevor wir irgendwo Rast machen, um diese oder jene schöne Aussicht zu zeichnen und zu malen. Mit dem Motivsucher sucht man zuerst die Landschaft ab. Nun beginnt eine intensives Beobachten.

Das Frühjahr hat einen eigenen Flair. Der Herbst leuchtet in vielen Farben, teils in Ockertönen oder rötlich satt im Ton. Nur hier und da ist noch ein wenig Grün zu sehen. Das ist die Jahreszeit, für die eigens eine Farbpalette nötig ist. Man findet sie bei den Farbtafeln.

Farben und Formen

Mit den beiden Komponenten Farbe und Form können wir etwas mitteilen, aussagen, oder etwas wahrnehmbar machen. Die Farbaussage spielt dabei eine wesentliche Rolle. Sie kann eigene Wege gehen und sich von der Form lösen.

„Wenn ich die Farbe zu vollen Akkorden steigerte, schien anderen bisweilen die Form entschwunden, sie ist immer da, aber tiefliegend."

Das schrieb Emil Nolde, einer der größten modernen Künstler, über seine Malweise, in höchster Konzentration mit lasierenden Aquarellfarben zu malen.

Der Begriff Aquarellmalerei ist vom lateinischen Wort „aqua" (Wasser) und wohl auch vom italienischen „aquerello" abzuleiten. Das Wasser spielt beim Aquarell die wichtigste Rolle. Wird zu wenig zugesetzt, enthält der Farbstrich eine kräftige Konsistenz und gleicht eher dem der Deckfarbenmalerei. Es gibt den Oberbegriff Wasserfarbenmalerei, der die Gouache-, Deckfarben- und Aquarellmalerei umschließt. Bei den drei Arten der Wasserfarbenmalerei wird mit feinen Farbpigmenten, mit Wasser und Bindemittel gearbeitet. Beim Aquarell wird das Zusammenwirken von Wasser, Farbe und Papier am deutlichsten. Die Farben werden mit Wasser verdünnt, einmal stärker, einmal weniger, wie es der Künstler an dieser oder jener Stelle wünscht. Wasser ist das wesentlichste Element in der Farbgestaltung auf hellem Papiergrund. Beim Aquarell wird eine Transparenz (Durchsichtigkeit) angestrebt. Sie sollte durch Druck und Schwung der Pinselführung unterstützt werden. Ein transparentes Kolorit verleiht einem Bild Luftigkeit. Es zeichnet sich durch sensible Pinselführung aus. In der Praxis können durchaus zwei Arten des Kolorits, kräftige Konsistenz und Transparenz, gleichwertig nebeneinander und sich ergänzend in einem Bild angebracht werden, ohne die Harmonie des Ganzen zu stören. Es kommt auf das jeweilige Motiv an. Es gibt keine Vorschriften, wie Aquarellfarben gehandhabt werden sollen. Vieles ist dem Geschmack zu überlassen. Wenn das technische Rüstzeug gründlich erlernt wird, sollte kein Bild mehr mißlingen.

Aquarellfarben werden aus mineralischen oder organischen, feingemahlenen Farbpigmenten mit Wasser als Lösungsmittel und einem Bindemittel (Gummiarabikum) hergestellt. In Töpfchen oder Tuben in den Handel gebracht, ist die Lichtechtheit der Farben durch zwei und drei Sterne gekennzeichnet. Deckweiß darf in der Aquarellmalerei nicht verwendet werden, da es mit Farbe vermischt zur Gouache wird. Diese breiartigen Konstistenzen sind für ein Aquarell unbrauchbar. Was ist der Unterschied zwischen Aquarell- und Deckfarben? Die Farbteilchen im Aquarell bestehen aus feinsten, gemahlenen Farbpigmenten, die mit Wasser verdünnt und mit Gummiarabikum gebunden wurden. Aquarellfarben zeichnen sich im Gegensatz zu Deckfarben durch eine gute Wasserlöslichkeit und Lichtechtheit aus. Es genügt eine Pinselspitze Farbe, mit Wasser verdünnt, um das Weiß des Papiergrundes durch eine transparente Farbschicht leuchten zu lassen. Je dichter die Farbschichten sind, desto weniger leuchtet der Papiergrund durch. Deckfarben enthalten gröbere Farbpigmente und sind mit kräftigeren Bindemitteln verdichtet worden. Es gehört viel Geschick dazu, mit dieser Farbe wie mit Aquarellfarben zu malen.

„Das Aquarell ist Anfang und Krone aller Maltechniken." Dieses sagte *Bodo Jaxheimer*, 1961. Die Aquarellmalerei ist auch die schwerste aller Maltechniken, die gekonnt und souverän ausgeführt werden muß und dem Maler sehr viel Geschick und Übung abverlangt. Das Aquarell ist und bleibt eine der schwierigsten Ausdrucksmöglichkeiten in der bildenden Kunst. Es kommt in erster Linie auf die Beherrschung der Technik an. Aufnahmebereit und empfindungsfähig sollte der Maler sein.

Malutensilien

Bestimmung von Tonwerten

Für den Anfänger ist es nützlich, sich eine Tonwertskala anzufertigen. Sie kann helfen, Hell und Dunkel mit sämtlichen Übergängen richtig unterscheiden zu lernen. Zeichnen sie neun Kästchen im Schachbrettmuster auf Ihr Aquarellpapier. Es werden neun Tonwerte mit Elfenbeinschwarz angelegt. Beginnen Sie links oben mit dem ersten, fast weißen Kästchen und steigern Sie den Tonwert, indem Sie weniger Wasser bis zum letzten schwarzen Kasten zugeben. Wenn dieses Verfahren Schwierigkeiten bereitet, so beginnt man umgekehrt mit dem dunkelsten Kästchen zuerst. Es erfordert schon etwas Übung bis man weiß, wieviel Wasser jeder Tonwert erfordert. Erstellen Sie am besten zwei solcher Tonwertskalen nebeneinander, da nicht vergessen werden darf, daß Aquarellfarben im trockenen Zustand *heller* werden. Sollte es nicht gelingen, hintereinander neun Kästchen fehlerlos zu malen, so probiert man auf einem Stück Papier mehrere Tonwerte aus, schneidet diese aus und klebt sie in der richtigen Reihenfolge auf Karton auf. Dies ist zwar nicht der Sinn der Übung, jedoch eine Hilfe.

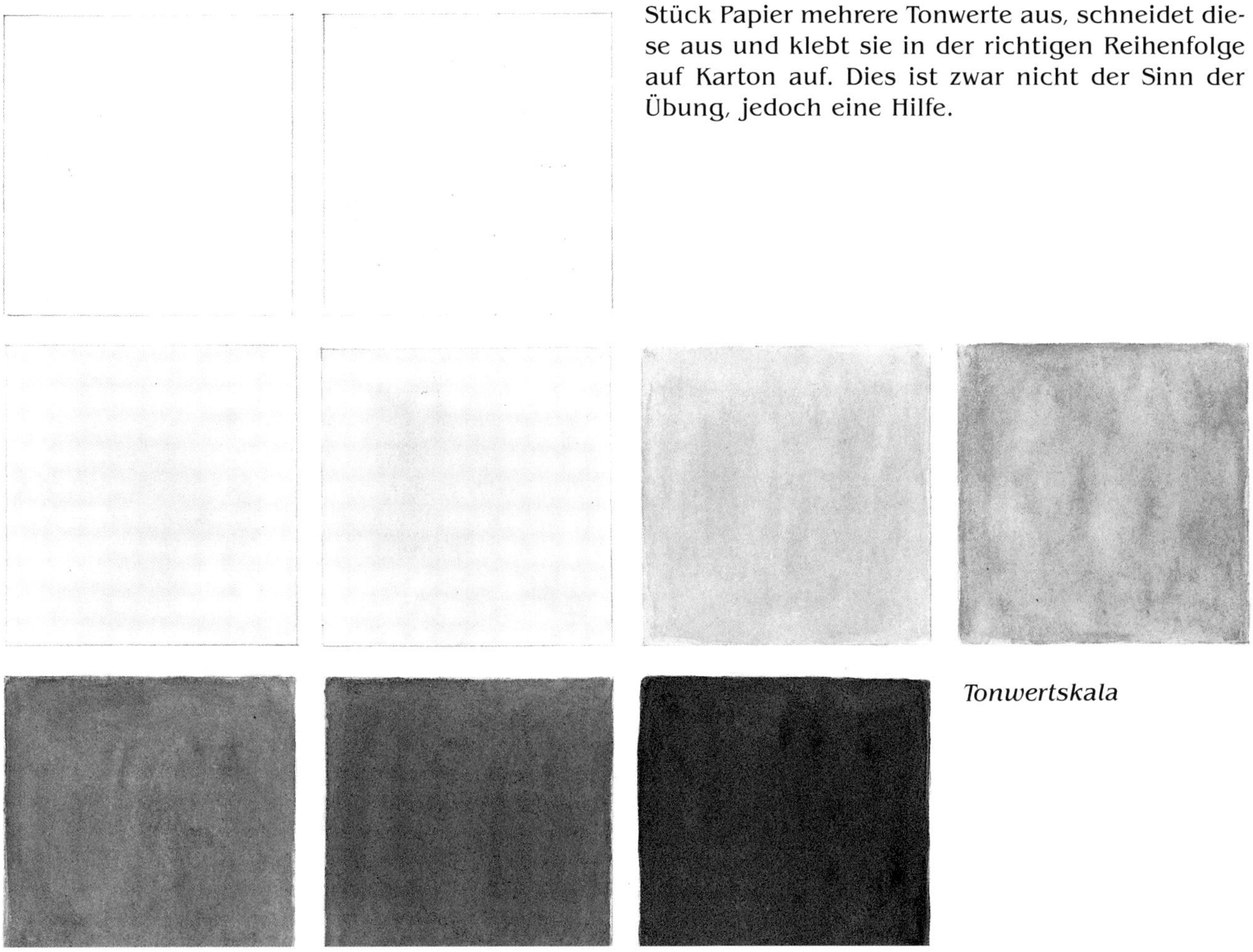

Tonwertskala

Farben

Der Reiz eines Aquarells liegt in der Transparenz der Farben. Je mehr Wasseranteile zur Farbe gegeben werden, um so luftiger wird das Ergebnis. Dazu kommen Schnelligkeit und Spontaneität des Pinselstrichs.

Man kann mit einem Aquarellkasten oder mit Aquarelltubenfarben arbeiten. Wenn Farben benötigt werden, genügten die angegebenen Farbtöne:

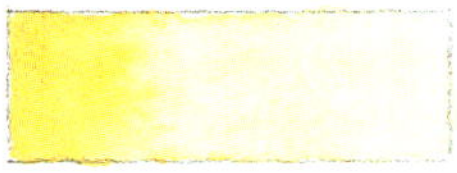
Kadmiumgelb hell

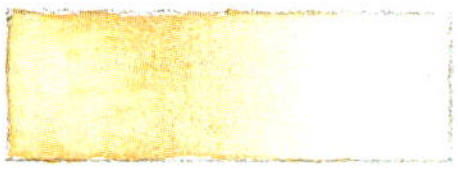
Lichter Ocker

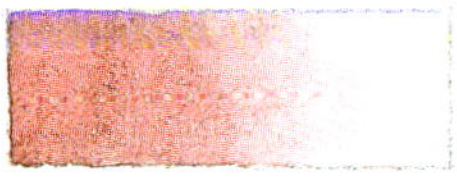
Krapplack dunkel

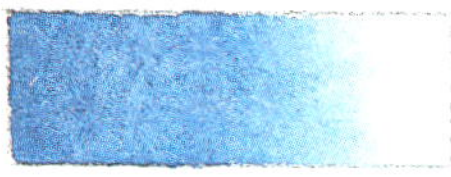
Ultramarin feinst

Coelinblau

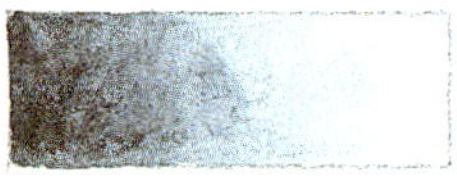
Paynesgrau bläulich

Chromoxidgrün feurig

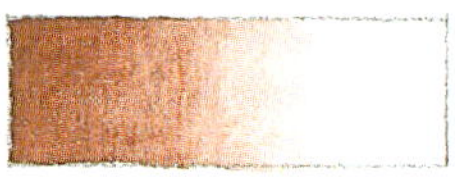
Englischrot dunkel

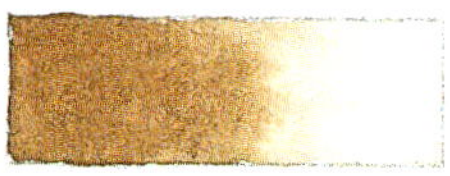
Umbra gebrannt

Alle in diesem Buch gezeigten Bildbeispiele wurden mit diesen Farben gemalt.

Kadmiumgelb hell ist ein strahlendes, warmes Gelb. Wird es mit Krapplack dunkel gemischt, ergibt es Orangetöne. Kommt Ultramarin hinzu, erhält man schöne Grünschattierungen.

Lichter Ocker ist ein gedecktes, bräunliches Gelb, das mit Ultramarin weiche Grüntöne ergibt.

Englischrot gehört zu den Brauntönen. Damit wird Umbra gebrannt und Paynesgrau zu tiefem Dunkelbraun gemischt, eine satte Farbtönung für große Tiefen.

Paynesgrau hat einen bläulichen Ton und wird gern als Mischfarbe für Dunkelheit oder den Himmel verwendet.

Krapplack dunkel mit viel Wasser vermischt ergibt einen Rosaton, mit Ultramarin feinst ein strahlendes Violett und mit Paynesgrau ein sattes dunkles Violett.

In der Aquarellmalerei werden weder Schwarz noch Weiß verwendet, auch wenn es im Aquarellkasten vorhanden ist. Die mit Paynesgrau gemischten Farben ergeben ein viel sanfteres Schwarz. Weiche Dunkeltöne erhält man durch die Mischung von Blau und Braun; diese Farbtöne können gesteigert werden zu reizvollen Grautönen.

Farbkreis

Stellen Sie sich einen Farbkreis selbst her, um das Mischen mit den drei Grundfarben zu lernen. Es erfordert einige Übung, den richtigen Farbton und somit das richtige Mischverhältnis zu finden.

Die drei Grundfarben im Farbkreis sind Kadmiumgelb hell, Ultramarin feinst und Karminrot. Karminrot läßt sich besser mit Ultramarin zu lila Farbtönen mischen. Jeder Farbmischung geht folgendes Verfahren voraus: Auf die Palette tupft man eine kleine Pfütze Wasser und mischt die jeweilige Farbe hinein. Man sollte niemals gleich vom Farbnäpfchen auf das Papier malen. Blau und Rot dürfen nicht zu dick aufgetragen werden, da sie sonst alle anderen Farbmischungen des Farbkreises überragen und somit die Harmonie des Kreises stören. Bei den jeweiligen Farbmischungen sind die Farbanteile der *ersten* Farbe größer als der zweiten.

Zum Beispiel: Bei Gelborange überwiegt Gelb, bei Rotorange Rot usw.

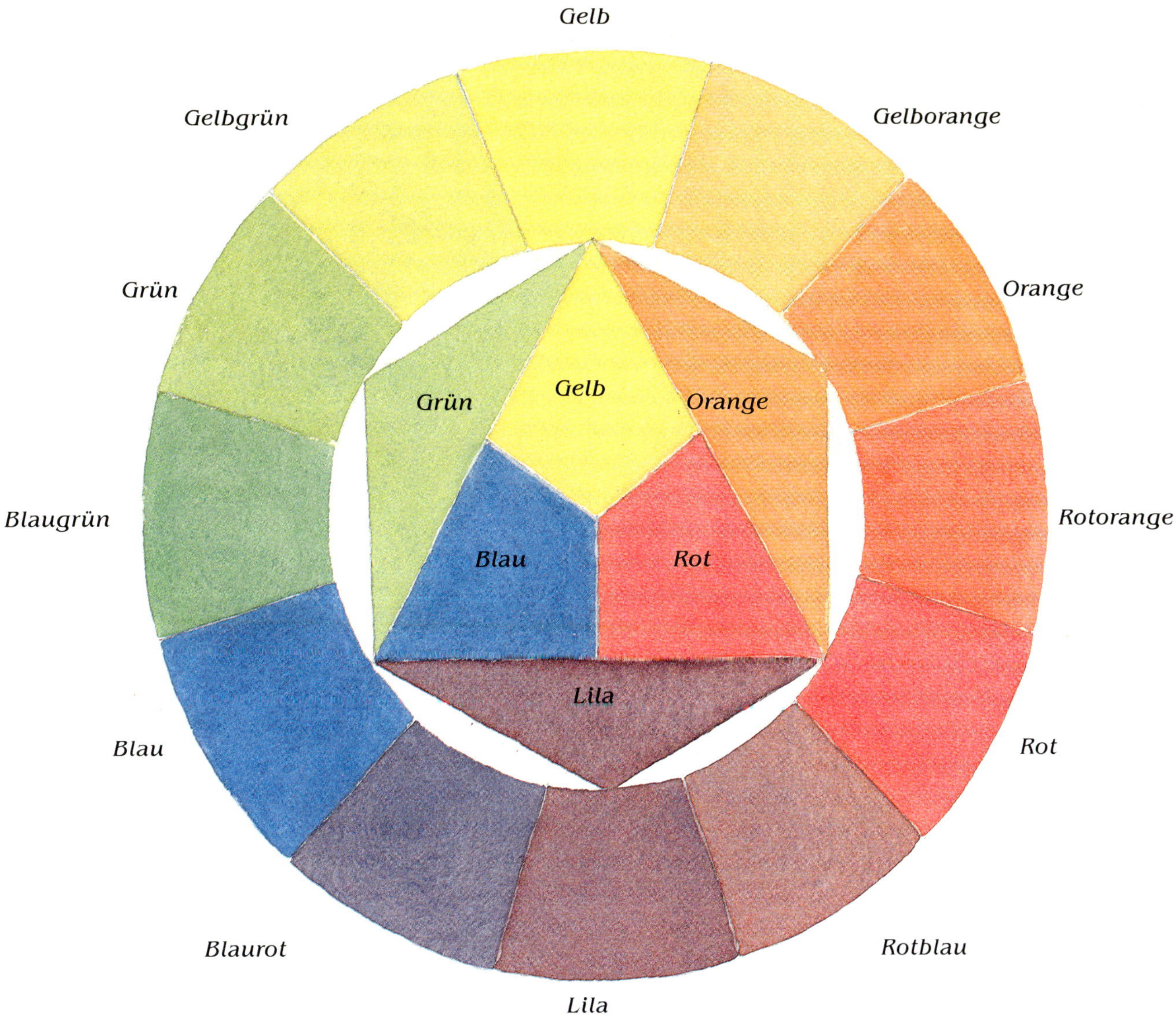

Kleine Farbenlehre

Primärfarben sind Blau, Rot und Gelb.

Sekundärfarben sind Mischungen aus zwei Primärfarben.

Tertiärfarben entstehen aus Primär- und Sekundärfarben, z.B. Blaugrün, Gelbgrün, Blauviolett, Rotviolett, Rotorange, Gelborange.

Komplementärfarben sind Farben, die sich im Farbkreis gegenüberliegen.

Analogfarben z.B. Blau, Blaugrün, Grün, Gelbgrün (da alle Blau enthalten) sind Mischungen, die im Farbkreis dicht beieinanderliegen.

Neutrale Farben sind Braun und Grau mit Abstufungen.

Wenn man zwei Farben auf der Palette zusammenmischt, ist das Ergebnis eine *physische Mischung*: Die beiden Farben werden zusammengefügt, um eine dritte zu schaffen. Wenn im Gegensatz dazu eine Farbe aufgetragen und nach dem Trocknen ein zweiter Farbton darübergelegt wird, so mischen sich diese beiden Farben im Auge des Betrachters. Man spricht dann von *optischer Mischung* oder Lasierung.

Kalte Farben sind Blau und Grün.

Warme Farben sind Rot, Orange und Gelb. Sie ergeben zusammengemischt ein warmes Braun.

Das Aquarellpapier ist das einzige Weiß, das man wirklich braucht. Wo das Papier stehengelassen wird, gilt es als Farbe. Aufgehellt werden alle Farben mit viel Wasser und nicht mit weißer Farbe.

Die Farben werden auf der Palette oder auf dem Deckel des Aquarellkastens mit Wasser gemischt. Ein Stück Papier zum Ausprobieren des Farbwertes legen Sie neben den Farbkasten. Viel Wasser und wenig Farbe sind die Voraussetzungen für die Transparenz eines Landschaftsbildes. Das Wasser im Glas ist rechtzeitig zu wechseln, da die Farben sonst an Leuchtkraft verlieren.

Grüntabelle

Eine Erleichterung beim Mischen von Grüntönen stellt die Grüntabelle dar. Sie kann leicht hergestellt werden und zeigt, wie mit *Chromoxidgrün feurig* viele Grüntöne geschaffen werden können. Mischen Sie jedesmal Chromoxidgrün neu mit den zu verwendeten Farben, um Mißtöne zu vermeiden. Das Frühjahr enthält Grüntöne die rein, frisch und strahlend sind.

Herbsttabelle

Der Herbst, auch „schönste Jahreszeit für Maler" genannt, erscheint in sanften, warmen Farbtönen. Die Ausgangsbasis dieser Herbsttabelle ist *Lichter Ocker hell*. Wie schon in der Grüntabelle werden auch hier die Farben einzeln gemischt. Wenn man diese Tabellen erstellt hat, wird man feststellen, daß das Farbenmischen kein großes Problem darstellt.

Beim Kauf von Farben sollte man bei Näpfchen oder Tuben stets auf die Kennzeichnung durch kleine Sterne achten. Sie informiert über die Lichtechtheit:

x = gut lichtecht
xx = sehr gut lichtecht
xxx = hervorragend lichtecht.

Grüntabelle

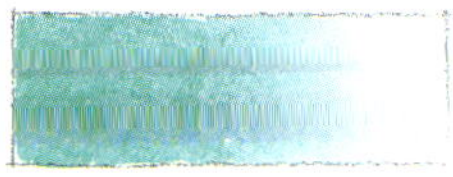
Chromoxidgrün feurig

gemischt mit Kadmium hell

mit Lichtem Ocker

mit Umbra gebrannt

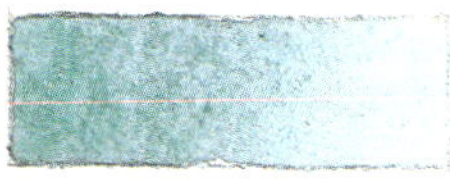
mit Krapplack dunkel

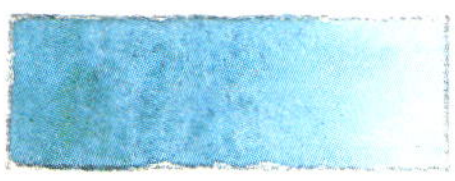
mit Ultramarin feinst

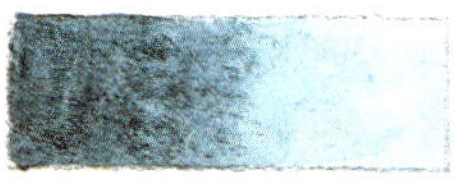
mit Paynesgrau

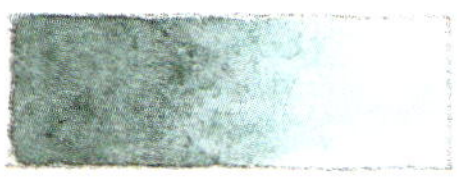
mit Englischrot

Herbsttabelle

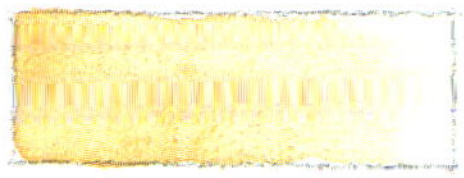
Lichter Ocker hell

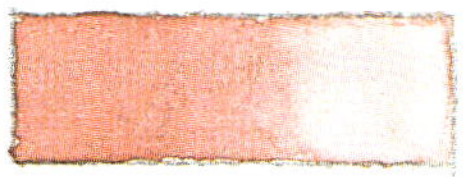
gemischt mit Krapplack

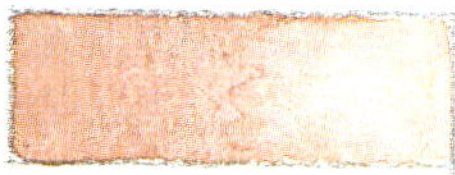
mit Englischrot

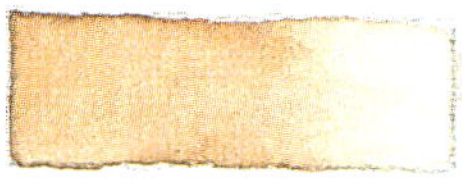
mit Umbra gebrannt

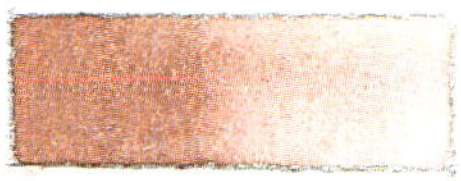
kräftiger gemischt mit Englischrot

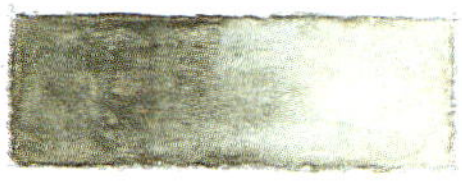
mit Paynesgrau

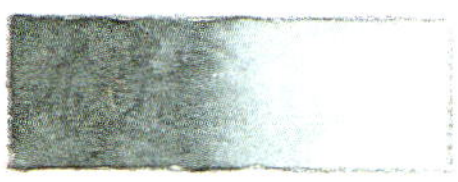
mit Ultramarin

mit Coelinblau

Pinsel

Für die Landschafts-Aquarellmalerei sollte man zumindest einen guten Rundpinsel aus echtem Rotmarderhaar Größe 2 kaufen. Dieser wird gebraucht, um im Vordergrund Gräser, Sträucher und feine Äste zu zeichnen. Die Stärken 4 und 8 können auch aus Synthetikfasern sein. Flach gebundene Haarpinsel eignen sich gut für Flächen und zur Garnuliertechnik. Ein dicker einfacher Rundpinsel aus Schweine- oder Rinderborsten enpfiehlt sich zum Anfeuchten des Papiers.

Pinsel dürfen nicht so in ein Wasserglas gestellt werden, daß ihre Haare auf dem Boden aufstoßen. Auch gute Rotmarderhaare werden krumm und können brechen. Ein Aquarellpinsel ist das wichtigste Malwerkzeug und soll pfleglich behandelt werden. Bewahren Sie die Pinsel nach dem Malen sauber ausgewaschen so auf, daß die Stielenden in einem leeren Glas stehen.

Papier

Das beste Aquarellpapier ist gerade gut genug. Man sollte nicht am falschen Platz sparen. Büttenpapier, rauh oder matt, kann in einzelnen Bögen oder im Block gekauft werden. Der Bogen Bütten wird in die gewünschte Bildgröße geschnitten und mit Kreppstreifen auf eine Kunststoff- oder Holzplatte geklebt. Ein Malblock hat den Vorteil, daß er beim Malen im Freien auf den Knien liegt; es wird also keine feste Unterlage benötigt. Das nasse Bild auf dem Block sollte unbedingt gut trocknen; so zieht es sich von selbst glatt.

Soll das Papier angefeuchtet werden, geschieht es nachdem der Bogen festgeklebt wurde. Ist das Wasser zu hart, ist es von Vorteil, mit abgekochtem, also weichem Wasser zu malen. Bilden sich „Farbpfützen" auf dem Papier, kann es mit Löschpapier aufgesaugt oder mit der trockenen Pinselspitze aufgenommen werden. Tupft man jedoch mit einem Papiertuch die überschüssige Farbe auf, entstehen helle Flecken, die die Arbeit ruinieren können. Man fährt mit dem gesättigten Farbpinsel leicht über das Papier, ohne Druck auszuüben. Drücken Sie zu fest auf, wird die Farbtransparenz gestört. Zu Beginn „streicht" ein Anfänger mit dem Pinsel zu oft auf einer Stelle hin und her. Dabei rauht sich das Papier auf und die Zeichnung wird flockig statt luftig und transparent. Dieser Fehler wird vor allem beim Himmel gemacht. Es ist keine Korrektur mehr möglich.

1. Bütten matt
Die Oberfläche diese Aquarellpapieres hat eine weiche Struktur und eignet sich für einen sanften Pinselstrich. Es ist ein von Künstlern bevorzugtes Papier, das sowohl für Lasur- als auch für Naß-in-Naß-Technik bestens geeignet ist.

2. Bütten rauh
Der Pinselstrich auf diesem rauhen Aquarellpapier wirkt ausgefranster und unregelmäßiger. Es eignet sich jedoch durch seine grobe Struktur besonders gut für Landschaften.

3. Torchon
Dieser Karton ist besonders grob gehämmert. Er nimmt sehr schwer Wasser an, und sollte daher möglichst für Lasurtechniken Verwendung finden.

Zeichnen

Eine wichtige Voraussetzung für das Malen ist das Zeichnen. Man sollte so viel wie möglich mit dem Bleistift oder dem Pinsel zeichnen. Gerade Zeichnen schult das Auge. Es ist eine aufregende Erfahrung, auf diese Art die Dinge zu sehen. Wenn man diese Disziplin fortführt, fällt es später leichter, nach Schwarzweißzeichnungen farbig zu malen. Mit Bleistift und Skizzenbuch kann man sich schneller dem Objekt nähern und sich mit ihm vertraut machen, bevor das Malen beginnt. Studieren Sie einen Baum, der eine reizvolle Erscheinung hat und zeichnen Sie diesen gut durch mit Licht und Schatten in mindestens drei Tonwerten. Diese Studie soll später als Vorlage dienen, wenn eine Landschaftskomposition zusammengestellt wird.

Bad Driburg

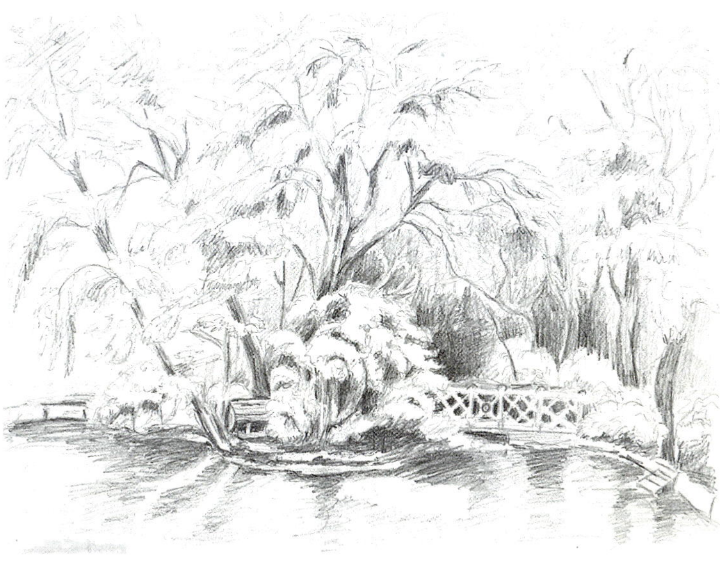

Technische Tricks

Zwar sind die Pinsel das wichtigste Handwerkszeug, aber Aquarellmaler probieren ständig andere Werkzeuge oder Hilfsmittel aus. Mit dem Ende eines Pinselstiels oder eines Bleistifts können mit wenig Druck Rillen in die nasse Farbe gezogen werden, um z.B. in einer fernen Baumreihe die Baumstämme oder im Vordergrund Grasspitzen anzudeuten. Ein anderes Hilfsmittel ist ein Gummi-Abdeckmittel, das auf das trockene Papier aufgetragen und am Schluß der Malerei vom getrockneten Papier wieder abgerieben wird.

Ähnlich kann mit weißem Kerzenwachs gearbeitet werden. Es deckt ebenfalls ab, bleibt jedoch, im Gegensatz zum Abdeckmittel am Papier haften. Kerzenwachs versiegelt das Papier. Gut anzuwenden ist es, um eine Helligkeitswirkung zu erzielen.

Manchmal ist ein scharfes, spitzes Messer oder eine Rasierklinge eine große Hilfe. Wenn zum Beispiel eine Hecke in der Mitte des Bildes zu dicht und dunkel geraten ist, so probiert man auf dem getrockneten Papier mit dem Messer Helligkeiten in Form von Ästen einzukratzen. Es belebt und das Bild gewinnt an Aussage. Der Nachteil ist, daß diese Stellen nicht mit Farbe ausgebessert werden können, da das Papier angeritzt, also verletzt wurde. Die Kratztechnik sollte nur im Notfall angewendet werden.

Die Entscheidung, ob man auf Bütten matt, rau oder Torchonaquarellpapier arbeitet, kann sich nach den jeweiligen Bedürfnissen richten. Die Pinselwahl muß dem voraussichtlichen Farbauftrag angemessen sein. Zu feine Pinsel bringen wenig Farbflächen mit einem Strich, zu dicke Pinsel können für einen gezeichneten Strich zu grob werden. Je besser die Qualität des Pinsels ist (sehr gut geeignet sind Rotmarder), um so vielfältiger sind seine Verwendungsmöglichkeiten. Für die erste Lasur ist Stärke 8 durchaus gut geeignet; die Stärken 4 und 2 sind für die feineren Arbeiten (Gräser und Äste) vorgesehen.

Kleine Vorübungen mit den einzelnen Pinselstärken schaden nicht; teils dienen sie der Konzentration, teils der Handhabung dieses Malgerätes. So kann Farbe und Papier am besten geprüft werden. Durch diese Übung bekommt man Sicherheit im Umgang mit Farben. Wie wirkt die Ton-in-Ton-Technik übereinander gemalt, wenn der Untergrund getrocknet ist oder das Papier noch feucht ist? Bei der Lasurtechnik sollte der erste Farbauftrag absolut trocken sein, bevor die nächste Lasur darübergelegt wird.

Es ist immer von Vorteil, auf einem Stück Aquarellpapier mit einigen Farbübungen zu beginnen; so können unangenehme Überraschungen bei der Arbeit vermieden werden.

Korrekturen

Vor Beginn der Arbeit ist zu bedenken, daß im Aquarell eine Korrektur fast ausgeschlossen ist. Man sollte daher das Motiv in dünnen Bleistiftlinien aufzeichnen. Das Radieren ist möglichst zu vermeiden, denn es rauht die Papieroberfläche auf. Die Farbe sollte zwar richtig „sitzen", doch kann mit einem Papiertaschentuch ein Farbfleck an der falschen Stelle schnell weggetupft werden, solange er feucht ist. Dies gelingt nur auf trockenem Papier und wenn alle Malutensilien stets griffbereit neben dem Farbkasten liegen. Ist die Farbe bereits angetrocknet, kann die Farbe mit einem Wasserpinsel aufgeweicht und mit einem Papiertuch abgetupft werden. Ferner gibt es die Möglichkeit, mit einem dicken Rundpinsel der Stärke 8 aus Schweineborsten und Wasser die Farbstelle gut zu bürsten und danach mit einem Papiertuch abzutupfen. Vorsicht ist geboten, denn das Papier rauht leicht auf.

Pinselstärke in Originalgröße

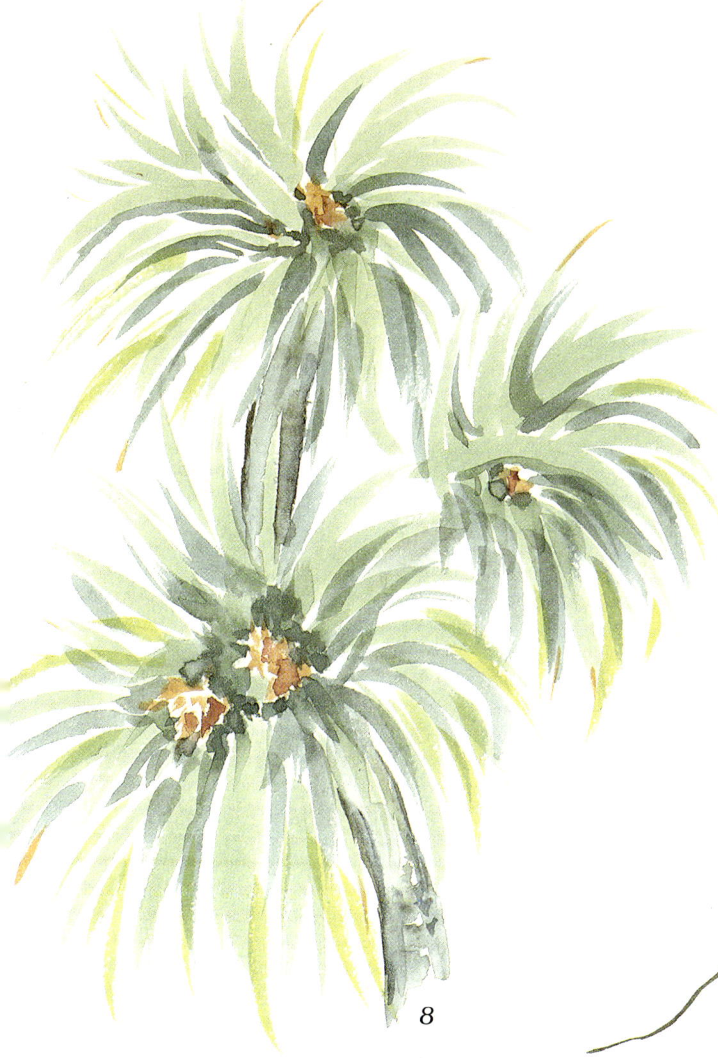

8

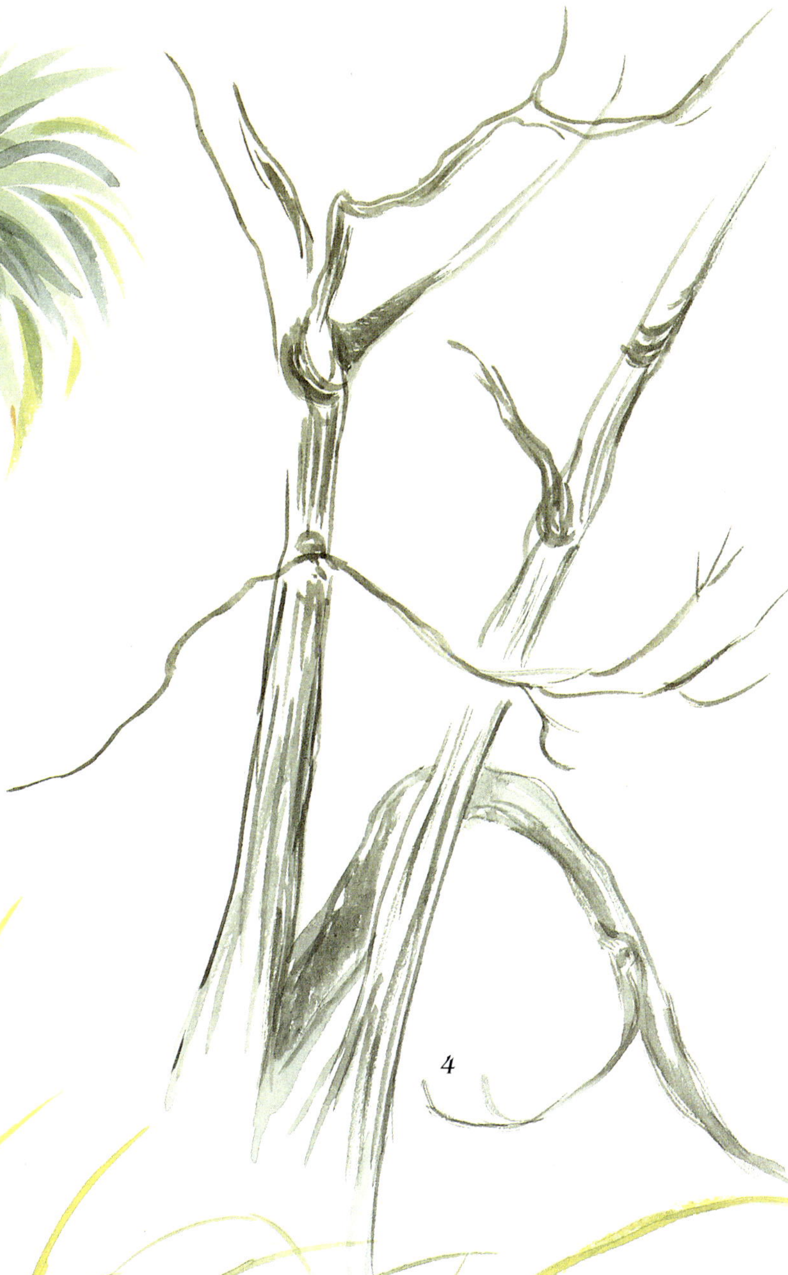

4

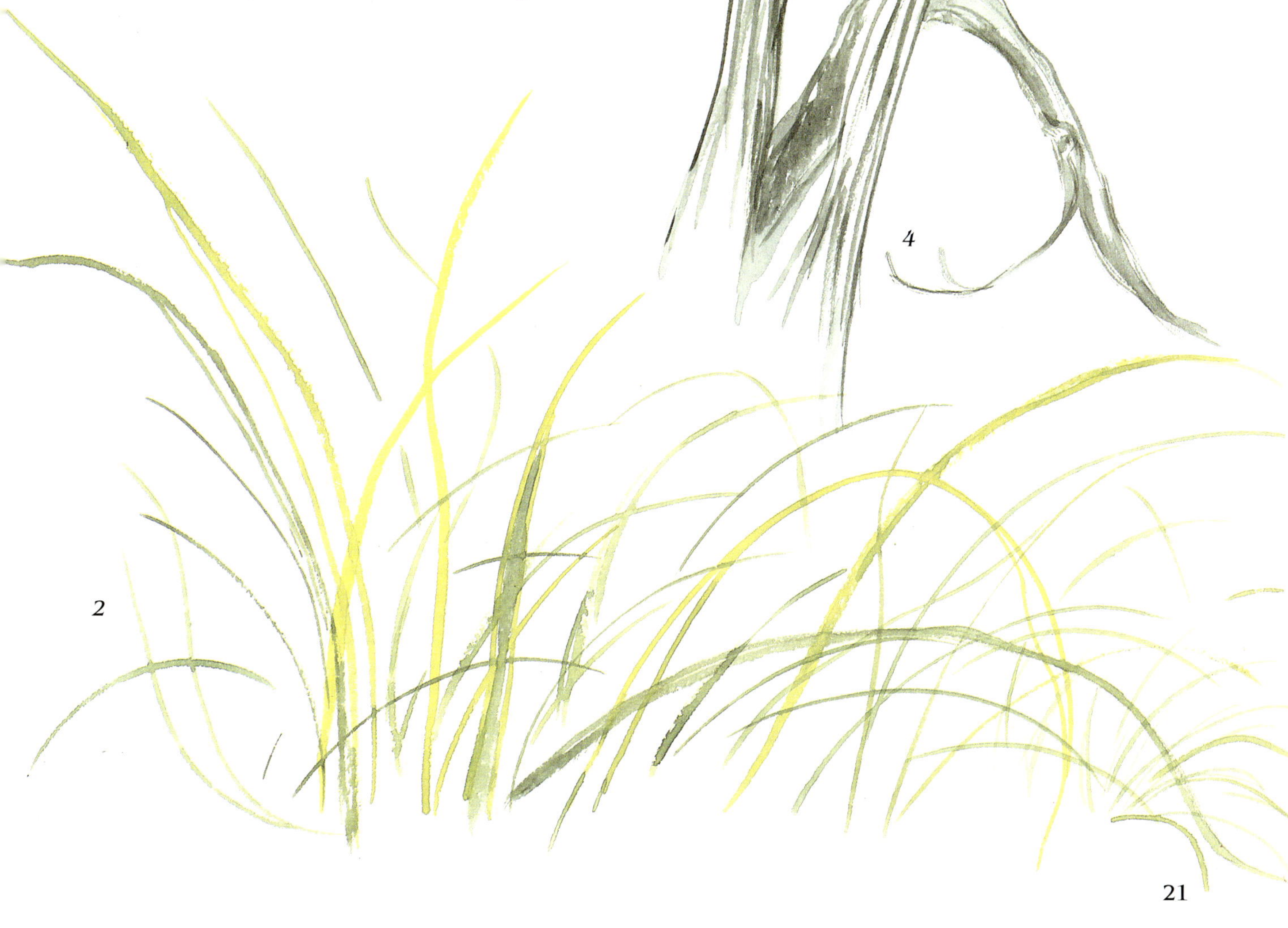

2

Arbeitsmethoden

Verlaufstechnik

Bei dieser Technik wird auf trockenem Papier gearbeitet. Die mit Wasser angemischte Farbe wird in einem Strich auf das Papier gebracht und nach unten mit dem sauber abgetupften Pinsel verzogen. Die Farbe läuft somit bis zum hellsten Ton aus. Dieses Verfahren erfordert einiges Geschick und sollte erst einmal auf einem Probepapier geübt werden. Diese zart ausgewaschenen Farbtöne kommen bei jenen gut an, die transparente Farben lieben. Auch hier werden die Lichter (papierweiß) freigelassen oder zumindest mit klarem Wasser ausgewaschen. Mit dieser Technik können reizvolle Phantasielandschaften hergestellt werden, die der Übung dienen. Dabei entstehen Verlaufseffekte von hell zu dunkel, die vom harten Weiß des Papiergrundes unterbrochen werden!

Vorübungen
Schritt 1 und 2

Es sind Farbstriche in Gestalt von Bergen als Übung abgebildet.

Zeichnen Sie diese Linien mit Bleistift auf Ihr Aquarellpapier — Bütten matt — vor. Mit einem Pinsel voll Farbe fahren Sie an der Bleistiftlinie entlang, waschen den Pinsel aus, streifen ihn am Papiertuch ab und fahren am unteren nassen Farbrand entlang. Das Abstreifen des Pinsels wiederholt sich solange, bis die Farbe völlig ausgewaschen ist. Danach setzen Sie am nächsten Strich an und wiederholen das Ganze bis zum untersten Strich. Anschließend kann man Akzente auf das trockene Papier setzen.

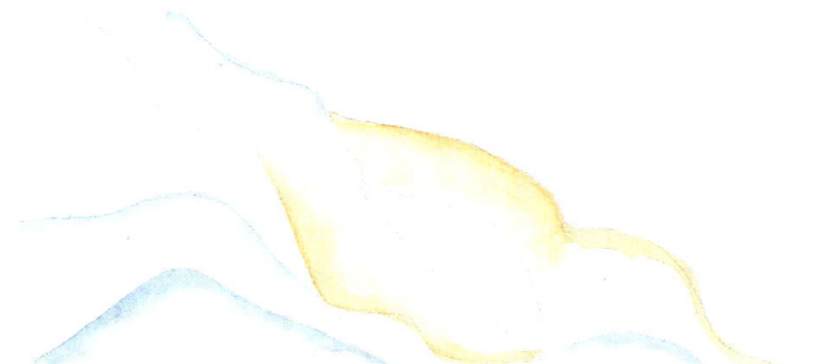

Schritt 1

Schritt 2

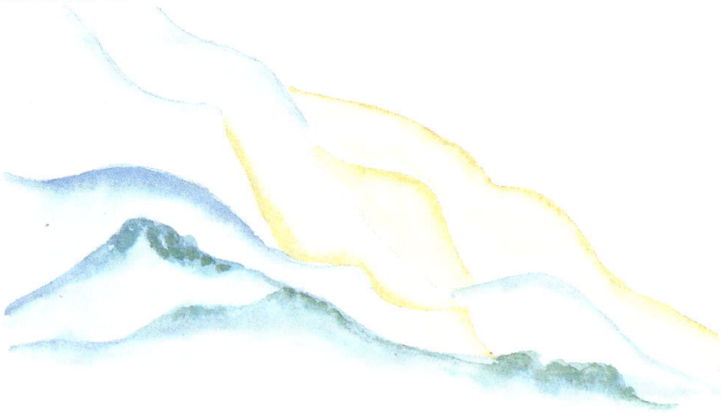

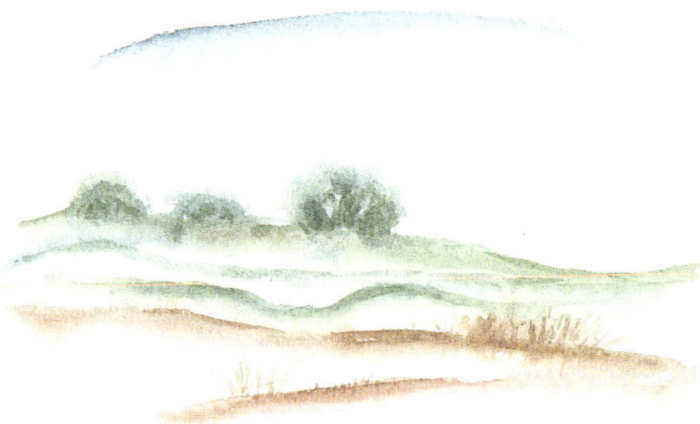

Phantasielandschaft I
Schritt 1 und 2

Bei dieser Landschaft wurden die Pinselstriche von links nach rechts über das Papier gezogen. In der Mitte ist Farbe in die noch nasse Linie eingelaufen, wodurch ein dunkler Mittelstreifen entstand und als Busch zu erkennen ist. Gearbeitet wird halb trocken und halb naß. Man geht stets vom Strich aus, welcher verzogen (verlaufen) wurde.

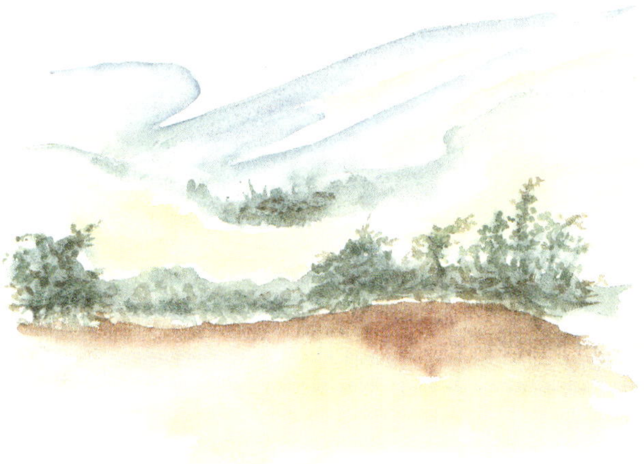

Phantasielandschaft II
Schritt 1 und 2

Hier wurden Berge im Hintergrund unregelmäßig und wellenlinienförmig gezeichnet. Wie bei der Vorübung sind sie ebenfalls am unteren Farbstrich verzogen. Im unteren Teil ist auf angefeuchtetes Papier Farbe eingesetzt worden, um Spannung zu erzeugen. Die Farben laufen ineinander. Auch hier wurde zum Schluß eine Reihe von Büschen eingesetzt.

Hügellandschaft
Schritt 1 und 2

Beginnen Sie mit einer leichten Vorzeichnung. Am unteren Bildrand befinden sich Farbkästchen, welche genau den Farbton angeben, mit dem begonnen wird. Für die Darstellung des Himmels feuchtet man die oberen Hälfte des Papiers an und setzt am oberen Bildrand den Pinsel mit einer Mischung von Ultramarin und Umbra an. Da es beim Himmel nicht anders geht, wenden wir die Verlaufstechnik an. Danach wird auf dem trockenen Papier weitergearbeitet. Zu den Bergen im Hintergrund fügen wir zum Farbton des Himmels noch etwas Paynesgrau und versuchen, so transparent wie möglich zu malen. Das Buschwerk und rechts der Wald werden aus Ultramarin, Chromoxidgrün und Umbra gemischt und transparent gemalt. Für den Vordergrund mischt man Lichten Ocker mit einer Spur Umbra. Danach werden *alle* Farbtöne etwas kräftiger angemischt, jedoch im gleichen Ton mit gesteigertem Tonwert. Der Himmel ist davon ausgenommen.

Lasurtechnik

Mit nassem Pinsel werden transparente Farbflächen auf trockenes Papier aufgetragen. Bevor die zweite Farbschicht aufgetragen oder darübergelegt wird, muß die erste Schicht gut getrocknet sein, damit ein Ineinanderlaufen der Farbschichten vermieden wird. So scheint die jeweils darunterliegende Farbschicht durch die obere Schicht, die man Lasur nennt. Es entsteht somit eine neue Farbe. Die Lasur ist die klassische Technik des Aquarells. Soll Weiß der hellste Ton sein, so muß das Papier an dieser Stelle frei von Farbe bleiben. Es ist das Licht in dem Bild. Lasierende Farben gehen von Hell zu Dunkel. Gelb, Rot und Blau z.B. Es wird auf diese Weise von den hellsten Farbtönen durch lasierende Schichten vom Licht zum Schatten und zu den dunkelsten Stellen gemalt. Diese Technik nennt man Von-Hell-zu-Dunkel-Malerei; sie wird auch Prima-Malerei (a la prima = zuallerst, unmittelbar) genannt. Um den richtigen Farbton zu bekommen, mischt man auf dem Farbkastendeckel oder auf einer Palette die Farbe mit etwas Wasser an. Auf einem Stück Papier oder dem Rand des Aquarellblocks sollte die Stärke und der Farbwert geprüft werden, bevor man diesen Farbton einsetzt. Beim Auftrocken schwächt sich die Farbe ab; es kann sogar zum „Vergrauen" kommen. Man sollte die Farbe von vornherein etwas kräftiger anmischen.

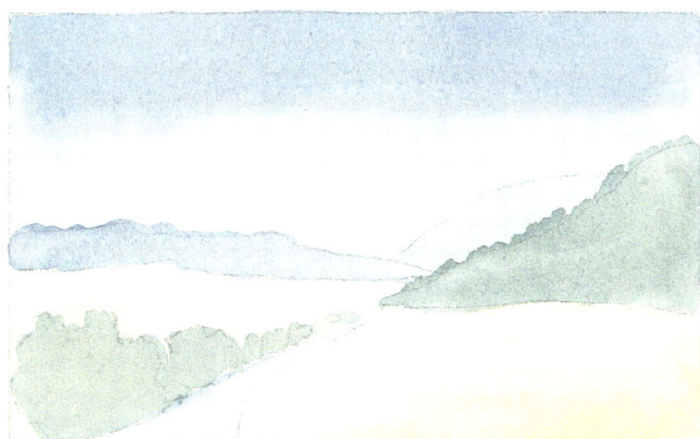

Schritt 1

Schritt 2

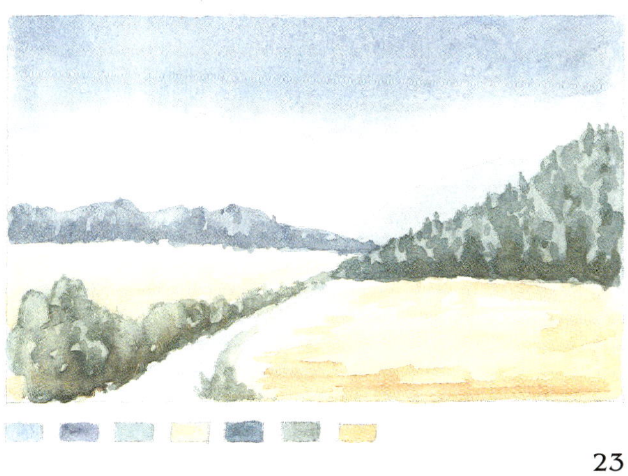

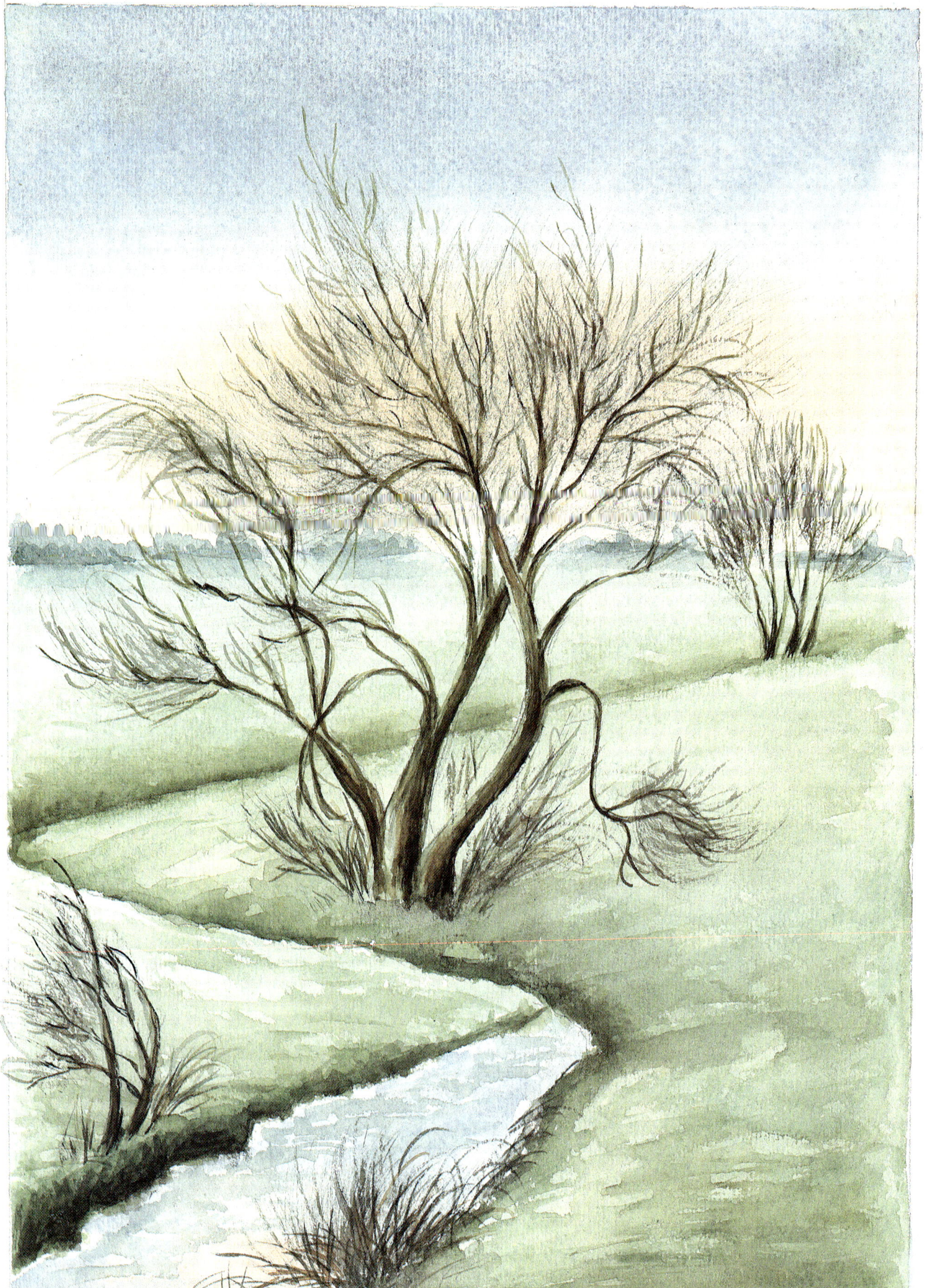

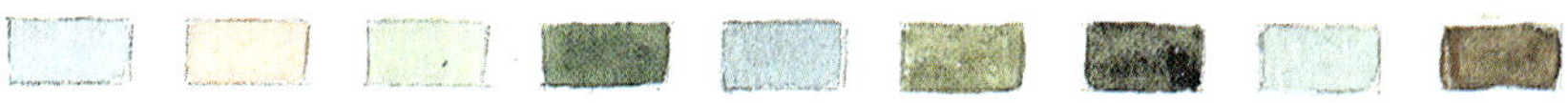

Grauweide im Vorfrühling ist der Titel dieses Bildes. Der Blick wird durch die Zickzacklinie des Baches auf die Grauweide gelenkt. Der Baum mit seinen ausladenden kahlen Ästen, die gerade im Winter gut zu erkennen sind, ragt markant in den Himmel.

Grauweide im Vorfrühling
Richten Sie sich beim Malen nach der Farbleiste am unteren Bildrand. An ihr kann man leicht ablesen mit welchem Farbton begonnen wurde. Feuchten Sie den Himmel nach einer leichten Vorzeichnung an und mischen Sie Ultramarin mit Paynesgrau transparent an. Man beginnt am oberen Bildrand und läßt bis zum nächsten Farbton etwas weißen Papiergrund stehen. So läuft die nächste Farbmischung aus Englischrot und Kadmiumgelb nicht in den blauen Himmel. Von der Horizontlinie bis zum unteren Bildrand wird auf das trockene Papier gemalt. Chromoxidgrün wird mit Lichtem Ocker gemischt. Nun malt man von der Horizontlinie nach rechts unten. Bei der Lasurtechnik soll jede Schicht trocknen, bevor die nächste Farbschicht daneben oder darübergesetzt wird. Dabei soll von der ersten Lasur soviel wie möglich stehen gelassen werden. Sie sorgt für Helligkeit und Licht im Bild. Nach dem ersten Grünton folgt der zweite dunklere Ton. Dabei wurde in die erste Grüntönung noch etwas Chromoxidgrün und Paynesgrau gemischt. Im Vordergrund wird in Strichlagen gemalt. Nun kann das Himmelblau mit Paynesgrau verstärkt und am Horizont eine Baumreihe eingesetzt werden. Der Bach wird gemalt. Lassen Sie einen Punkt für die rosa Himmelsfarbe frei, die nun ebenfalls eingesetzt wird. Das Bild hat seine Grundfarben erhalten und ist getrocknet. Dann können Sie mit dem Zeichnen des Baumes beginnen. Die Grundfarbe ist Umbra gebrannt mit einem Tupfer Chromoxidgrün. Verstärken Sie diese Farbe später mit Paynesgrau und ziehen Sie auf der Schattenseite, die sich rechts auf diesem Bild befindet, Dunkelzonen am Baumstamm entlang sowie am Bachrand. Zum Schluß wurde noch einmal Umbra transparent leicht über die Baumstämme gezogen, um die kühle Note im Bild etwas abzuschwächen.

Naß-in-Naß-Technik

Auf angefeuchtetem Papier kommt es zu einem Ineinanderfließen von verschiedenen Farbtönen. Dabei können durchaus höchst reizvolle Effekte entstehen. Auch hier muß von hellen zu dunklen Stellen gemalt werden. Das Arbeiten in dieser Technik sollte rasch erfolgen. Ist das Papier teilweise getrocknet, feuchten Sie es nach, sonst entsteht ein Rand, der hier nicht von Vorteil ist, da alle Farben weich ineinanderfließen sollen. Es sollte geübt werden, den Himmel zügig und ohne Unterbrechung zu malen, wobei das Papier nicht trocken werden darf. Ist der Himmel nicht gut gelungen, wird das Bild erst einmal von oben nach unten weitergemalt, wobei die Farbanlage gleichmäßig erfolgt. Sollte dabei das Weiß des Malgrundes stehen bleiben und ist dennoch voll Farbe gelaufen, wird er ständig mit einem Papiertuch abgetupft (zum Beispiel bei Nebel). Bei dieser Technik kommt es vor, daß die Farben in Richtungen laufen, die nicht beabsichtigt wurden. Auch dieses kann positiv gewertet werden und als künstlerische Absicht angesehen werden. Es sind Erfahrungen, welche man durchaus machen sollte, um stetig sicherer zu werden im Umgang mit Farben. Der Phantasie und der Geschicklichkeit sind keine Grenzen gesetzt.

Frühling
Schritt 1 und 2

Feuchten Sie das Papier bis zur Horizontlinie an und beginnen Sie, den Himmel in zwei Farbtönen zu malen. Den ersten Farbton, den Sie in den Himmel fließen lassen, besteht aus Ultramarin mit Paynesgrau. In den zweiten Farbton mischt man Englischrot. Ein Strich wird in die nasse, blaue Farbe gezogen. Es soll ein verlaufener, kein deutlicher Strich sein. Als nächstes mischt man Kadmiumgelb mit etwas Englischrot und setzt rechts und links einen lichten Farbfleck auf das feuchte Papier. Nun ist der erste Schritt beendet. Die nachfolgenden Farbtöne sind nun zu mischen. Für das erste Grün nehmen Sie Chromoxidgrün mit Englischrot. Doch feuchten Sie erst einmal den Vordergrund an. Die einzigen harten Linien sind die Umrandungen der Baumkronen. Ist noch ein wenig Blau vom Himmel übrig, kann es am Fuße der Bäume eingesetzt werden. Darunter kann ein sehr transparentes Englischrot für den Vordergrund kommen. Inzwischen sind die Bäume trocken und Sie arbeiten nun mit einer verstärkten Grünmischung, der ein wenig Paynesgrau zugesetzt wurde, die Bäume unterhalb der Kronen aus. Dieses läßt die Bäume rund erscheinen. Den dunklen Streifen in der Mitte erhält man, wenn dem Blau verstärkt Paynesgrau zugesetzt wird.

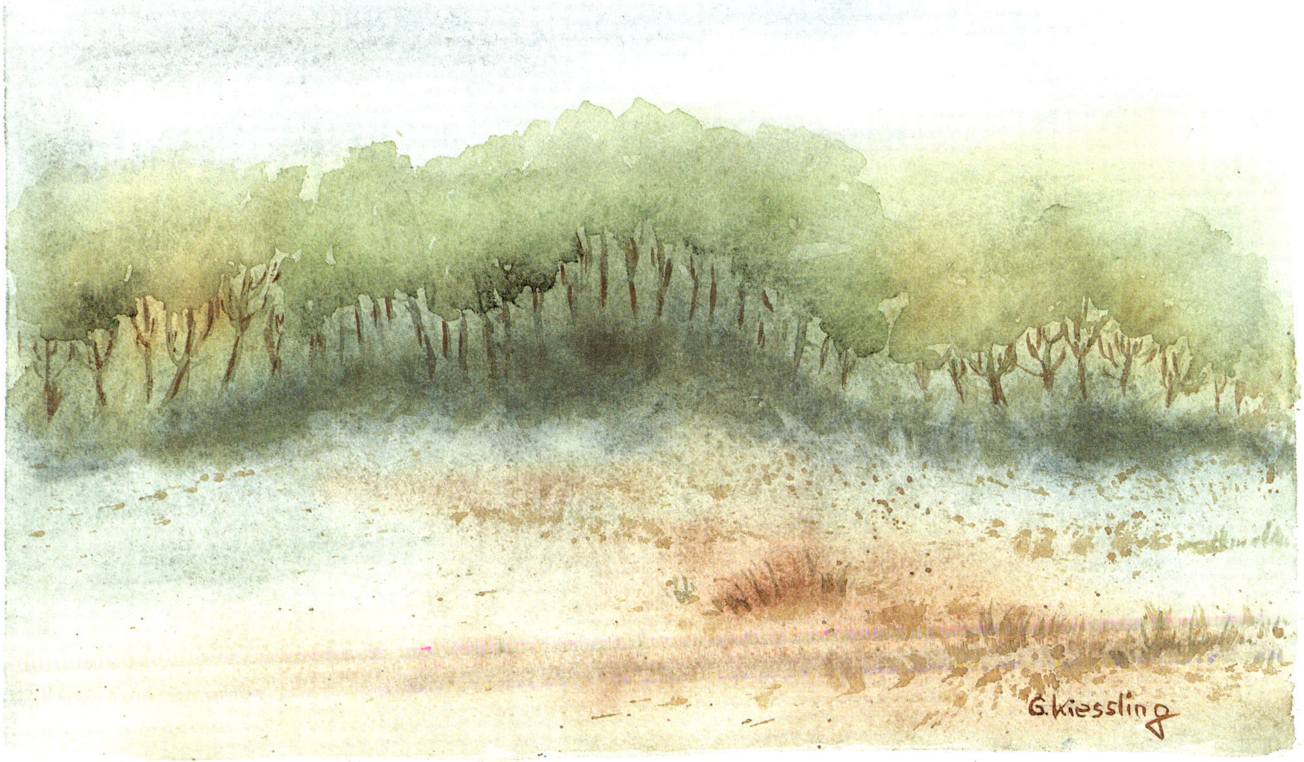

Frühling Schritt 1 und 2
Herbst Schritt 1 und 2

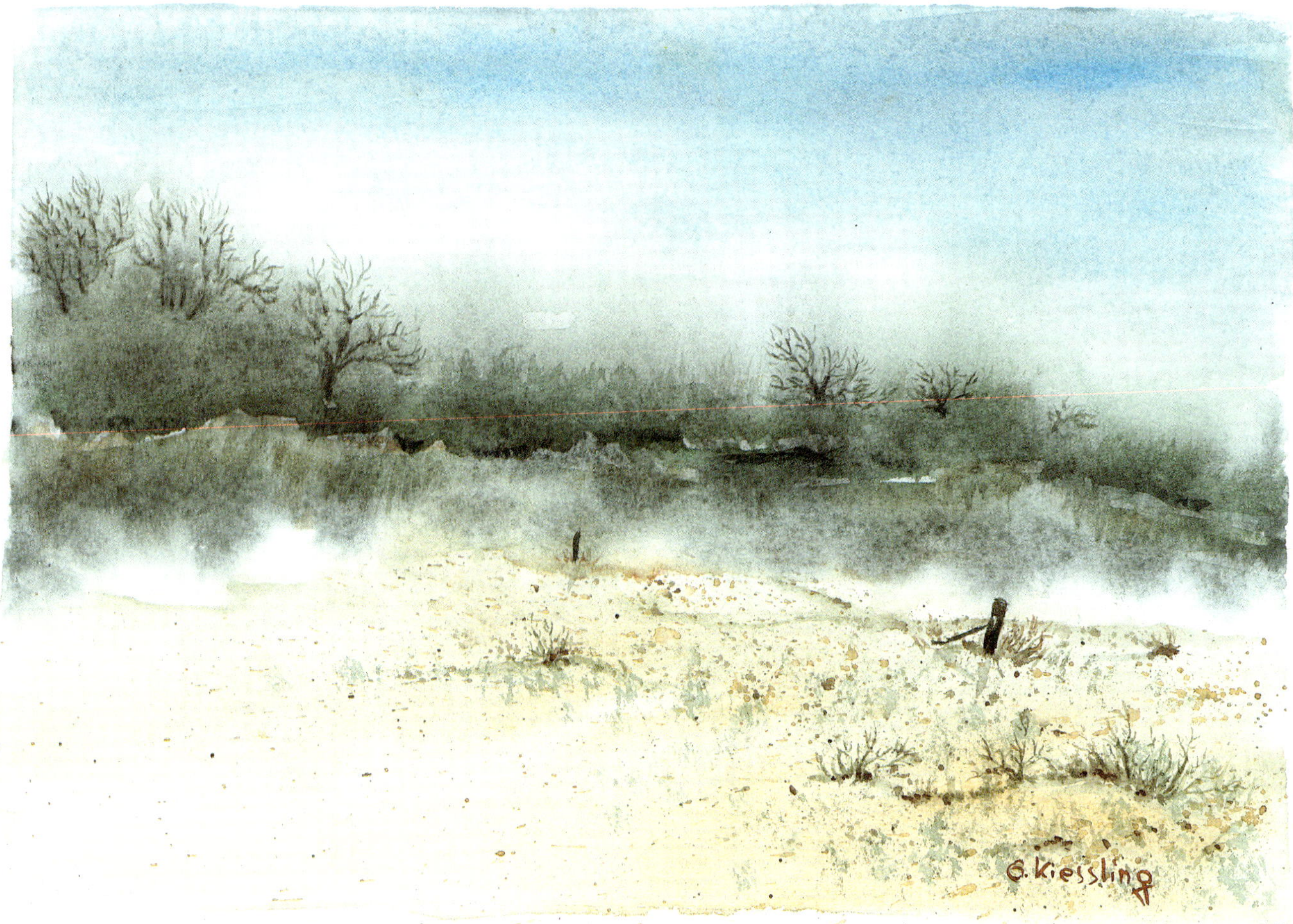

Spätherbst
Schritt 1 und 2

Der Frühling hat warme Farben und der Spätherbst kühle. Er hat seinen eigenen Reiz und eine distanzierende Wirkung. Die einzige warme Farbe ist Umbra; sie kommt allerdings nur in transparentem Ton vor. Beginnen Sie mit einer leichten Andeutung der Linien. Die Mittellinie soll besonders hervorstechen. Für den Himmel ist Ultramarin mit Paynesgrau gemischt vorgesehen. Diesen Farbton setzt man am oberen Bildrand an. Die Farbe fließt bis zur Bildmitte. Helfen Sie ein wenig nach, indem die Verlaufstechnik angewendet wird. Ein kühles Grün wird aus Chromoxidgrün, Paynesgrau und Umbra gemischt und als Heckenlinie eingesetzt. Versuchen Sie dabei eine unterbrochene weiße Linie stehen zu lassen, jedoch nicht als Strich. Der untere Teil wird angefeuchtet. Spiegelverkehrt kommt der gleiche Farbton auf das nasse Papier; die Farbe wird laufengelassen. Es soll so wirken als spiegele sich die Hecke im Wasser. Der Vordergrund ist eine Mischung aus Kadmiumgelb und etwas Umbra, die transparent auf das feuchte Papier gesetzt wird. Den dunklen Farbtönen wird jedesmal Paynesgrau zugesetzt, um eine gewisse Tiefe und auch Sattheit ins Bild zu bekommen.

Auflösen der Konturen

Schritt 1 und 2

Eine abstrahierende Darstellung der Landschaft kann ungemein reizvoll sein. Es ist nicht so einfach, eine luftige und leichte Wirkung der Bäume in dem Bild zu erzielen. Das Papier wird sehr gut angefeuchtet. Zwei Grüntöne, zuerst hell und dann dunkel, werden rasch übereinander gelegt. Zur Erdandeutung wird Kadmiumgelb mit etwas Englischrot gemischt. Die Farbe wird weit genug von den Bäumen eingesetzt. Danach muß alles erst einmal gut trocknen, um dann die Baumstämme und die Andeutungen im Erdbereich einsetzen zu können.

Am Seeufer I

Aus drei Farben, Coelinblau, Paynesgrau und Umbra gebrannt, besteht diese kleine Skizze. Das Papier wird gut angefeuchtet. Die Feuchtigkeit soll einziehen; dann kann mit einem kräftigen Strich Paynesgrau der Himmel begonnen werden. Coelinblau sollte sehr transparent verwendet werden, wobei ein wenig weißer Papiergrund stehen bleibt. Nun mischen Sie Coelinblau mit Umbra zu einem dunklen Grün, mit dem in unordentlichen Linien das jenseitige Ufer gezogen wird. Die Anordnung der Bäume ergibt sich aus dem Verlaufen der Farbe, also kann das Bild auch anders als die Skizze aussehen. Wichtig ist jedoch, in der Mitte eine Öffnung zur Weite zu lassen, um die Tiefe in dieser Skizze darzustellen. Das Wasser malt man ebenfalls in Coelinblau, wobei an die Wasserspiegelung zu denken ist. Lassen Sie nun das Bild trocknen, um dann den Vordergrund stärker akzentuieren zu können. In Coelinblau und Paynesgrau mischt man Umbra hinein; diese Farbe wird mit einem dickeren Pinsel in unregelmäßigen Strichen im Vordergrund aufgetragen. Ein trockener Borstenpinsel tritt nun an die Stelle unseres Aquarellpinsels. Mit diesem ziehen Sie von unten aus der nassen Farbe Gräser in einer aus dem Handgelenk kommenden Bewegung nach oben. Ist der Vordergrund zu dunkel geraten, kratzt man nach dem Auftrocknen einige Gräser mit dem Messer heraus und hellt den Vordergrund wieder auf.

Auflösen der Konturen

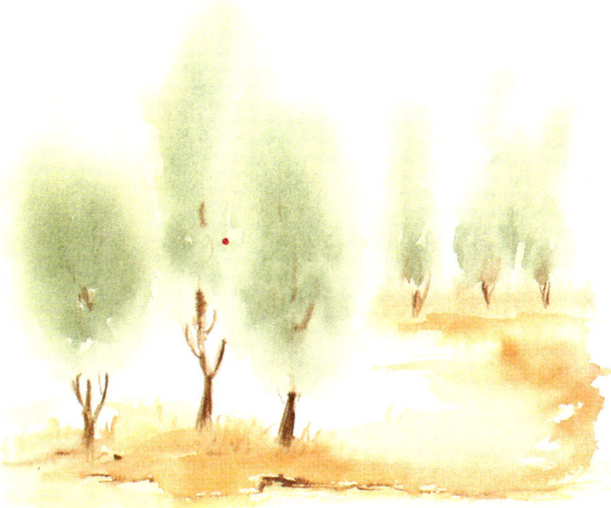

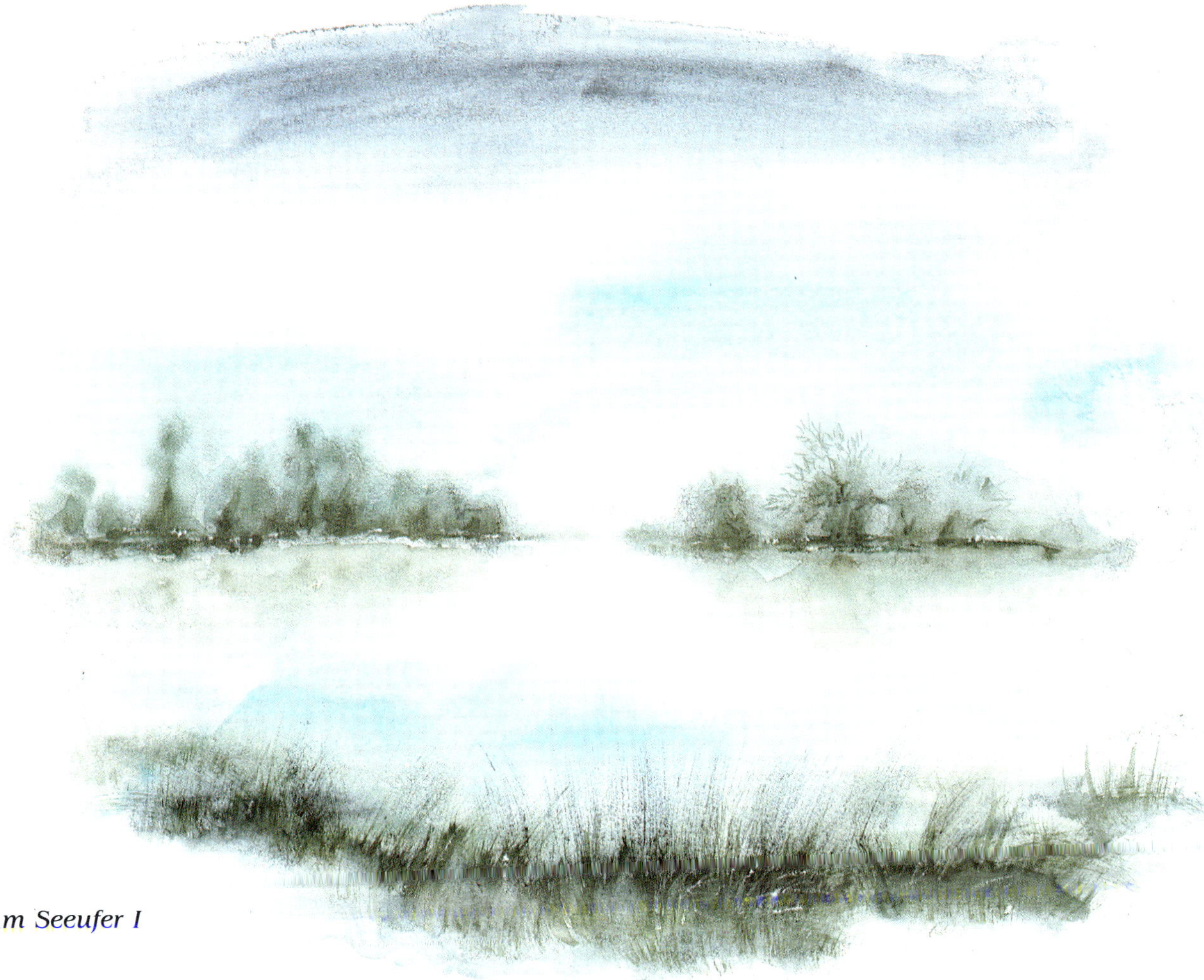

Am Seeufer I

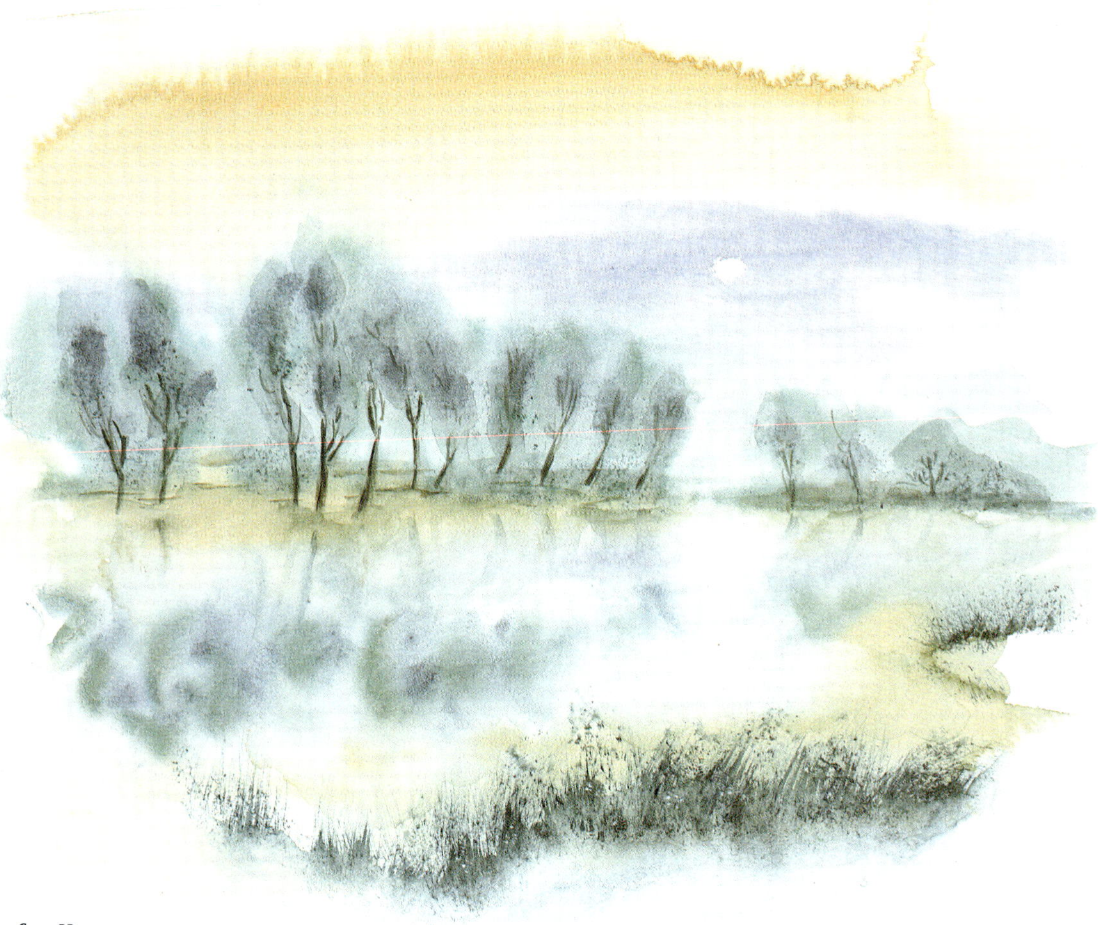

Am Seeufer II

Am Seeufer II

Das Papier wird bis auf den Mond am Himmel angefeuchtet. Es werden die Farben Lichter Ocker, Ultramarin, Krapplack dunkel, Paynesgrau und Umbra verwendet. Beginnen Sie wie im Bild „Am Seeufer I" mit dem Himmel, der hier aus Lichtem Ocker besteht. Ultramarin und Krapplack mischen Sie zu einem Lila, das als zweite Himmelsfarbe eingesetzt wird. Man sollte in umgekehrter Reihenfolge im See mit den gleichen Farbtönen fortfahren und das hintere Seeufer in Lichtem Ocker malen. Die Pappelstämme und die Gräser im Vordergrund können erst gezogen werden, wenn das Bild getrocknet ist. Solange die Mitte des Bildes noch naß ist, malen Sie den Schatten der Bäume im Wasser ein, der weich und fließend sein soll. Für die Darstellungen der Gräser wird die gleiche Technik wie im Bild „Am Seeufer I" eingesetzt.

Weißer Rand

Weißer Rand

Eine Landschaft kann luftig leicht wirken, wenn im Motiv viel weißer Rand zu sehen ist. Es ist natürlich Ansichtssache, ob diese Malweise gefällt oder nicht. Diese Technik kann nur auf dem *trockenen* Papier zur richtigen Wirkung führen, da bei einem *angefeuchteten* die Linien nicht stehen bleiben. Bei Häusern oder Städtelandschaften kann es sehr reizvoll sein, auf diese Weise eine gewisse Auflockerung zu erzielen.

Bäume stehenlassen

Am aufwendigsten wird es, wenn der Hintergrund ausgemalt wird und die Bäume im Vordergrund weiß stehen bleiben.

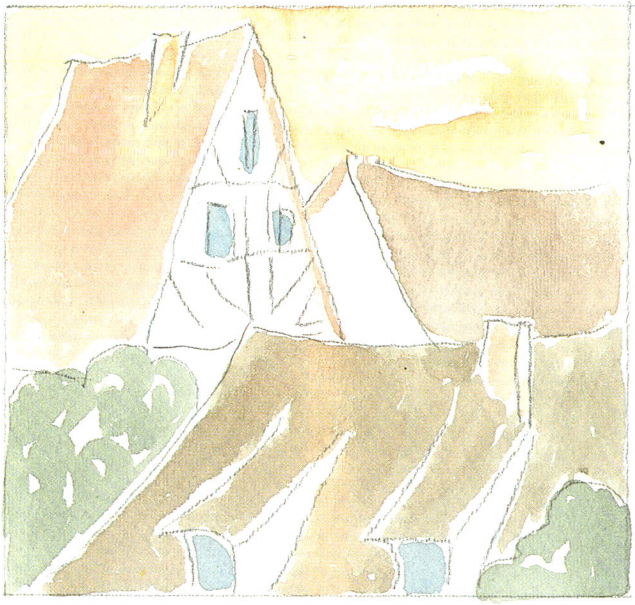

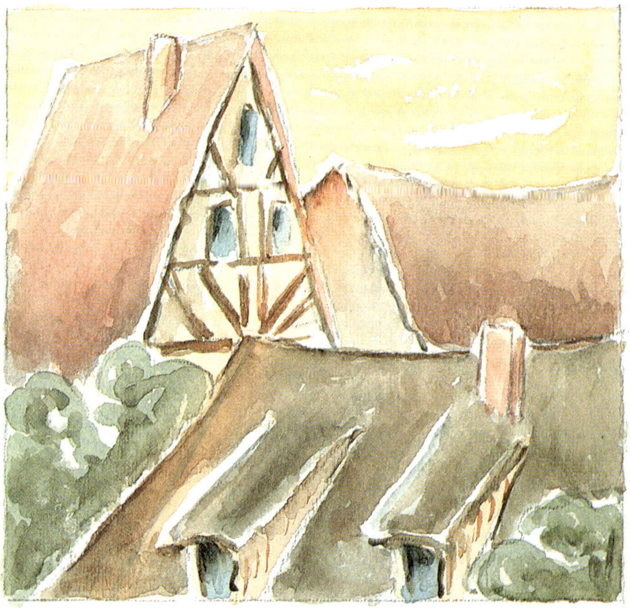

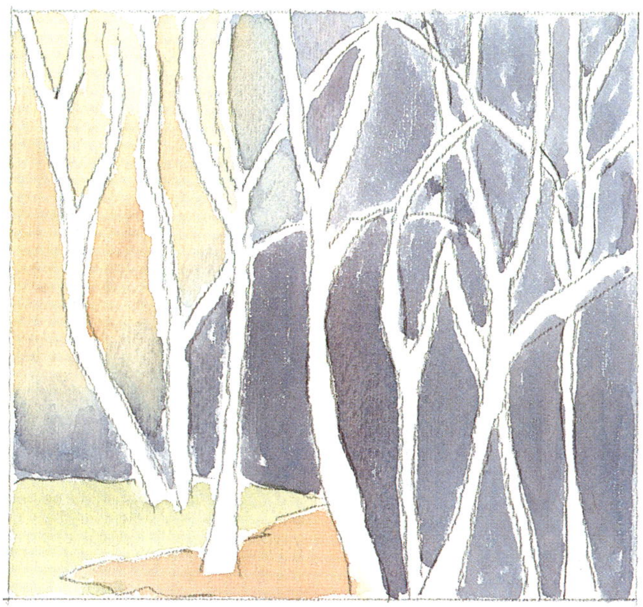

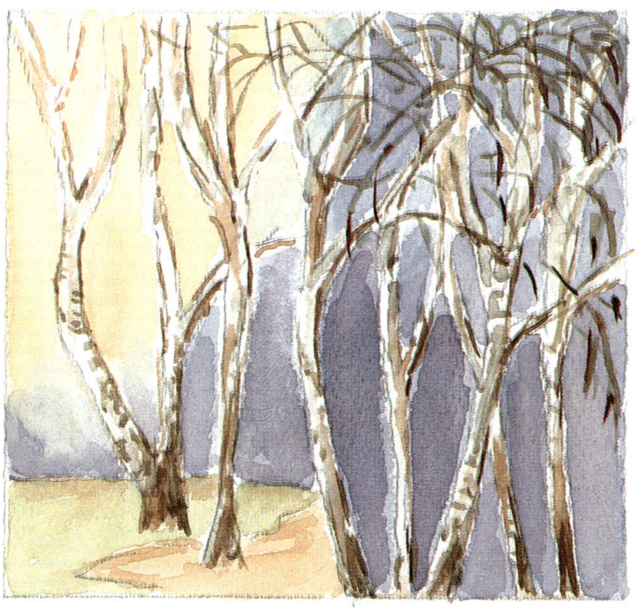

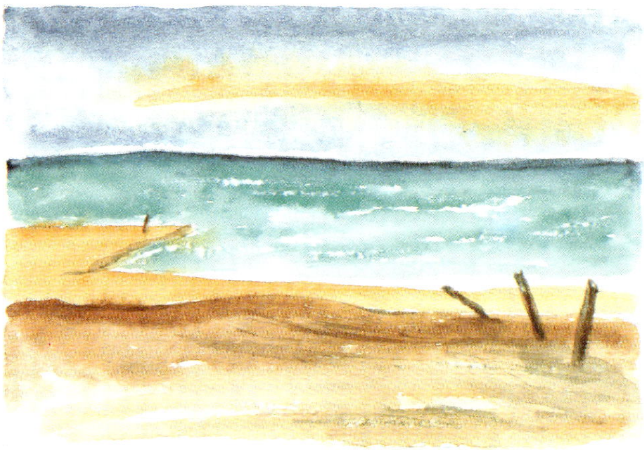

Seelandschaft

Zum Vergleich wird eine kleine Landschaftsskizze auf Torchon gezeigt. Wie schon beschrieben wurde, bleiben bei diesem rauhen, unregelmäßigen Karton die Vertiefungen weiß, wenn der Pinsel ohne Druck darübergeführt wird.

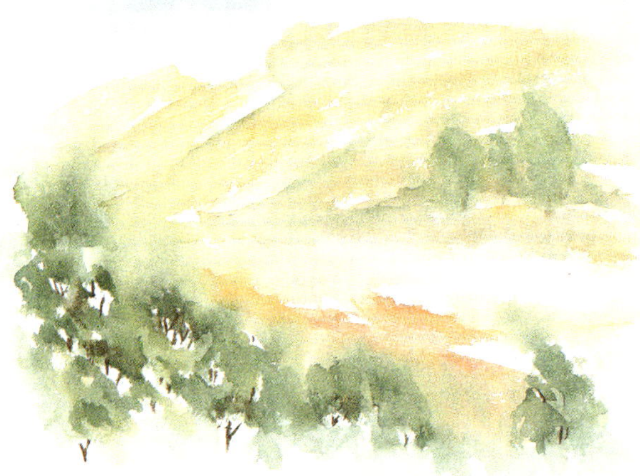

Hügellandschaft

Dagegen kann es bei dieser *Hügellandschaft* von einem gewissen Reiz sein, den weißen Papiergrund hier und da unregelmäßig durchscheinen zu lassen. Besser geeignet ist Torchon, das durch seine grobe Oberfläche für die Erzielung der gewünschten Effekte wie geschaffen ist.

Wachstechnik

Die Wachstechnik ist in der Aquarellmalerei als eine Erleichterung oder als ein effektheischender Trick anzusehen. Gut anzuwenden ist sie in der Naß-in-Naß-Malerei, da die gewachsten, versiegelten Teile das Wasser abstoßen und somit ein leichteres Arbeiten ermöglichen. Zum Wachsen benützt

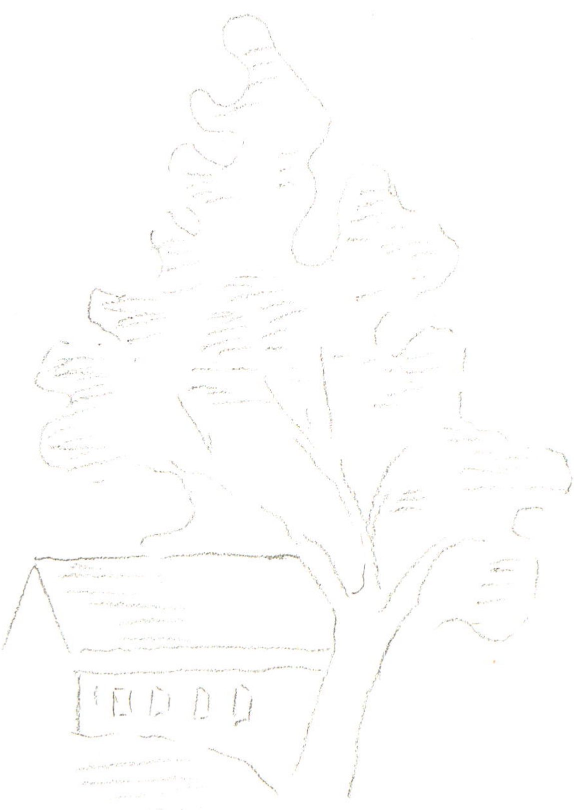

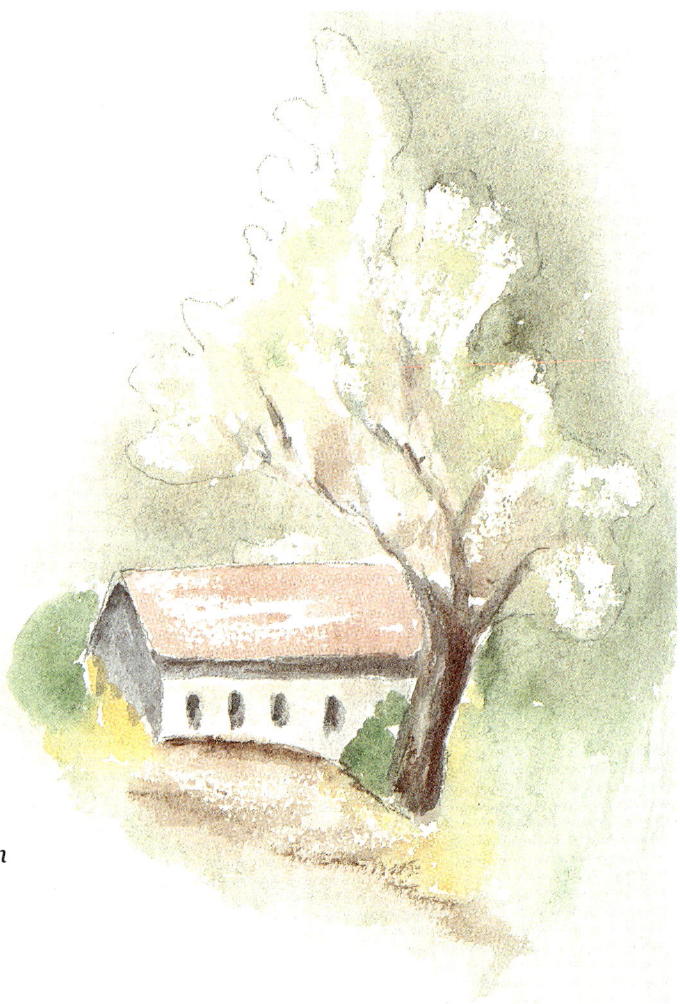

Blühender Baum
Schritt 1 und 2

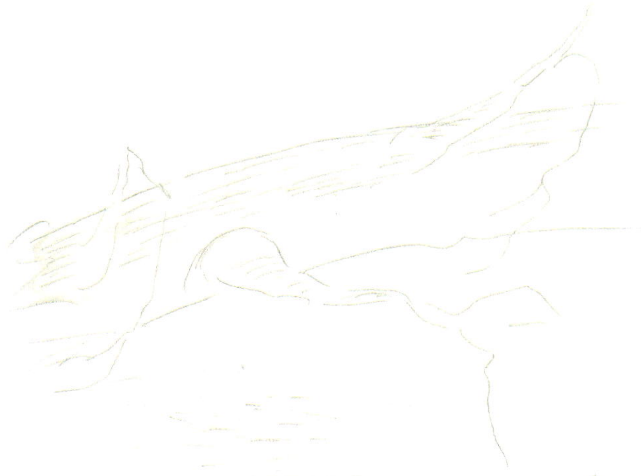

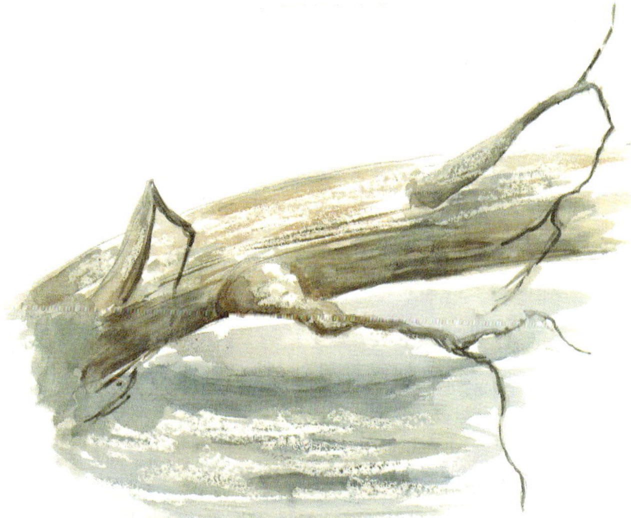

man eine weiße Wachskerze. Um schmale Birkenstämme vor dunklem Hintergrund zu wachsen, wird ein Stück Kerze angespitzt. Danach werden mit leichtem Druck die Stämme gewachst. Wo das Wachs das Papier versiegelt hat, dringt keine Farbe mehr ein. Darum sollte nicht zu viel Druck ausgeübt werden. Wachs wird auf das trockene Aquarellpapier gerieben oder auch über die erste getrocknete transparente Farbschicht.

Blühender Baum
Schritt 1 und 2

Nach der Vorzeichnung der Umrisse wachsen Sie alle jene Stellen, die auf der nebenstehenden Zeichnung schraffiert sind. Sie beginnen mit gelben Farbtupfern auf der rechten und linken Seite des trockenen Papiers. Danach bekommt das Dach Englischrot gemischt mit Paynesgrau. Am blühenden Baum malen Sie von rechts außen eine dunklere Hintergrundfarbe, wobei Sie ruhig über die äußeren gewachsten Stellen mit dem Farbpinsel fahren können. Das helle Grau und die dunklen Zonen für den Baum kommen zum Schluß nach dem Trocknen.

Baumstamm

Ein über einem Wasserlauf liegender Baumstamm ist ein dankbares Objekt für die Wachstechnik. Wenn Sie die Zeichnung fertiggestellt haben, reiben Sie das Wachs auf alle gestrichelten Linien (Zeichnung oben). Dann wird mit Umbra transparent über die obere Hälfte des Stammes gemalt. Paynesgrau gemischt mit Umbra ergibt den Zwischenton. Für tiefe Dunkelzonen im Stamm wurde der letzten Mischung noch etwas mehr Paynesgrau hinzugefügt. Der Grünton besteht aus Chromoxidgrün, Umbra und Paynesgrau. Über die Wachsschicht rutscht der Pinsel weg; sie nehmen trotzdem noch etwas Farbe an.

Kratztechnik

Eine andere Möglichkeit, helle Details von dunklem Hintergrund hervorzuheben, besteht darin, daß man nach dem Trocknen der Farbe mit einem spitzen Messer Zweige oder Stämme herauskratzt. Je fester der Druck, desto heller werden die Linien. Auch kann man mit der Schneide des Messers (nicht mit der Spitze!) helle, fleckige Stellen ausschaben. Vergessen sollte man dabei nicht, daß das Papier dabei verletzt wird. Die Technik sollte möglichst nur bei einem zu dunkel gewordenen Bild angewendet werden.

Während die Wachstechnik gröbere weiße Stellen ergibt, erhält man durch das Kratzen mit dem Bastelmesser viel feinere Striche. Jedoch dürfen wir nicht vergessen, daß es nur ein Ausweg sein soll, wenn nur strukturlose Farbflecke produziert wurden. Das Bild muß sehr gut durchgetrocknet sein, damit man kratzen kann. Am besten wartet man bis zum nächsten Tag.

Kratztechnik

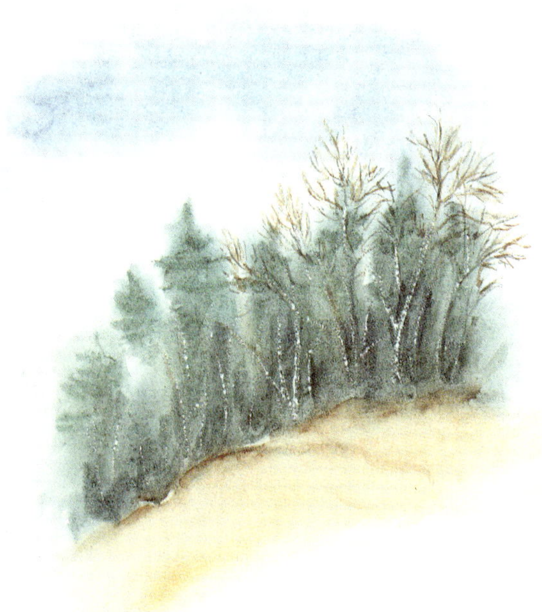

Granuliertechnik

Bei der Granuliertechnik wird ein nicht zu feuchter Farbpinsel über das Papier gezogen. Der nur mäßig nasse Pinsel berührt nicht die tieferliegenden Papierporen; er trägt Farbe nur auf die höheren Teile des Papiers auf und spart die Vertiefungen aus. Schneller erzielt man eine Granulierung mit einem Naturschwamm, der trocken in die Farbe getaucht und auf das trockene Papier getupft wird. Gut geeignet ist dies Verfahren für die Darstellung von Blättern an Bäumen.

Begonnen wird mit einer Mischung aus Chromoxidgrün und Umbra, die mitteltransparent mit einem Naturschwamm aufgetragen wird. Die erste Grüntönung muß erst trocknen bevor man den zweiten, dunkleren Ton an die richtige Stelle setzt. Es ist die gleiche Mischung mit weniger Wasser. Zum Schluß wird für die Baumstämme und Äste Umbra transparent angewendet. Der Pinsel wird gut abgestreift und über die Stämme gezogen. Den dunklen Braunton erhalten wir durch einen Zusatz von Paynesgrau zum Umbra. Er wird an der Schattenseite eingesetzt. Am Ende der Arbeit tupfen Sie mit dem Schwamm noch einige Akzente in die Mitte des Baumes, um ihn voller erscheinen zu lassen.

Baum
Schritt 1 und 2

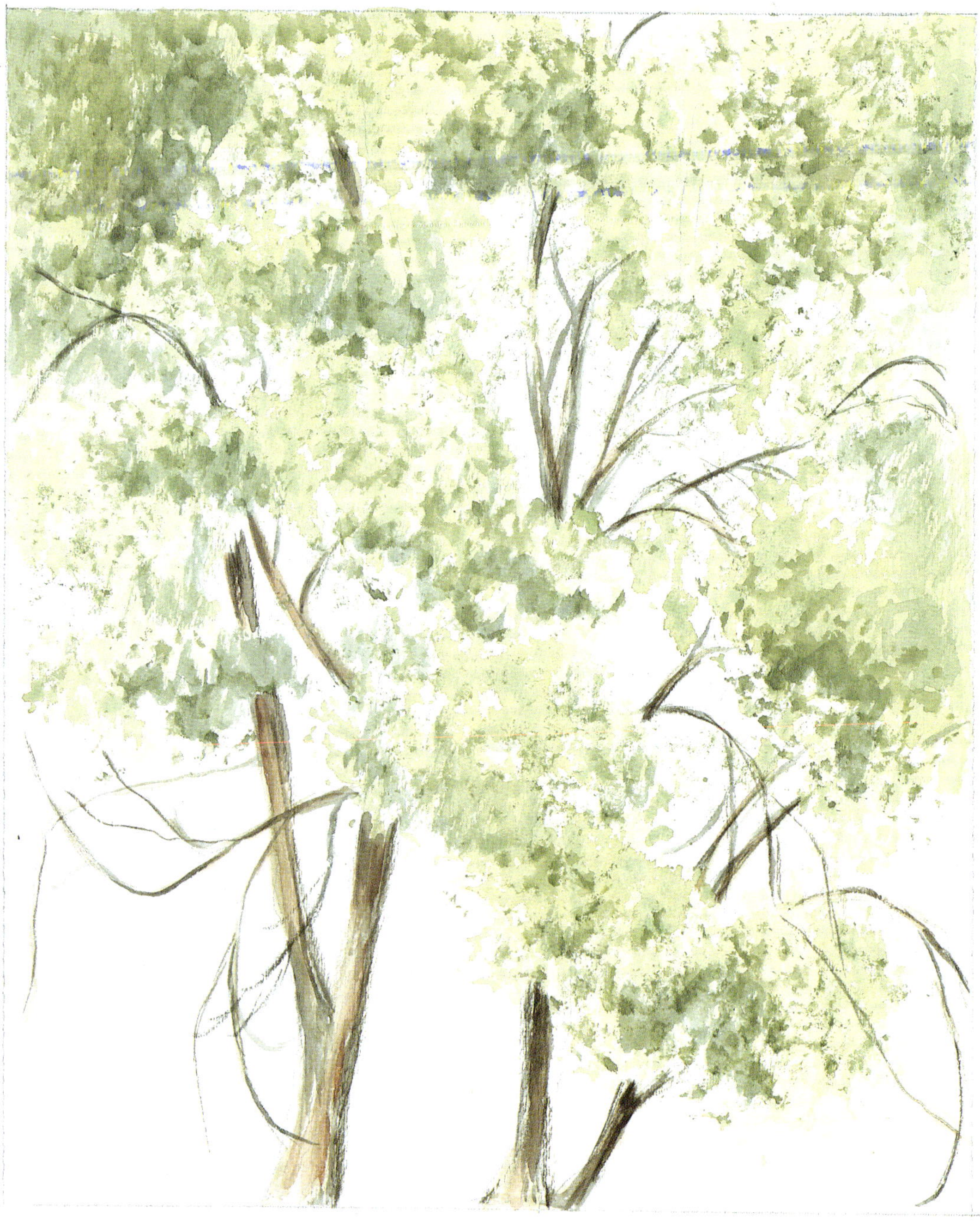

Perspektive

Versuche, eine Landschaft nicht nur als bloße Begleiterscheinung, sondern als räumlichen Schauplatz und unabhängige Naturwelt wiederzugeben, sind zuerst auf römischen Wandgemälden der Kaiserzeit zu entdecken. Erst mit dem Bestreben, einen Tiefenraum bildhaft darzustellen, das zur Entdeckung der *Perspektive* führte, ergaben sich die Voraussetzungen für die Landschaftsmalerei.

»Der Schüler muß zuerst die Perspektive lernen, damit er jedem Gegenstand das richtige Maß zuteilen kann. Ein Maler, welcher nach Augenmaß, ohne Beachtung der Wissenschaft malt, gleicht einem Spiegel, welcher alle vor ihm stehenden Gegenstände abspiegelt, ohne sie zu kennen!«
Diese Forderung stellte *Leonardo da Vinci (1452 — 1519)* auf, einer der Großen der italienischen Hochrenaissance. In seiner Zeit, als in Verbindung mit zahlreichen Entdeckungen Naturwissenschaften ihre Daseinsberechtigung erkämpften, wurden auch die Gesetze der Perspektive entdeckt. Aber was ist Perspektive!

Zeichnen können ist sehen können. So erklärt sich das richtige Sehen und Erkennen der uns umgebenden Wirklichkeit als eine wesentliche Voraussetzung der künstlerischen Gestaltung. Wir beobachten Menschen, Häuser, Straßen, Fahrzeuge, Gegenstände und Tiere. Aber alles das, was unsere Aufmerksamkeit auf sich zieht, diese Dinge sind — formal betrachtet — Körper oder Räume, also *dreidimensionale* Erscheinungen. Zum Zeichnen steht uns aber nur eine Fläche, also eine *zweidimensionale* Darstellungsmöglichkeit zur Verfügung. Wir sind an diese Fläche gebunden und möchten doch das Geschehene und Erlebte so gestalten, daß unsere bildnerische Arbeit auch die Wirklichkeit zeigt. Unsere Zeichnung müßte den Eindruck erwecken, als ob wir durch das Papier hindurch in den Raum hineinschauen. Natürlich kann ein solches »gezeichnetes« Raumerlebnis nur eine Illusion sein, die wir beim Betrachter erwecken. Aber eben diese Raumillusion zu erwecken wird uns gelingen, wenn die wirksamen Gesetzmäßigkeiten beobachtet und angewendet werden. Diese Gesetzmäßigkeiten werden Perspektive genannt. Der Begriff kommt vom Lateinischen Wort »perspicera«, das hindurchschauen bedeutet.

Drei Möglichkeiten Horizontlinien zu setzen sind zu unterscheiden:
- Froschperspektive mit wenig Erde und viel Himmel (H1);
- Augenhöhe oft angewendet (H2);
- Vogelperspektive mit wenig Himmel und viel Erde (H3).

Ein bekanntes Beispiel möge helfen: Aus dem letzten Wagen eines Zuges schauen Sie auf die Bahnstrecke zurück, die sich gradlinig durch eine weite ebene Landschaft zieht. Das schier endlose Band der Gleisanlagen entschwindet am Horizont unseren Blicken. Der *Fluchtpunkt* befindet sich am Ende der Gleise, da wo sie scheinbar zusammenlaufen. Daß dem nicht so ist, wissen wir. Seitlich vom Gleiskörper stehen Telegraphenmasten, die sich ebenso zum Fluchtpunkt hin stetig verkleinern.

Augenhöhe

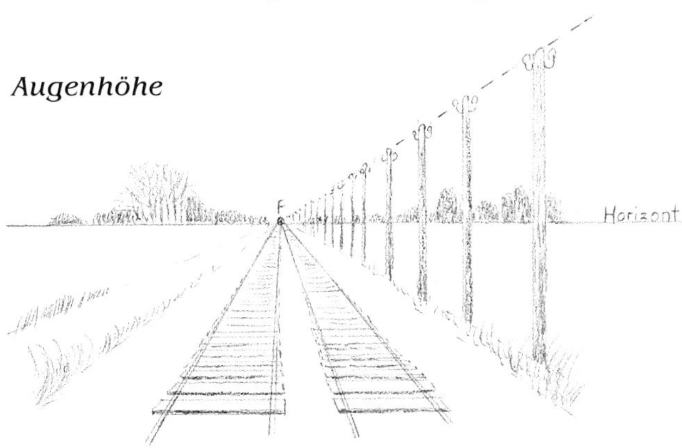

Zur Linearperspektive gehören Fluchtpunkt und Fluchtlinien.

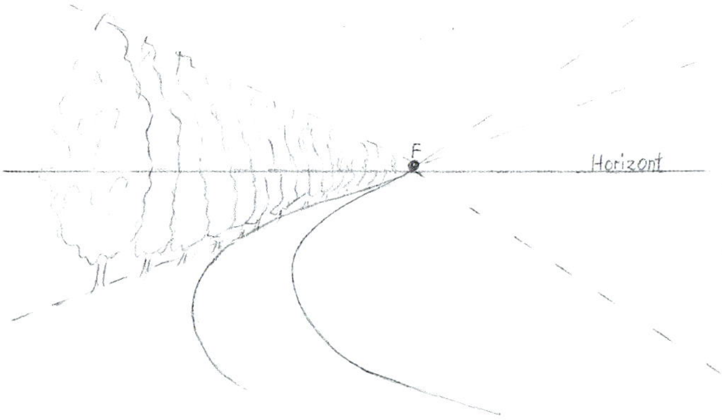

Linearperspektive

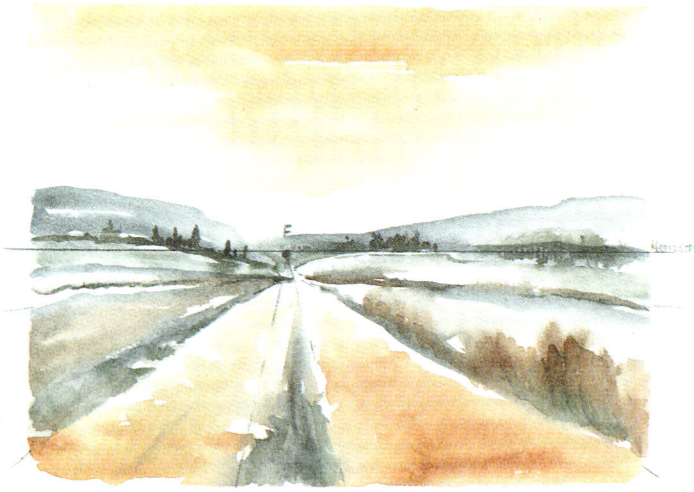

Horizont in Augenhöhe mit Fluchtpunkt und -linien.

Die Horizontlinie befindet sich am Fuß der Berge. Alle Fluchtlinien laufen auf einen Fluchtpunkt zu. In der farbigen Skizze kann man die Linien leichter unterscheiden.

Horizont und Fluchtpunkte

Diese farbigen Beispiele zeigen verschieden angelegte Horizonte. Eine bestimmte Höhe der Horizonte ist nicht festgelegt; sie kann je nach dem Standort des Betrachters verändert werden.

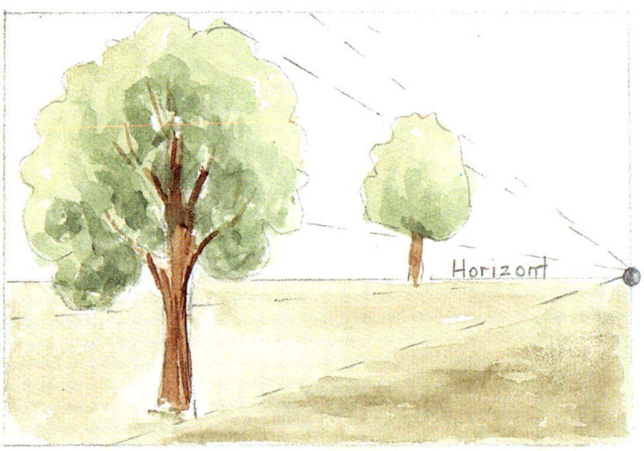

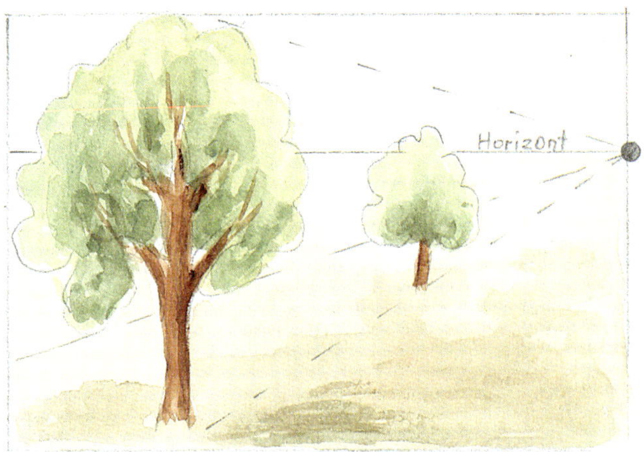

Abb. 1 und 2
Nehmen wir an, daß die Baumhöhe im Vordergrund vier Meter beträgt. Der weiter hinten stehende Baum ist genauso groß, doch bei dieser Entfernung wirkt er kleiner.

Die Bäume sind in beiden Abbildungen gleich groß wie der Baum im Vordergrund eingezeichnet. Der Horizont ist im rechten Bild höher gerutscht; schon ergibt sich eine neue Perspektive. Der große Baum müßte kleiner gezeichnet sein.

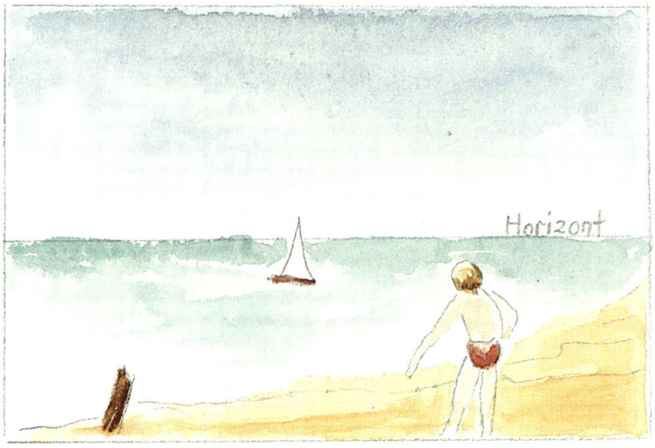

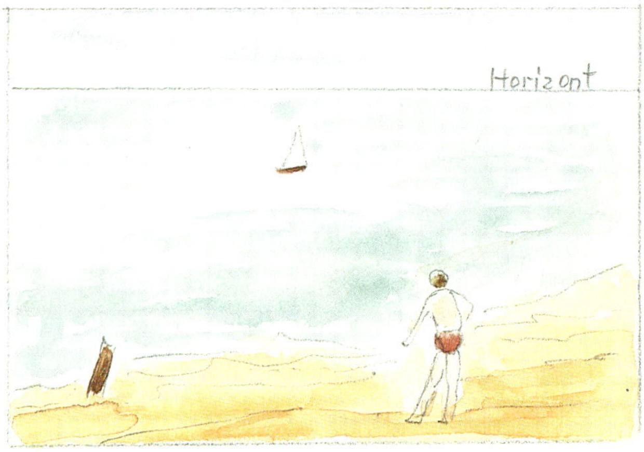

Abb. 3 und 4
Die Augenhöhe ist die Höhe, welche der Betrachter beim Zeichnen einnimmt. Der Pfahl links im Bild ist nur einen Meter hoch und steht auf gleicher Ebene wie der Betrachter. Die Segel des Schiffes ragen in den Horizont.

In *Abb. 4* steigt der Zeichner auf die Dünen und schaut auf das Meer herab; so ergibt sich die Vogelperspektive. Der Pfosten und der Mensch im Vordergrund sind wiederum gleich groß, nur durch den veränderten Standort werden sie nun perspektivisch kleiner gezeichnet.

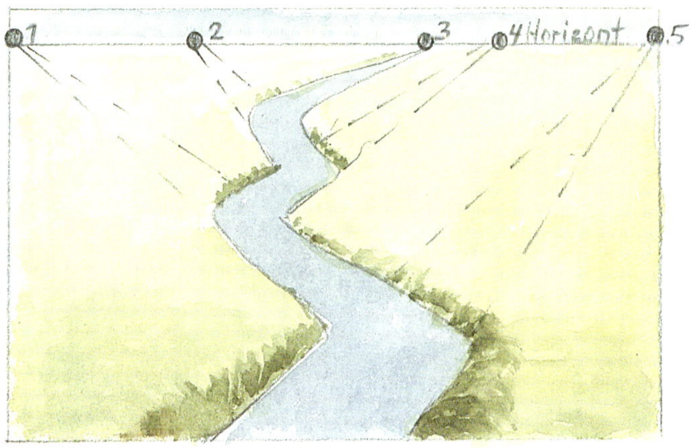

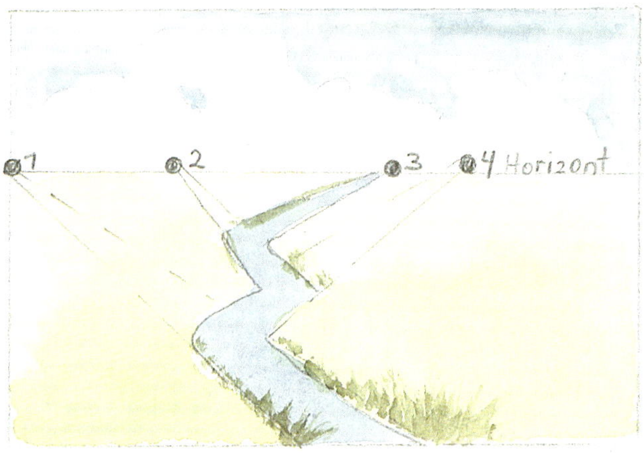

Abb. 5 und 6
Sind mehrere Fluchtpunkte im Bild, steht der Zeichner wiederum höher und übersieht die Landschaft bis zum Horizont. Ein Bach mit vielen Kurven enthält mehrere Fluchtpunkte. Sie sehen fünf Fluchtpunkte, hervorgerufen durch vier Bachkurven. Alle befinden sich am Horizont.

In *Abb. 6* ist der Horizont etwa in Augenhöhe gerückt. Schon ergibt sich eine andere Perspektive. Diese verschiedenen perspektivischen Möglichkeiten müssen noch durch die Farbe unterstrichen werden. So wird alles, was sehr weit weg ist, heller dargestellt, während der Vordergrund dunkler, kräftiger betont werden muß.

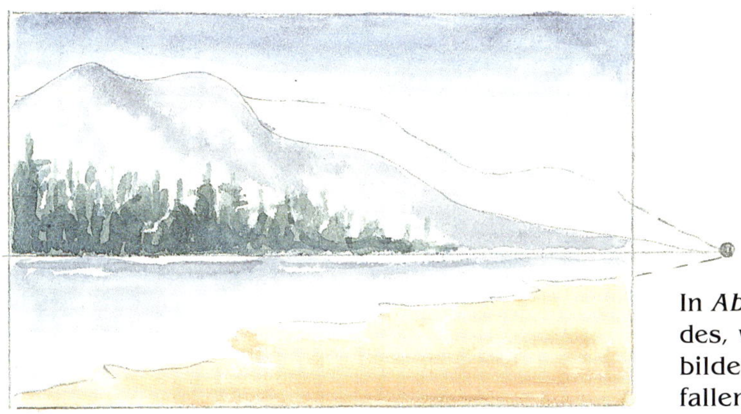

In *Abb. 7* liegt der Fluchtpunkt außerhalb des Bildes, was bei vielen gut aufgebauten Landschaftsbildern vorkommt. Alle Fluchtlinien steigen oder fallen zum Fluchtpunkt.

Grundformen in der Natur

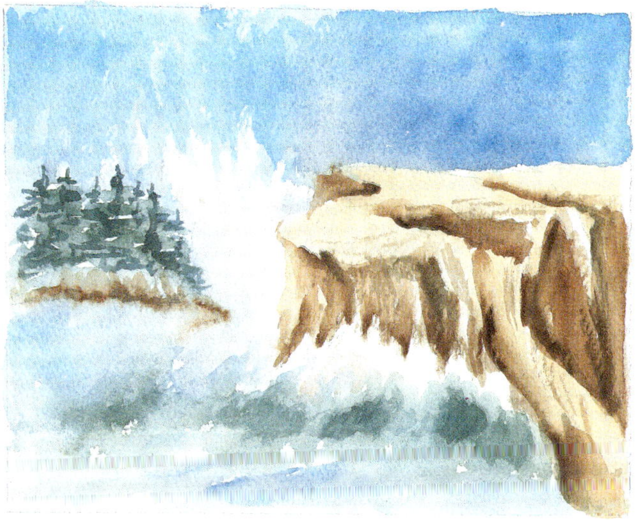

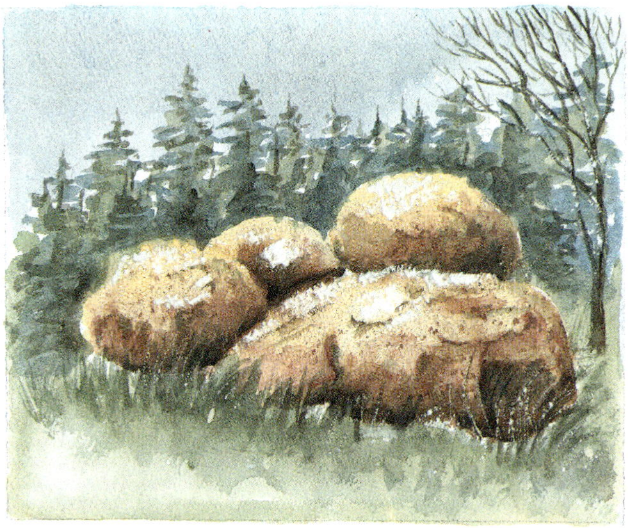

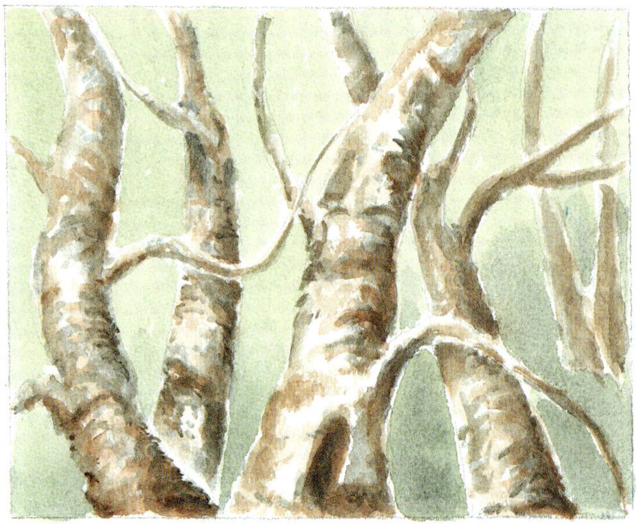

Die Gebilde der Natur sind auf drei Grundformen zurückzuführen, nämlich Würfel, Kugel und Walze. Dies sind geometrische Formen, aus denen sich Erkenntnisse für die Landschaftsmalerei ziehen lassen. Gute Leistungen können nicht nur durch ein gutes Empfinden erzielt werden, sondern erfordern ruhige Überlegungen. Das Verhältnis der Formen zueinander wird erst klar durchschaut, bei Durchführung der Naturstudien.

Fels in der Brandung
Grundformen

Der Würfelform begegnen wir häufig in der Landschaft; man muß sie nur sehen lernen. Felsen gibt es z.B. in der reinsten Würfelform, wie sie hier abgebildet ist. Vom Wasser umspült steht der Fels in der Brandung, das Sonnenlicht kommt von links oben. Somit zeigt dieser Fels viel Licht und Schatten. Die schattige rechte Vorderseite neigt in den Vertiefungen fast bis zum Schwarz, dessen Wirkung durch die Wassergischt nocht verstärkt wird, die am Felsen heraufspringt. Auch nimmt der Felsen etwas reflektiertes Licht vom Wasser auf. Dazu kommen noch die wichtigen Farbkontraste. Die warmen Ockertöne des Felsens kontrastieren mit dem kühlen Blau des Himmels und dem Dunkelgrün des Wassers.

Grundformen: Steine

Die runden Formen der Steine sehen wohl wie riesige Kartoffeln aus. Das Licht fällt genau von oben auf die Steine. Die leuchtenden und die gedämpften Farben wirken als Blickfang. Zum Schluß wurden noch Kratzer mit dem Messer in den Vordergrund gesetzt.

Grundformen: Baumstämme

Die zylindrische Form (Walze) kann an Baumstämmen deutlich dargestellt werden. Diese Form kommt in der Natur häufig vor, so daß es sich lohnt, sich mit ihr zu befassen. Von welcher Seite das Licht auch kommt, der Stamm ist rund und reflektiert das Licht dementsprechend unterschiedlich. Auf der Zeichnung kommt das Licht von links, so daß die größte Schattenpartie auf der rechten Seite liegt.

Malen besteht nicht nur aus Formen und Farben, die von der Zeichnung auf das Aquarellpapier übertragen werden. Wichtig ist auch die Anschauungsweise. Das darzustellende Objekt entwickelt sein Eigenleben, in das man sich bewußt vertiefen muß, um es zu begreifen. Dies bedeutet genaues Hinsehen; Sehen Sie sich das Objekt lange genug an und versuchen Sie das Gesehene aus dem Gedächtnis heraus zu Papier zu bringen. Den Skizzenblock sollte man stets mit sich führen, wenn man zu einem Waldspaziergang oder einer Wanderung durch die Natur aufbricht. Wurde etwas Zeichenswertes entdeckt, sollte man sich erst entspannen. Gut ist es auch, sich hinzusetzen um zu meditieren, bevor mit der Zeichnung begonnen wird. Sie haben lange genug jede Linie des Objektes studiert und in sich aufgenommen. Nun drehen Sie sich mit dem Rücken zum Objekt, beginnen aus dem Gedächtnis heraus zu zeichnen. Dies ist eine ausgezeichnete Übung zur Konzentration. Bei dieser Methode wird man nicht von Details abgelenkt, wie das normalerweise beim direkten Abzeichnen der Fall ist. Es werden so neue Erfahrungswerte gemacht, die sich auf die weiteren Landschaftsbilder auswirken werden. Zu oft wird die Natur sofort ohne Überlegungen abgemalt. Malen sollte eine stillere, gedankenvolle Beschäftigung sein, die mit viel Muße verbunden ist.

Licht und Schatten

Prüfen Sie, ob Sie auf Anhieb die Schatten der Schiffe auf diesen drei Zeichnungen auseinanderhalten können. Schatten ist stets auf der vom Licht abgewandten Seite. Je höher die Sonne am Himmel steht, umso kürzer werden sie. Lange Schatten gibt es am Morgen, noch längere am Abend.

Lichteinfall Beispiel 1

Die Sonne steht hoch über Mittag, so daß die Schatten sehr klein sind und unmittelbar unter den Schiffen liegen.

Beispiel 2

Die untergehende Sonne scheint von rechts oben; die Schatten werden lang und reichen bis zur rechten Seite hinüber.

Beispiel 3

Die Morgensonne hat etwas kürzere von links nach rechts reichende Schatten. Man achte ebenfalls auf das kleine Segelschiff am oberen Bildrand. Auch da wandern die Schatten mit.

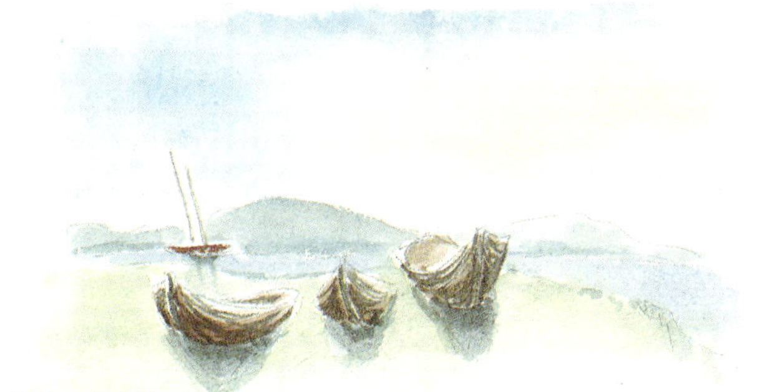

Beispiel 1

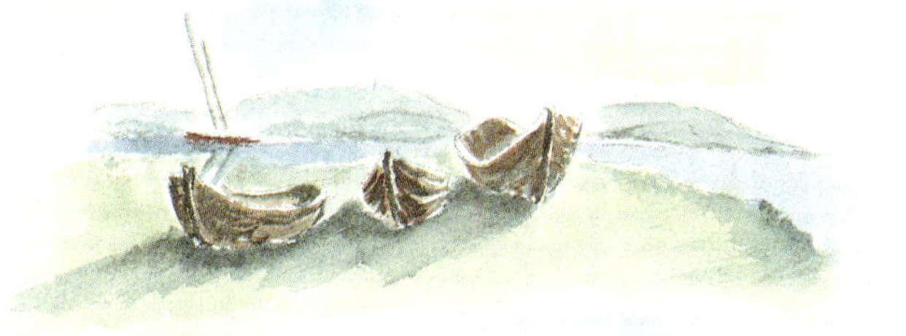

Beispiel 2

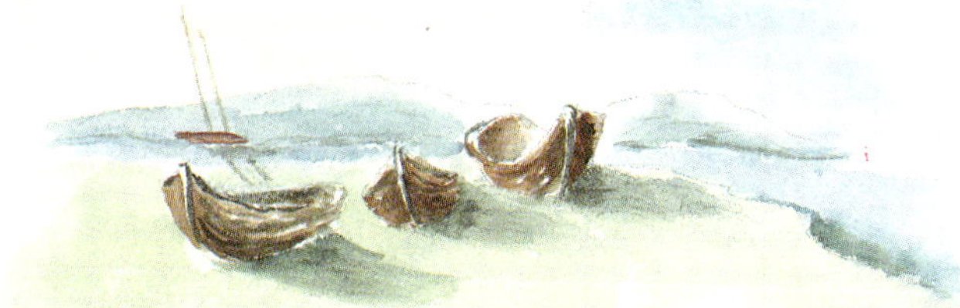

Beispiel 3

Sinnestäuschungen

Es ist schwer zu glauben, daß die zwei kleinen Quadrate genau die gleiche Größe haben. Sowohl Farbe als auch Farbwert werden von der angrenzenden Farbe beeinflußt. Im bezug auf ihre Flächengröße wirken sie verschieden. Eine Farbfläche einer bestimmten Größe und Anordnung verändert sich nur scheinbar, da sie in Wirklichkeit den gleichen Tonwert besitzt. Der Kontrast kann niemals deutlicher hervorgehoben werden als durch zwei gleiche Farbwertkarten, auch wenn sie wie hier nur in Schwarz-Weiß sind. Die Natur weist viele optische Täuschungen auf.

Der helle Ausschnitt im linken Rahmen erscheint im ersten Moment größer als der dunkle Ausschnitt rechts, obwohl beide gleich groß gezeichnet sind. Der Kontrast wird deutlich, da die Farbwerte gleich sind. Farbflächen unterscheiden sich erheblich in ihrem Effekt und Aufmerksamkeitswert. Dunkle Zonen wirken stets kräftiger und dominierender als helle, die freundlicher und eher zaghaft wirken.

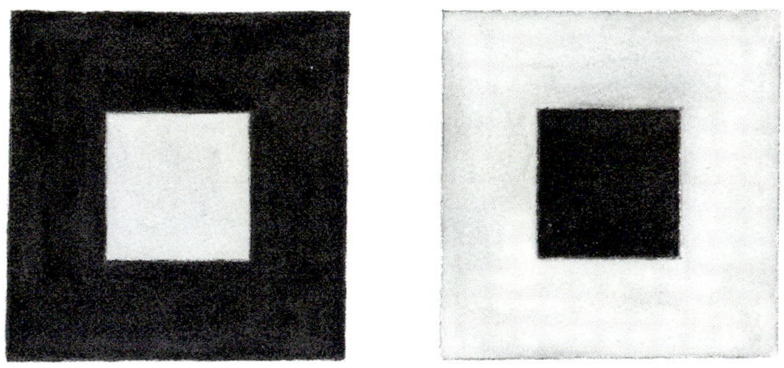

Formanzeigender Schatten

Der Schatten eines Gegenstandes wirkt oft wie ein lieblos hingemalter großer Klecks. Die Formen der Schatten sollte man bewußt sehen lernen. Es kommt dabei besonders darauf an, von wo das Licht auf den Gegenstand fällt.

Schatten im Baum ergibt sich insbesondere durch das Laubwerk. Der Schatten im Astwerk ohne Blätter ähnelt dem eines Skeletts. Man muß Verkürzungen ziemlich genau darstellen, es könnten zuviele Schatten sonst in der Luft hängen.

Schatten sind sehr wichtig in der Malerei, denn sie deuten nicht nur das Sonnenlicht an, sondern unterstreichen die Gestalt der gemalten Dinge und heben sie hervor. Der Schatten drückt nur die Abwesenheit des Lichtes aus. Schattenflächen müssen oft wegen des Kontrastes der Dinge gemalt werden. Gegensätze sind in der Malerei von großer Bedeutung; sie können durch die Betonung von Licht und Schatten herausgearbeitet werden.

Die Wirkung von Licht und Schatten kann in den Bergen gut beobachtet werden. In den durch Schluchten und abfallenden Steilhängen ergeben sich Dunkeltöne mit unterschiedlichen Farbwerten. In nur wenigen Farben ist diese Berglandschaft gemalt. Es wurden die Farben Umbra gebrannt, Chromoxidgrün und Paynesgrau dazu verwendet, die unterschiedlich gemischt, sechs Farbtöne ergeben. Hell und Dunkel tritt in einer Schneelandschaft am augenfälligsten hervor. Die Schneeflächen wurden auf dem Papier ausgespart, gemalt wird nur der Schatten in zwei bis drei Farbtönen.

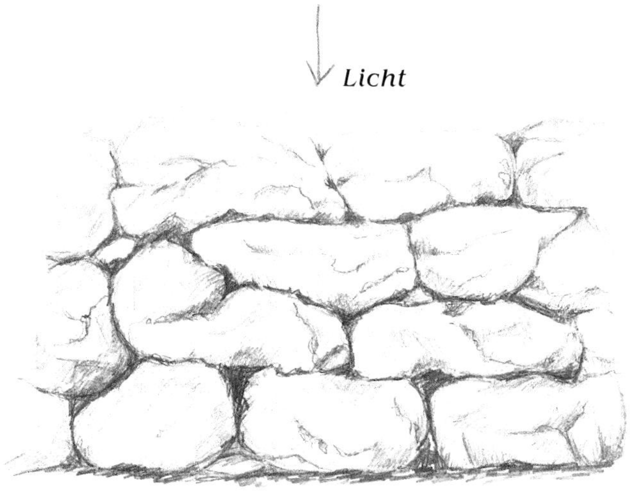

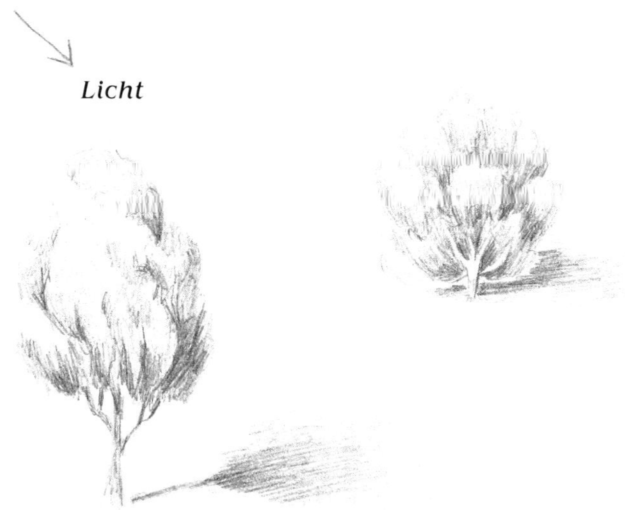

Formanzeigende Schatten

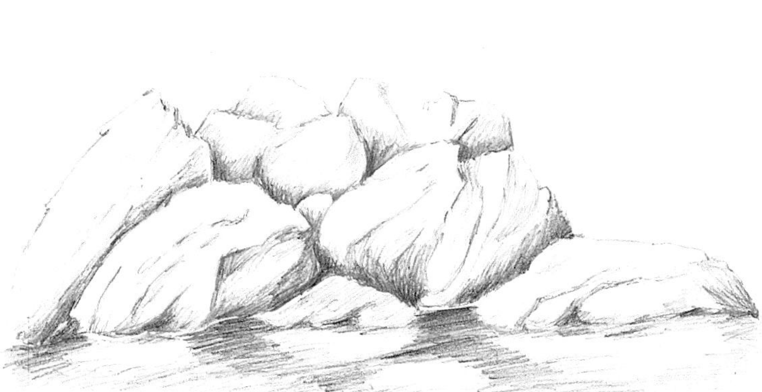

Steine

Steine oder Felsen laden geradezu zum Malen ein. Sind es viele kleine Steine, so kann man einige davon weglassen. Es werden nur die wichtigsten Steine gezeichnet. Wenig Sonnenlicht im Wald muß genügen, um Steine und Felsen in Hell- und Dunkelwerten zu zeichnen.

Die Zeichnung von Steinen am Wasser entstand an einem Nachmittag an der Oker im Harz. Die Steingruppierung ist besonders reizvoll. Hinzu kommt, daß das Sonnenlicht nur unklar durch das Blätterdach des Waldes drang und ständig neue Lichtreflexe auf die Steine zauberte. Wachs wurde auf die hellen Teile der Steine gerieben, um die Porosität der Steine noch besser zu betonen. Um das

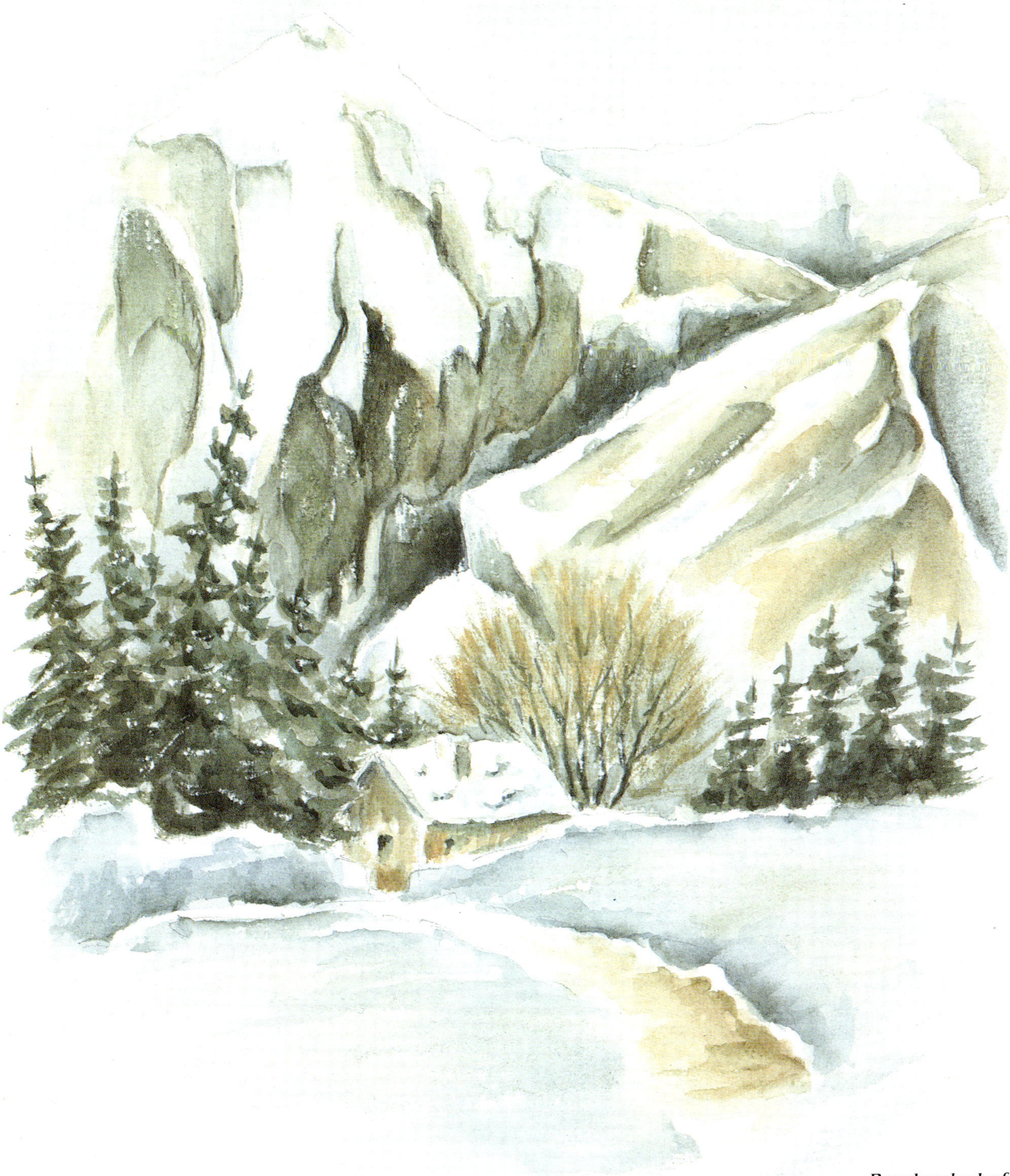

Berglandschaft

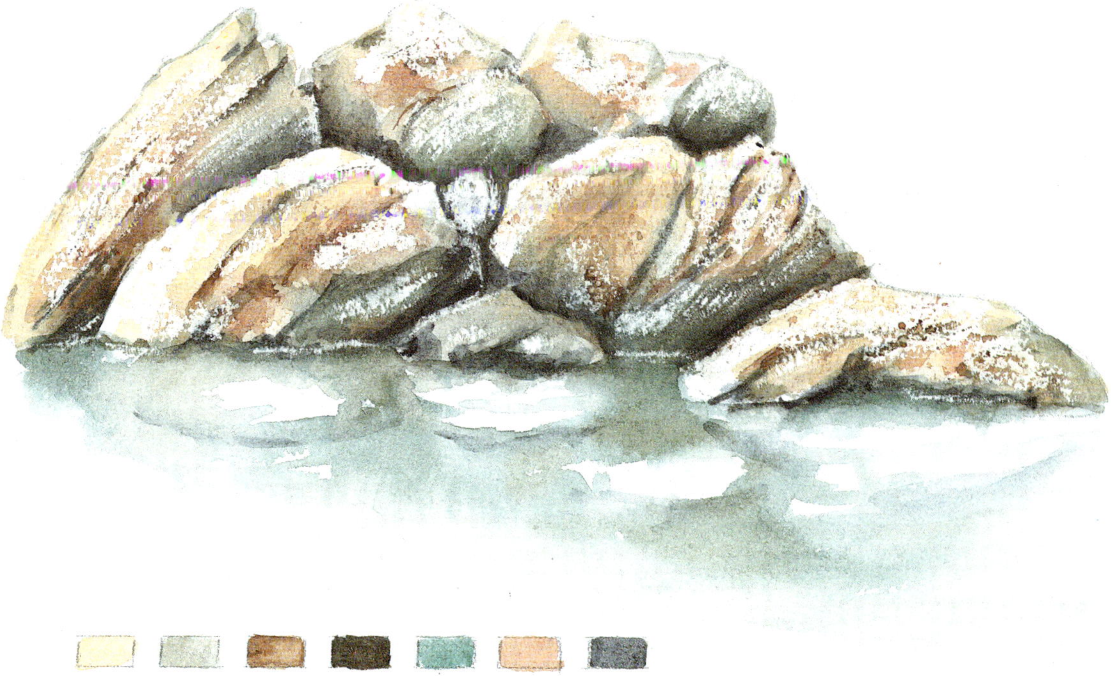

Gewicht der Steine am Ufer herauszustellen, entschloß ich mich, die Wasserlinie klar zu malen. Ich konzentrierte mich auf die scharfen Kanten an der oberen Begrenzung der Steine und auf deren Spiegelung im Wasser. Die Farbwerte der Steine wurden in warmen Tönen angelegt. Das Wasser ist tiefblaugrün. Es ist unmöglich bis auf den Grund zu sehen. Sie zeichnen die Steine nach und beginnen dann das Wachs auf alle gestrichelten Linien aufzutragen. Es wird Lichter Ocker genommen und mit Wasser gemischt. Die Farbe wird mit dem mittleren Pinsel über die hellen Partien der Steine gemalt. Für die dunklen Stellen nehmen Sie Umbra mit Paynesgrau, das transparent darübergelegt wird. Nun wenden Sie sich dem warmen Umbraton zu, der für Vertiefungen und Ritzen im Stein Verwendung findet. Auch wenn das Wachs etwas zu dick aufgetragen wurde, wird Farbe angenommen. Für die tiefe Dunkelzone wurde ebenfalls Umbra mit Paynesgrau, jedoch in stärkerer Konsistenz, gemischt und eingefügt. Das Wasser war an dieser Stelle dunkel und nicht ganz klar, so daß ich beschloß, dafür eine Mischung aus Coelinblau mit Umbra herzustellen. Das Wasser wird in Strichlagen von links nach rechts gemalt. Die weißen Stellen im Wasser sollen die Steine wiederspiegeln. Bei der Farbe der Steine fehlte ein warmer Ton. So mischte ich Krapplack und Lichtes Ocker. Die Farbe wird sehr transparent mit einem dicken Pinsel über die Steine gezogen. Doch die Tiefen waren inzwischen wieder hell aufgetrocknet. Pures Paynesgrau wurde deshalb noch an den richtigen Stellen eingesetzt. Nun hatten die Steine jene Tiefe, die mich schon an Ort und Stelle so faszinierte.

Steinskizzen mit Licht und Schatten

Wenn Sie hübsche und malenswerte Steine sehen, nehmen Sie diese mit nach Hause und versuchen Sie sie zu malen. Eine Vorzeichnung kann ruhig angefertigt werden; bis man das Gefühl hat, sicherer zu sein, um die Malerei freihändig anzugehen.

Licht

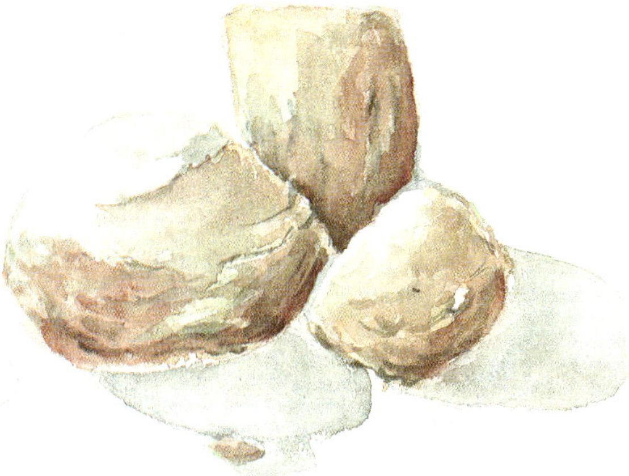

Solche kleinen Sandsteine findet man an Waldwegen. Es wurde vorgezeichnet. Mit wenigen Farbwerten erscheinen die Steine heller als sie tatsächlich sind. Das Licht fällt von oben links auf die Steine; so ist rechts die Schattenseite. Mit Lichtem Ocker wurde begonnen, um später in dunklere Brauntöne überzugehen. Der tiefe Schatten wurde aus Umbra, das mit Paynesgrau gemischt wurde, gemalt. Zum Schluß wurde eine transparente Chromoxidgrünlasur aufgetragen, um die Verwitterung deutlich zu machen.

Licht

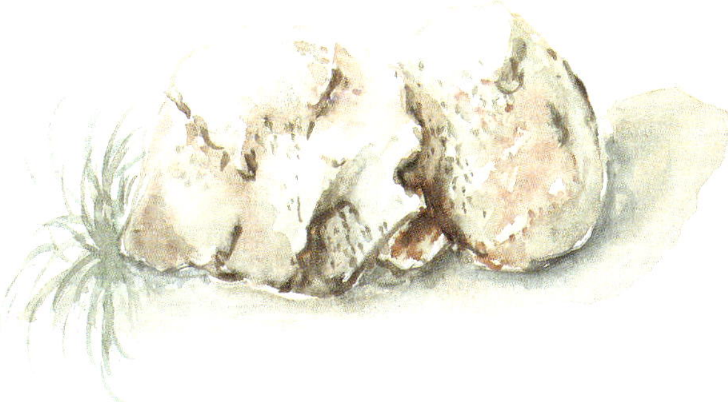

Es handelt sich um Steine mit vielen kleinen Poren und bizarren Formen. Die Brauntöne überwiegen, doch wurde auch Englischrot als Lasur verwendet.

Das Licht kommt auch hier von links oben; so liegt hinter den Steinen auf der rechten Seite tiefer Schatten.

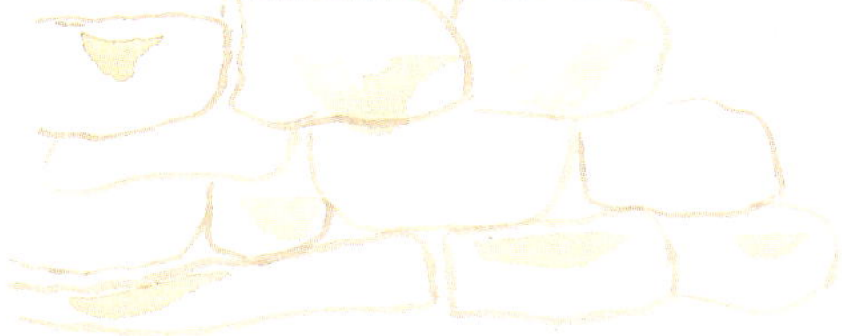

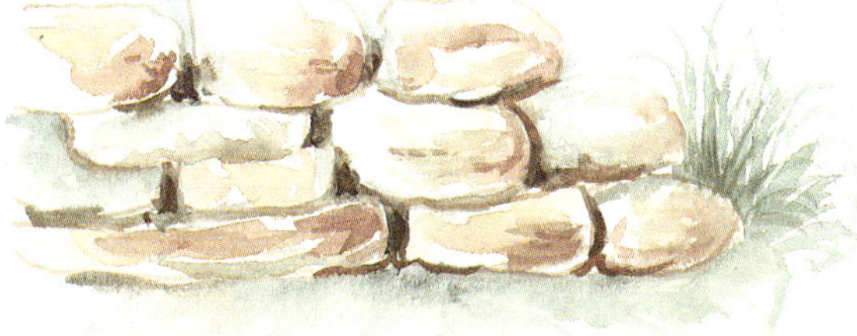

Das Bild stellt ein Stück Natursteinmauer dar, um deutlich zu zeigen, wieviele Farbtöne in einer solchen Mauer stecken. Lichter Ocker ist die erste Farbe, auch Umbra und Englischrot wurden zur Abstufung verwendet. Wichtig dabei ist es, den Lichteinfall genau zu zeigen. Deshalb wurde in den Steinen viel weißer Malgrund stehengelassen.

Alte Mauer

Eine alte Mauer zieht einen Maler besonders an, da sie „malerisch schön" ist. Die beste Grundlage zum Gelingen einer Arbeit ist eine Skizze oder Zeichnung, da sich jeder Maler erst einmal mit der Perspektive und bei der Mauer vor allem mit den Steinen befassen soll. Eine Zeichnung ist „durchgearbeitet". Wird sie in Aquarell übertragen, muß vieles weggelassen werden. Eine Skizze ist schnell angefertigt, da es nur auf die Umrisse und einige Besonderheiten ankommt. Der Standpunkt des Zeichners und der Abstand zur Mauer sind wichtig. Zwanzig Meter betrug er bei dieser Zeichnung, so daß kleinere Details übergangen werden konnten. Das Material sind Sandsteine, die in warmen Farben gemalt werden.

Planung

Ein für manche Aufträge recht kompliziertes Objekt ist eine Mauer aus behauenem Sandstein, die im Sonnenlicht in Lichtem Ocker leuchtet und an Regentagen einen tristen, grauen Eindruck auf den Betrachter macht. Die einzelnen Formen der Steine und die Hell- und Dunkelzonen in der Mauer sehen auf den ersten Blick komplizierter und verworrener aus als sie tatsächlich sind. Stellen Sie sich schräg dem Objekt gegenüber. Diese Perspektive ist wichtig. Messen Sie mit der Bleistiftlänge die höchste Stelle der Mauer, welche Ihnen am nächsten steht. Nun hält man den Bleistift waagrecht in die Luft und quer über der Mauer. Man stellt eine Neigung fest, die perspektivisch gestaltet werden muß. Sie verjüngt sich nach einer Seite. Beginnen Sie im groben Umriß die Mauer und die danebenstehenden Bäume zu zeichnen. Einzelne Steine kann man aus dieser Entfernung kaum deutlich erkennen. Es reicht, wenn markante, tiefe Fugen und dunkle Vertiefungen gezeichnet werden.

Sandstein

Sandstein ist das am weitesten verbreitete Sedimentgestein und kommt oft in deutlich geschichteten Platten und in verschiedenen Farbtönen u.a. im Rheinland, in Württemberg und im Harz vor. Entstanden ist das Gestein durch Verkittung von Sandkörnern mit Ton, Kalk oder Kiesel. Den größten Anteil am Aufbau der Sandsteine hat Quarz. In Norddeutschland wurde Angulaten-Sandstein, der eisenschüssig und nicht sehr wiederstandsfähig ist, bis ins 19. Jahrhundert gern zum Mauerbau verwendet. Der gelb-braune Sandstein wurde in unregelmäßige Steine gebrochen und mit Mörtel zu Mauern zusammengefügt.

Sandsteinmauer

Begonnen wird bei dieser Skizze mit einem nur flüchtig angedeuteten Himmel aus Ultramarin mit Paynesgrau gemischt. Da die Mauer sehr weit weg vom Betrachter steht, kann er die einzelnen Steine nicht mehr genau erkennen. Darum wird mit Lichtem Ocker eine Grundierung vorgenommen. Der

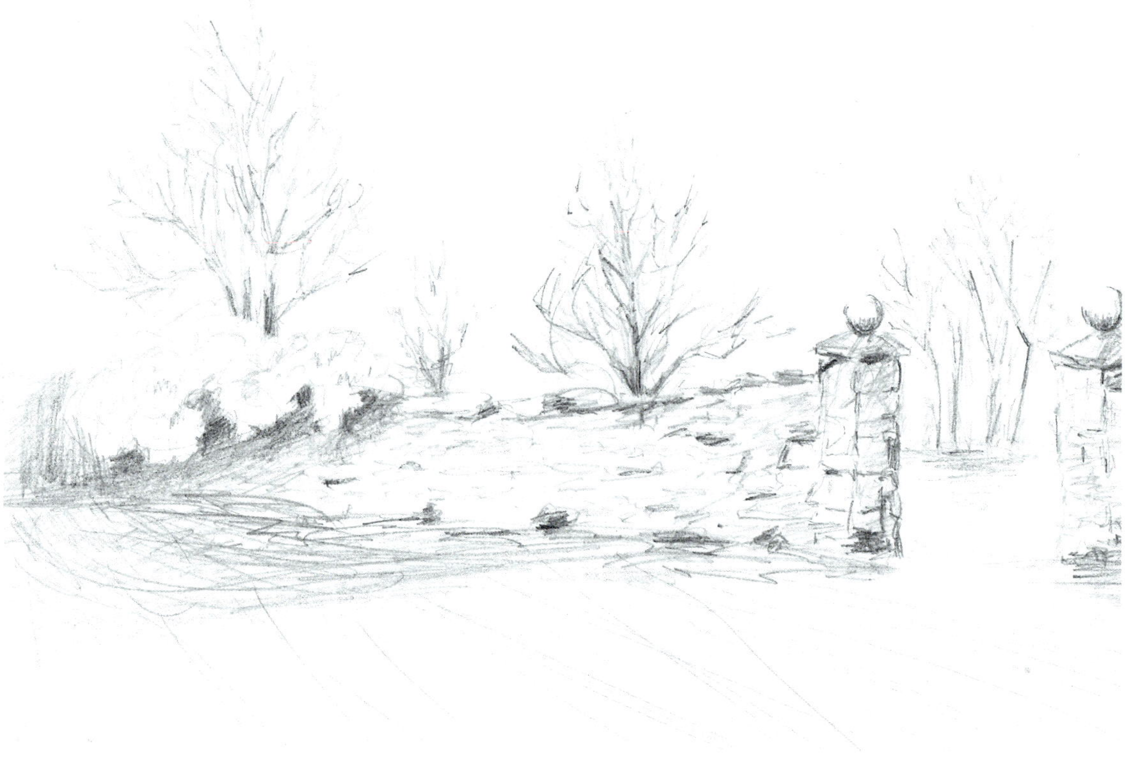

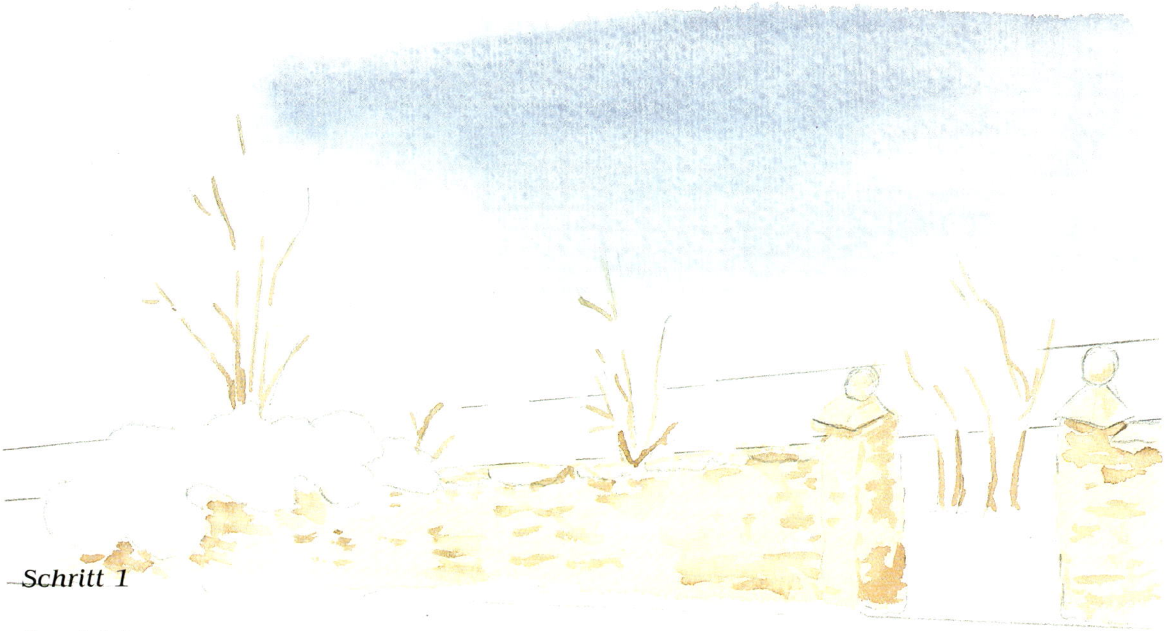

Schritt 1

Sandsteinmauer

Schritt 2

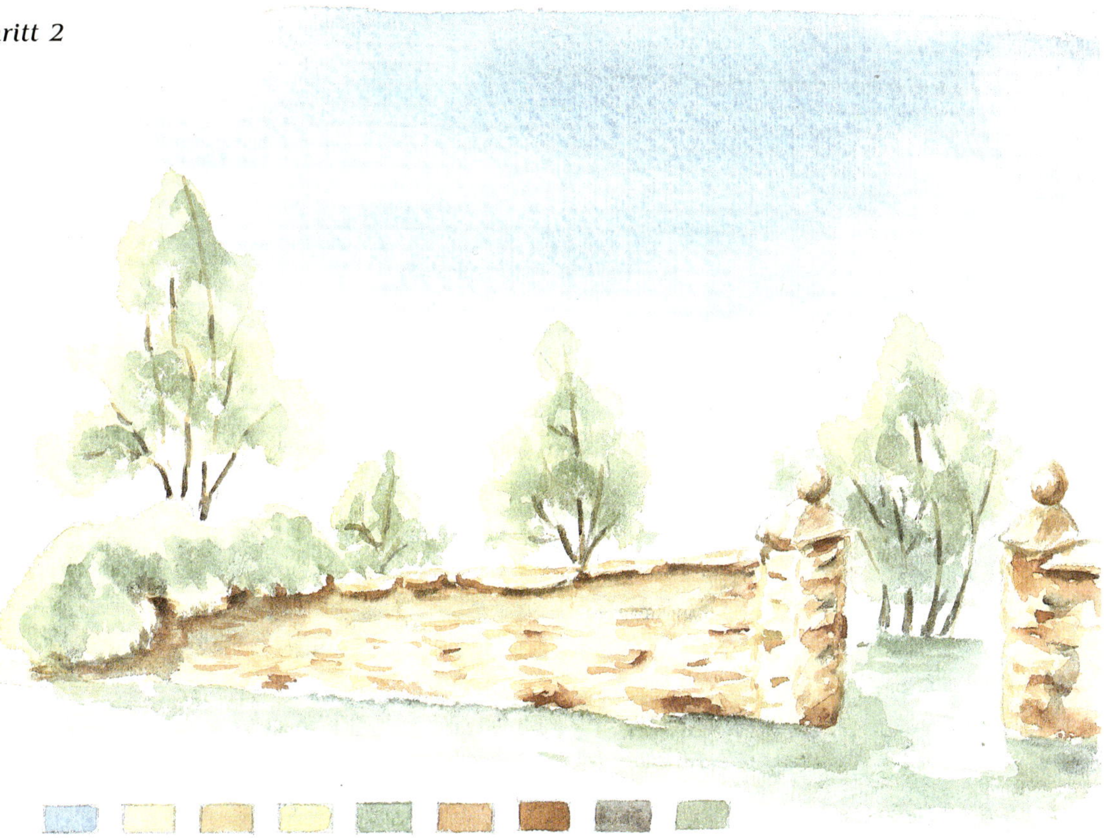

nächste, etwas dunklere Ton besteht aus Lichtem Ocker mit etwas Umbra gemischt. Mit dieser Abstufung der Warmtöne zieht man die Stämme der Bäume nach und setzt die ersten Akzente in die Mauer. Zu sehen ist ein zum Teil verwischter und harter Farbstrich. In der Mauer sollen Steine nur angedeutet werden. Man setzt einen Farbstrich auf das trockene Papier. Der Strich ist deutlich zu sehen; sofort wird der Pinsel ausgewaschen, um dann den gezogenen Strich fast wieder wegzuwischen. Diese Technik wird in der gesamten Mauer fortgesetzt. Ein helles Grün soll auf Bäumen und Büschen liegen, welches aus Lichtem Ocker mit Chromoxidgrün gemischt wird. Bei dem ersten Grünton überwiegt der Lichte Ocker, bei der zweiten Grüntönung wurde noch Umbra hineingemischt. Wenden Sie sich wieder der Mauer zu, für die nun Umbra mit Englischrot gemischt wird, das in die Vertiefungen eingefügt wird. Zuletzt legen Sie Paynesgrau in die Schattenpartien der Mauer.

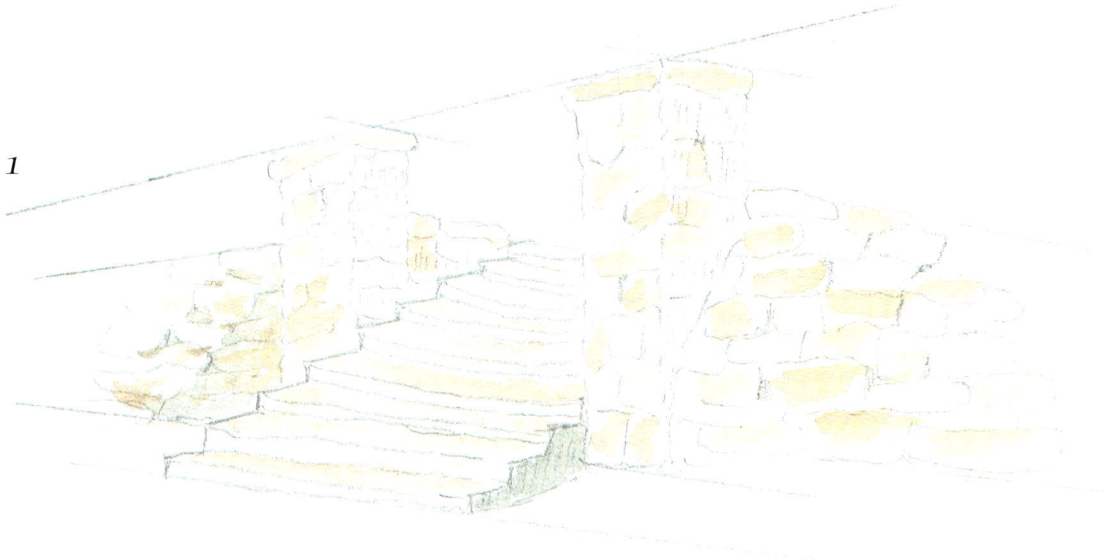

Schritt 1

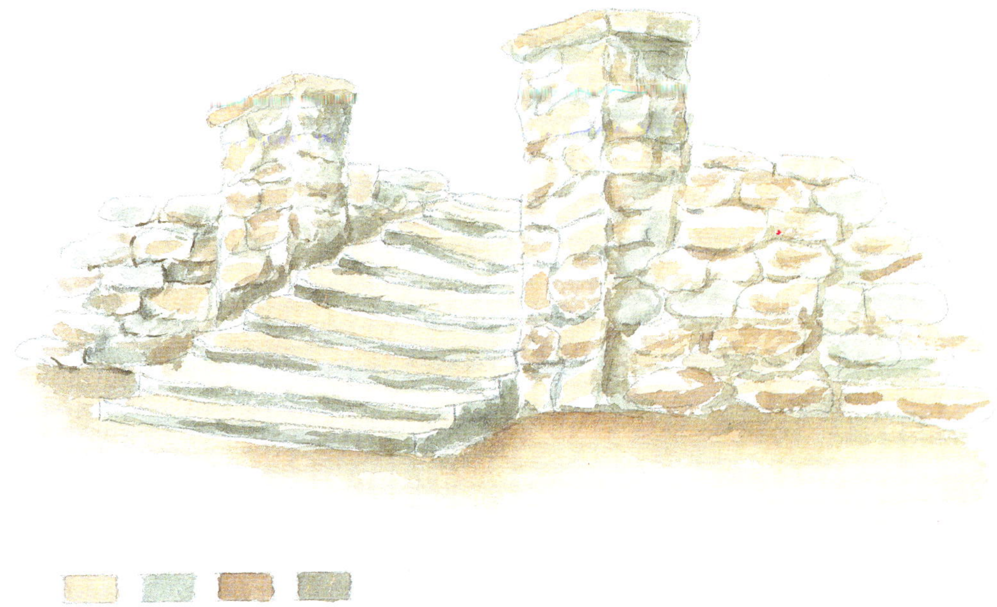

Schritt 2

Treppen

Um weiterhin bei Steinen zu bleiben, soll einmal diese Treppe mit den dazugehörenden Mauern und Pfosten gezeichnet werden. In Schritt 1 der Zeichznung sehen Sie einen perspektivisch gezogenen Strich, welcher Ihnen verdeutlichen soll, worauf es besonders ankommt. Der Zeichner steht auch bei dieser Mauer schräg dem Objekt gegenüber, um eine gute Perspektive zu haben. Die gezeichneten Hilfslinien sollen helfen, die Schräge besser zu sehen. Der Fluchtpunkt liegt weiter links außen, da wo die schrägen Linien zusammenstoßen. Sie ist bei dieser Mauer nicht das Hauptproblem. Es geht in erster Linie um die Treppen. Notwendig ist es, zu Anfang eine saubere Skizze anzufertigen, die alle Fluchtlinien zeigt. Zeichnen Sie auch die Steine grob ein und — was wichtig ist — die Treppenpfosten im rechten Winkel. Bei *Abb. 1* sieht man deutlich, daß es sich um Sandsteine handelt, die mit Lichtem Ocker unregelmäßig gemalt werden, also nicht in einem Strich. Diese Zeichnung setzt sich aus nur vier Farbtönen zusammen.

Arbeitsgang

Lichter Ocker ist die Hauptfarbe dieser Steine. Für den zweiten Farbton mischt man Lichten Ocker mit Chromoxidgrün als dumpfen Ton. Die Farbe wird in die Schattenlagen am Fuße der Treppe eingefügt. Mit gleichem Tonwert sind unregelmäßig etwas Schatten in die Steine und Fugen gearbeitet. Umbra wird als Erde im Vordergrund und wiederum in die Steine hier und da eingefügt. Als letzte tiefe Schattenfarbe wurde Umbra mit Paynesgrau gemischt, um einige Akzente nachzutragen.

Die Naturerscheinungen Wolken, Nebel und Regen sind für den Landschaftsmaler selbstverständlich von besonderem Interesse. Wolken sind schnell vorübergehende Erscheinungen, die an Regentagen grau und drohend über uns am Himmel hängen können. Sehen wir der untergehenden Sonne zu, die als rötlicher bis blutroter Feuerball schon fast die Erde berührend am Abendhimmel steht. Es ist ein faszinierendes Schauspiel, das stets aufs neue zum Malen reizt. Dabei sollte die Darstellung mit Rottönen nicht übertrieben werden.

Der Abendhimmel ist ein Beispiel. Der Himmel wurde vor dem Malen gut angefeuchtet, damit die Farbtöne gut ineinander übergehen können. Englischrot mit Kadmiumgelb wurde gemischt und auf das feuchte Papier bis zum Rand des Horizontes aufgetragen. Ultramarinblau floß links oben ein. Ein Strich wurde mitten in den Himmel gezogen. Die untere Hälfte feuchtet man an und benutzt als Licht der Erde Lichten Ocker. Genau unter der Horizontlinie setzt man noch einmal den blauen Farbton ein, um in der Ferne einen See anzudeuten. Chromoxidgrün mit etwas Umbra gemischt wird für die Buschreihe im Vordergrund verwendet. In das vorhandene Grün mischen wir noch Ultramarin hinein und erhalten einen graugrünen Farbton, der auf die Büsche gemalt wird. Inzwischen ist der Himmel gut getrocknet. So kann mit dem Rotton, der auf das nun trockene Papier kommt, eine ferne Bergkette am Horizont angedeutet werden. Am Schluß setzt man noch Dunkelzonen ins Buschwerk. Nach dem Trocknen werden mit dem Messer im Vordergrund einige Helligkeiten in die Stämme gekratzt. Es entsteht ein Hell-Dunkel-Kontrast.

Der Abendhimmel

Schritt 1

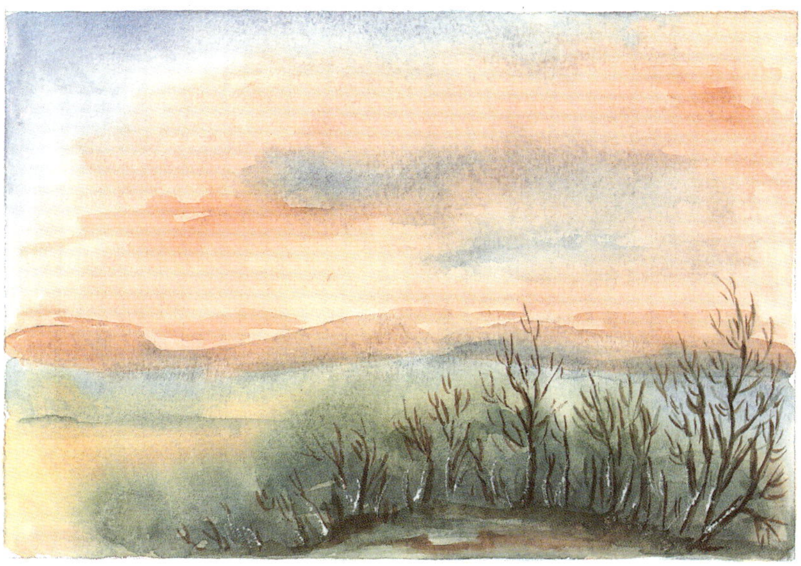

Schritt 2

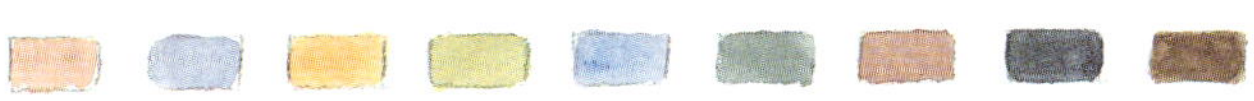

Himmelsstrukturen

Stellen sie einige kleine Wolkenstudien mit verschiedenen Strukturen her. Ein Künstler ist oft gezwungen, Wolken und andere luftige Dinge unzulänglich oder unvollständig wiederzugeben. Er kann sie nur andeuten. Es ist unmöglich, einen Himmel so zu malen wie man ihn sieht. Sogar der wolkenlose Himmel zeigt Eigenschaften, die oft verblüffen. Er kann nicht nur strahlend oder ziemlich grell wirken, sondern auch ein diffuses Licht haben. Ein bewölkter Himmel schafft Probleme, denn es gibt Wolken in den verschiedensten Formen; keine von ihnen bleibt gleich. Wolken fügen sich zu Wolkenbergen zusammen, wandern und zerfallen am Horizont. Auch gibt es schöne Sonnenuntergänge, die den Himmel entsprechend verändern. Man sollte versuchen, einige Skizzen nachzumalen, um sich besser für die Landschaftsmalerei zu rüsten. Malen Sie zuerst einfache, wolkenlose Himmelsabschnitte, da falsch gemalte Wolken das Bild ruinieren könnten. Der Himmel ist selten so blau wie der Anfänger glaubt. Die verhältnismäßige Helligkeit wechselt stark. Auch die Farben sind sehr unterschiedlich und reichen vom grünlichen, gelblichen oder grauen Ton bis zu Violett und Rot.

Himmelsstrukturen A

Schräg laufen die violetten Farbtöne über das Papier, um kurz über dem Horizont in helles Licht überzugehen. Die Farben laufen sehr gut, da das Papier zuvor angefeuchtet wurde. Die Erde ist in kräftigem Umbra gebrannt gemalt, das in den nassen Horizont hineinlief, so daß eine Reihe von Büschen entstanden ist.

Himmelsstrukturen B

Im Hochformat sieht ein Himmel etwas anders aus als im Querformat. In dieser Skizze beschränken sich die Farben ausschließlich auf Grüntöne. Bis zur weißen Wolkenwand wurde das Papier angefeuchtet, damit die Farbe gut fließen konnte. Der Horizont beginnt am unteren Rand der Wolkenwand. Hierbei wurde die Luftperspektive nicht in Betracht gezogen. Einzig und allein kommt es auf den Himmel an, der sich auf der Erde durch den gleichen Farbton fortzusetzen scheint. Mit dem Borstenpinsel wurden auf das getrocknete Papier Gräser in unregelmäßigen Abständen gezogen.

Wolken können ohne großen Aufwand leicht und schnell gezaubert werden, indem man mit einem zusammengeknüllten Papiertuch in die nasse Himmelsfarbe weiße Punkte drückt. Dieses Verfahren sollte man erst einmal auf einem Stück Papier

Himmelsstrukturen A

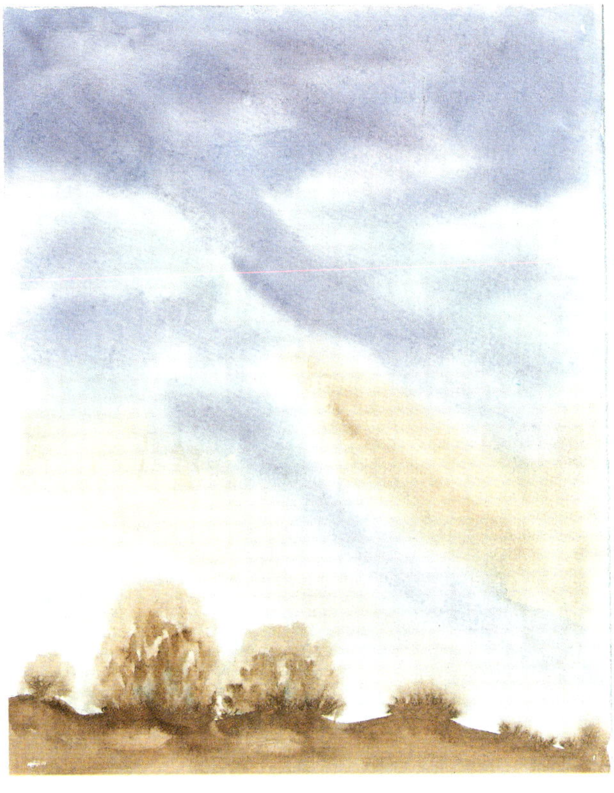

Himmelsstrukturen B

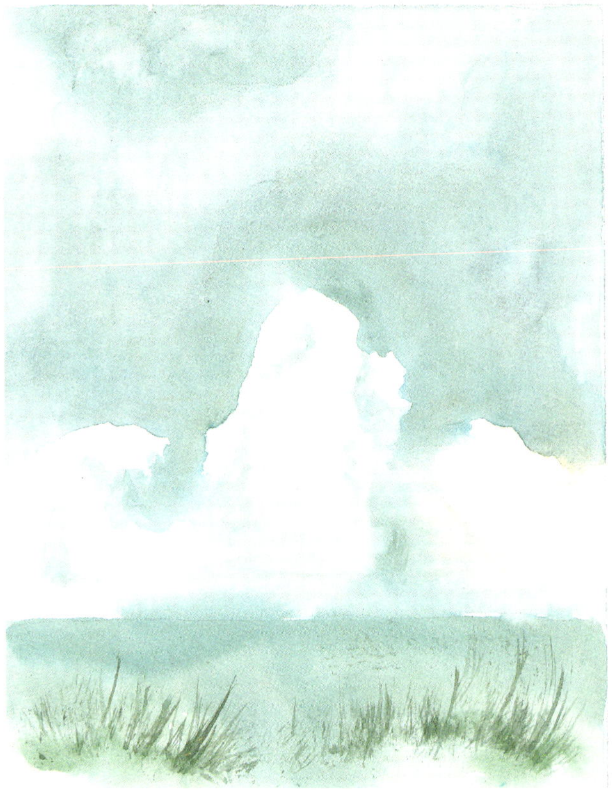

ausprobieren. Dies ist die einfachste Art, Wolken zu gestalten, doch können sie noch nachträglich mit einem dunkleren Himmelsbau unterlegt werden.

Himmel einmal anders

Es wurde bisher von Wolken und wolkenfreien Himmel gesprochen. Im folgenden geht es um „künstliche" Wolkenbildung und Abstufung mit einfachen Mitteln.

Sagt der gemalte, wolkenfreie Himmel nichts aus, so läßt man ihn nicht erst ganz trocknen. Mit einem feinen Wasserzerstäuber besprengt man das Blatt und läßt das Wasser einziehen. Schon nach kurzer Zeit löst sich die Farbe teilweise auf und es gibt Flecken. Hat man kein geeignetes Gerät zur Hand, kann das Sprenkeln oder Spritzen mit Wasser über den Borstenpinsel zweckmäßig sein. Selbstverständlich ist dabei der untere Teil des Gemäldes abzudecken. Die Methode des Spritzens mit Wasser übt man vorher auf einem Stück Papier, das die gleichen Farbwerte hat wie die Arbeit. Aus den gelösten Wasserspritzern bildet man Wolken nach.

Ein weiterer Weg zur Vereinfachung des Himmels ist eine effektive Farbabstufung. Nach dem Trocknen der Farbe werden mit einem Radiergummi Wolken ausradiert. Dies gelingt nur, wenn die Lasur teilweise transparent genug ist, um den untren Himmelsteil nahe dem Zenit aufzuhellen.

Es gibt noch eine sichere Methode. Tropfen Sie die vorher gemischten Farben auf das angefeuchtete Papier und lassen Sie zwei oder drei Farbmischungen in- oder nebeneinander fließen. Ist das Papier noch feucht, wird es seitlich angehoben. Die Farben laufen in Streifen von links nach rechts. Falsch wäre es, sie von oben nach unten laufen zu lassen.

Man sollte kleine Himmelsstudien mit verschiedenen Strukturen herstellen, um die vielen möglichen Effekte kennenzulernen.

Himmelsstrukturen C

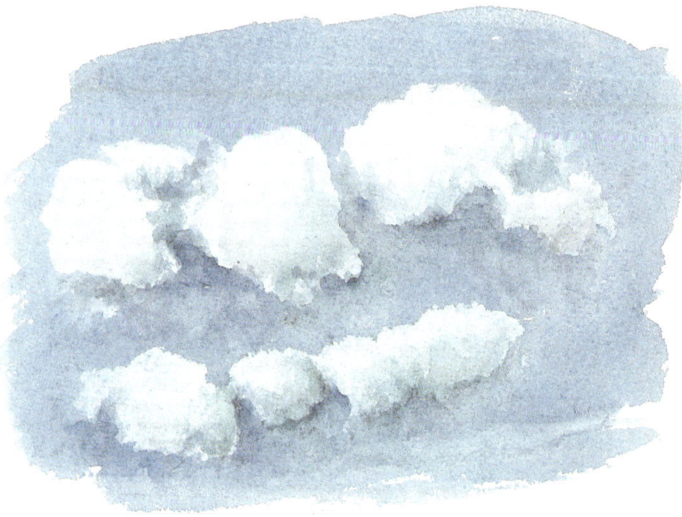

Himmelsstrukturen D

Grauer Wolkenhimmel

Ein Wolkenhimmel ist voller Bewegung und Farbe. Die Wirkung der Landschaft wird von der Farbe des Himmels bestimmt und von der Wolkenbildung beeinflußt.

An einem grauen Regentag ist das Wasser so grau wie der Himmel. Im See ziehen lange Wellen zur Bucht. Die mit Bäumen bewachsene Landzunge spiegelt sich im Wasser wieder und wirft lange Schatten auf den See. Die dahinter liegenden Berge sind ebenso graublau verhangen wie der Himmel. Nur im Vordergrund öffnet sich der See und zeigt einige helle Streifen auf den sich leicht bewegenden Wellen.

Alle diese Erscheinungen bestimmen die besondere Atmosphäre und den Aufbau dieser Arbeit. Die Elemente Wasser, Himmel und Nebel sind Erscheinungen der Natur, mit denen sich verschiedene Möglichkeiten der bildnerischen Wiedergabe verbinden. Wild und düster wirkt der Himmel auf den Betrachter dieser Skizze. Naheliegend ist die begrenzte Auswahl an Farben. Ultramarin, Paynesgrau und Kadmiumgelb sind die drei Farben, die untereinander gemischt werden.

Grauer Wolkenhimmel
Schritt 1

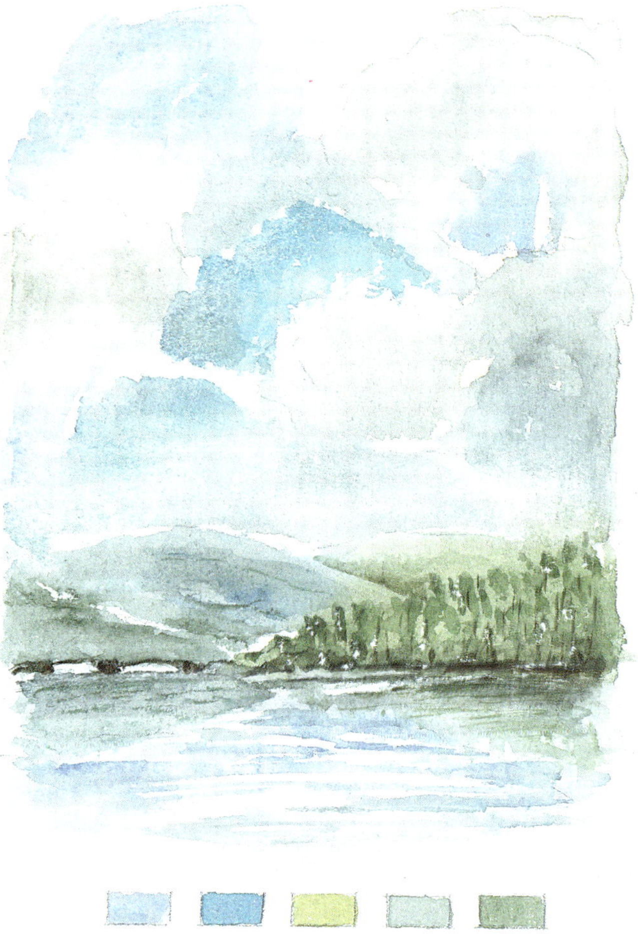

Schritt 2

Man beginnt, wie auf der linken Skizze angegeben ist, mit Ultramarin. Das zweite Farbmuster besteht aus einer Mischung von Ultramarin, Paynesgrau und Kadmiumgelb. Das lichte Grün enthält Kadmium- und Ultramarinanteile, wobei Kadmium überwiegt. Für die dunkleren Grüntöne wird etwas Paynesgrau hinzugemischt. Die Brückenpfeiler auf der linken Seite und der Uferstreifen auf der rechten Seite wurde am Schluß der Arbeit mit Paynesgrau nachgezogen.

Dunst

Dargestellt wird ein dunstiger Wintertag mit untergehender Sonne über alten Kiefern. Hier wurden in der linken Hälfte einfach die Feldwege weggelassen, die diese harmonische Landschaft zu zerschneiden drohten. Der Betrachter sieht zwei Baumgruppen, welche fast waagerecht im Bild stehen. Die Kieferngruppe am oberen Bildrand war im Dunst unscharf zu erkennen, deshalb genügte der erste in Naß-in-Naß-Technik gemalte graublaue Farbton. Zuerst wurde natürlich der Himmel mit der Abendsonne gemalt. Bevor wir den Himmel gänzlich anfeuchten, ist die Sonne einzuzeichnen und Farbe darumherum zu malen. Sollte trotzdem Farbe einlaufen, tupft man sie mit dem Papiertuch sofort weg.

Die scheinbare Eintönigkeit der Farben dieses Wintertages wird durch die rötlichen Strahlen vom Himmel bis in den Vordergrund unterbrochen; sie wirken belebend für das Bild. Hinter der dunklen Tannengruppe im Vordergrund ragen kahle Bäume, die auf der Horizontlinie stehen, weit in den grauen Himmel hinein. Obwohl auf Wege verzichtet wurde, kann man sehen, daß die linke Bildhälfte bergauf steigt. Vergeblich wird das Zentrum im Bild gesucht. Es fehlt, da es sich um zwei verschiedene Ebenen handelt.

Es gibt keine Regel für die Zusammenstellung einer Farbpalette. Je weniger Farben verwendet werden, um so harmonischer wird das Bild. Das Rot im Himmel wurde aus Englischrot und Kadmiumgelb gemischt. Beim Rot ist Vorsicht geboten. Der Grauton im Himmel besteht aus Paynesgrau und einer Spur Umbra gebrannt. Die Kiefern wurden in den noch nassen Himmel aus einer Mischung Paynesgrau mit Ultramarin gemalt. Die Tannen im Vordergrund haben einen dunklen Grünton aus Umbra gebrannt, Paynesgrau und Chromoxidgrün gemischt und werden mit Pinselschwüngen gemalt. Mit Umbra gebrannt werden am Schluß die kahlen Bäume, Astgabel um Astgabel gemalt.

Imbshausen

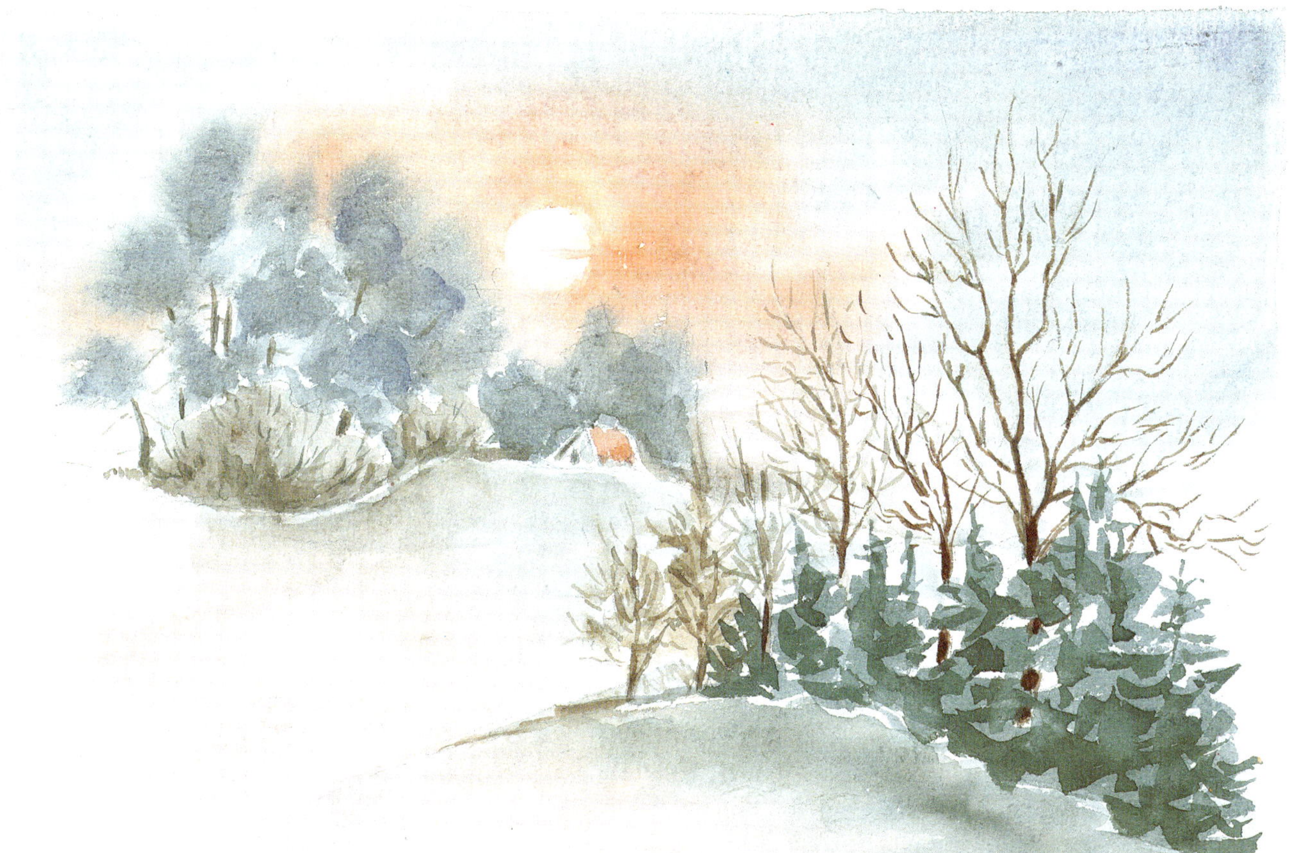

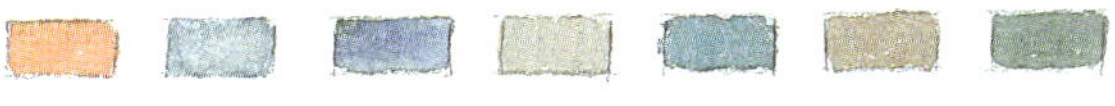

Nebel

Bei der Luftperspektive ist in der Ferne alles dunstiger, wo Nebel den letzten Rest Deutlichkeit verdrängt. Eine Nebelwand am Waldrand macht ein Weglassen erforderlich. Die klaren Formen der Tannen verschwinden immer mehr, je weiter weg sie vom Betrachter stehen. Auf der leicht schräg anlaufenden Horizontlinie verläuft ein Weg, der im Nebel nicht gut zu erkennen ist.

Zeichnen Sie sich die Tannen leicht mit Bleistift vor und markieren Sie den Nebel. Man beginnt den Himmel zu malen und setzt in die noch feuchte Farbe die erste Grüntönung. Die Nebelwand wird freigelassen. Es steht kein vollkommen weißer Papiergrund im Bild. Man tupft mit dem Papiertuch häufig die überschüssige Farbe weg. Der Vordergrund wird leicht mit Lichtem Ocker überzogen. Erst am Schluß werden die Gräser, Pfosten und der Ast auf das trockene Papier gemalt. Die Farbmuster am unteren Bildrand sollen mit den gemischten und getrockneten Farben verglichen werden. Ist der Ton gleich, kann mit dem Malen begonnen werden.

Wiederum kam eine begrenzte Farbpalette, die aus fünf Farben bestand, zum Einsatz. Die Farbe des Himmels ist Ultramarin gemischt mit Coelinblau und Umbra gebrannt. Die erste zarte grüne Farbe war Coelinblau mit Umbra gebrannt gemischt. Lichter Ocker wird für den Vordergrund verwendet. Aus Lichtem Ocker und Coelinblau wurde ein Grün gemischt und in das Bild eingesetzt. Das fünfte Farbmuster waren Brauntöne, denen nur ein wenig Coelinblau hinzugefügt wurde. Den Umbrafarbton benutzte man für die trockenen Gräser, den Ast und Baumreihe im Hintergrund. Der dunkelste Grünton wurde aus Umbra gebrannt mit Coelinblau und viel Paynesgrau gemischt und für die Tannen verwendet.

Vor der Lith

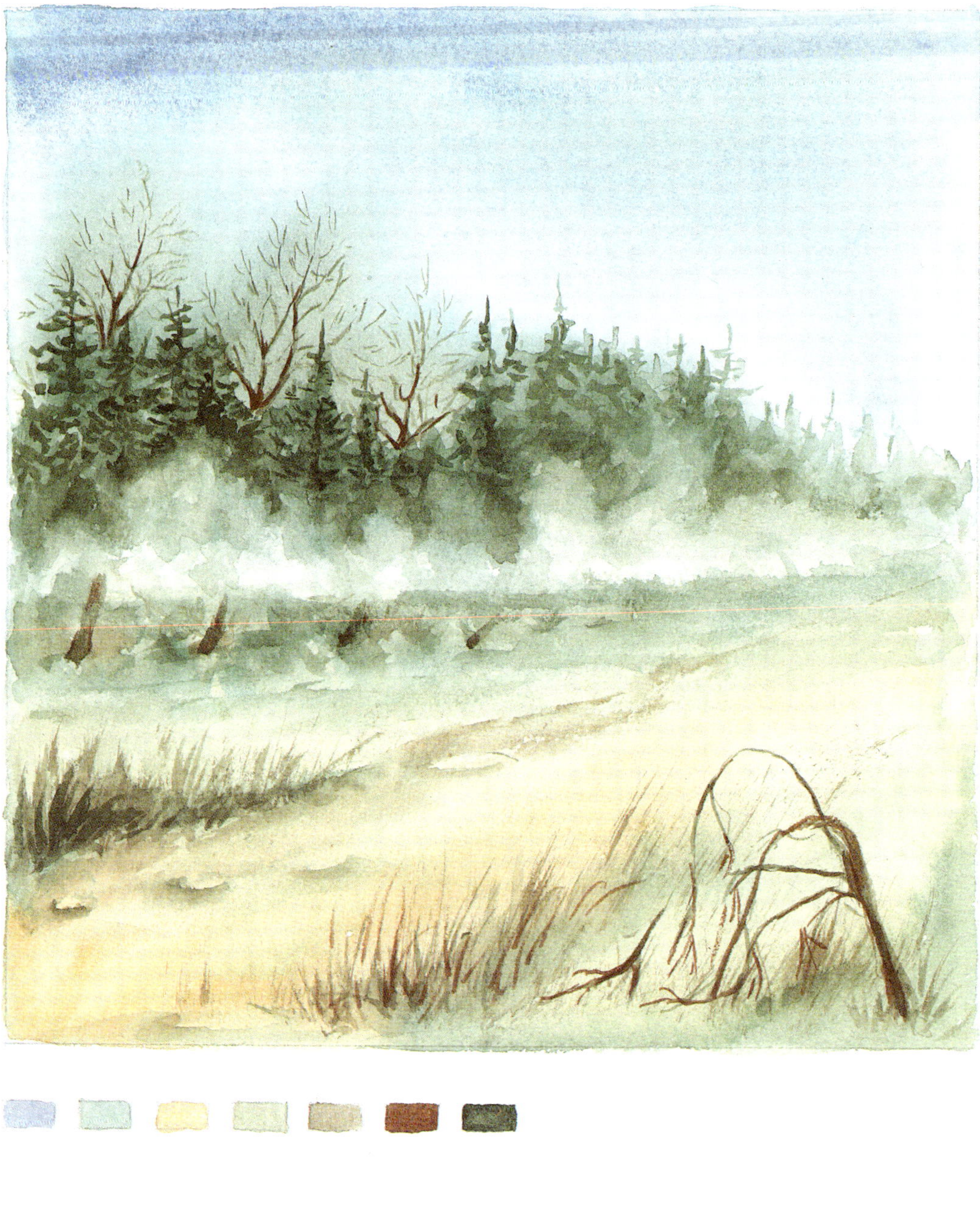

Bodennebel im Leinetal

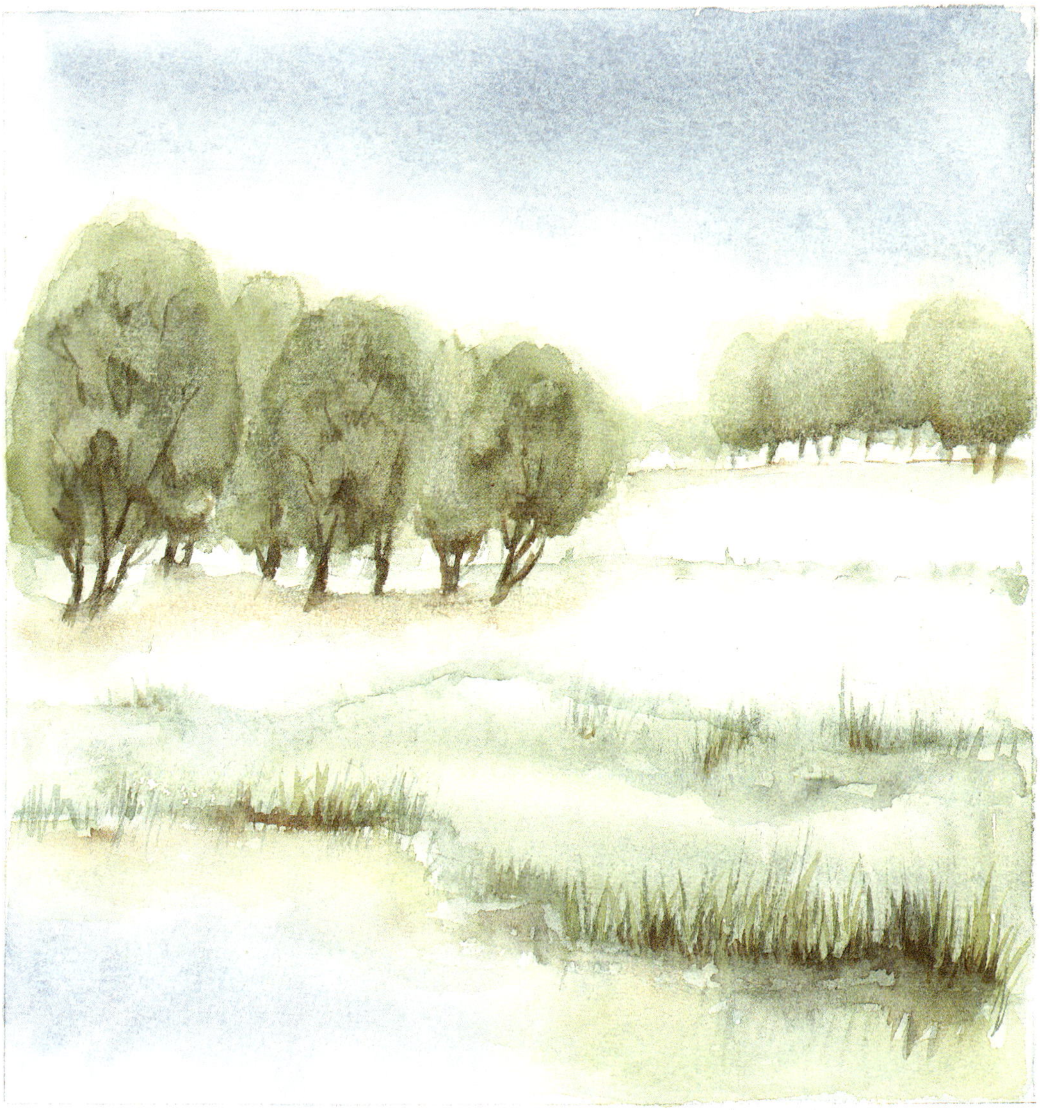

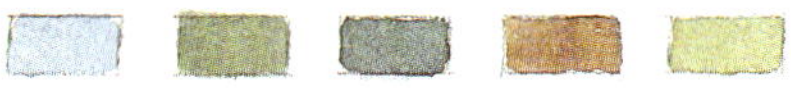

Diese kleine Nebellandschaft besteht aus vier Ebenen, wobei in den beiden oberen zwei Nebelschwaden ziehen. Die Bäume werden kaum von ihnen berührt, da es nur Bodennebel ist. Im Vordergrund löst er sich bereits auf, so daß die Gräser deutlich zu sehen sind. Die Baumreihe im Hintergrund ist schwächer zu erkennen als diejenige in der linken Mitte. Wegen der Freiflächen läßt sich dieses Bild schnell malen; es ist ein erster Versuch, Nebel darzustellen. Das Malen dieses Bodennebels erfordert vor allem ein Weglassen. Die Farben sind gedämpft und zart; so kann der Nebel durch das Stehenlassen des weißen Papiergrundes leicht angedeutet werden.

Zu viele verschiedene Tonwerte können die Ausdrucksstärke eines Aquarells zerstören. Das gilt besonders für zarte Nebellandschaften. Daher war es notwendig, die Farbwerte auf nur vier zu reduzieren. Das Papier wurde gut angefeuchtet, damit die ersten Farbtöne weich fließen konnten. Für den Himmel mischt man Ultramarin mit einer Pinselspitze voll Umbra gebrannt. Dieser Farbton wird an den oberen Bildrand gesetzt und bis fast an die Baumreihe herangezogen. Da das Papier naß gemacht wurde, mußten auch die Farbtöne kräftiger angemischt werden (etwas weniger Wasser, mehr Farbanteile.) Der erste Grünton besteht aus Ultramarin, Umbra gebrannt und etwas Paynesgrau und wird für die Bäume verwendet. Paynesgrau mit Umbra gebrannt setzt man in die Baumstämme und Äste ein. Das letzte zarte Grün besteht aus Ultramarin, Umbra gebrannt und Kadmiumgelb. Für die Gräser im Vordergrund kann man alle im Bild verwendeten Farbreste nehmen, von hell zu dunkel. Mit dem Borstenpinsel werden die Gräser von unten nach oben gezogen. Nach jedem Auftragen eines Farbtons muß auf das Antrocknen gewartet werden.

Konstruktion

Regen

In der Skizze befinden sich auf der Horizontlinie zwei Fluchtpunkte. Zwei Fluchtpunkte in einer Zeichnung sind durchaus keine Seltenheit, sondern kommen stets da vor, wo sich Linien überschneiden.

Fluchtpunkt 1 am linken Rand zeigt die meisten nach rechts strebenden Fluchtlinien an. Dagegen hat *Fluchtpunkt 2* nur die Funktion, die Schräglinie von rechts nach links zu zertrennen. Ohne diese Trennung wäre das Feld im Vordergrund alleinstehend. Es ist jedoch durch die dunkle Querfurche von *Fluchtpunkt 1* wieder ins Bild eingegliedert worden.

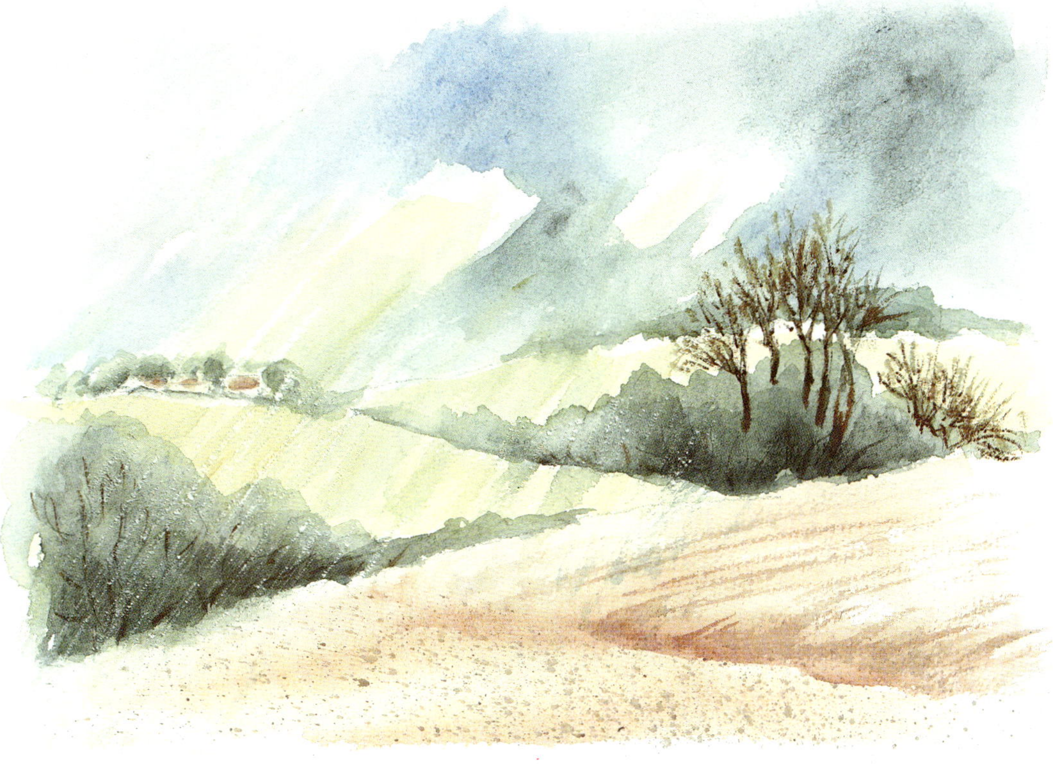

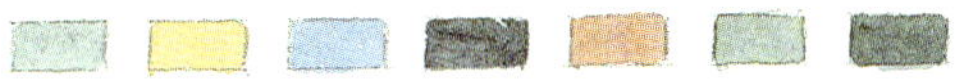

Regentag in Imbshausen

Diese kleine Skizze entstand an einem Regentag. Der Himmel war in ein blasses Grau gehüllt, das durch dunklere graue und blaue Partien etwas belebt wurde. Durch Striche in die noch nasse Farbe habe ich den Regen angedeutet. Das Bild wurde in wenigen Farben und in der traditionellen Lasurtechnik hergestellt. Die Hecken malte ich mit Ultramarin gemischt mit Lichtem Ocker zu einem Grünton. Als das Papier trocken war, wurden einige Bäume in kräftigem Umbra gebrannt hinzugefügt. Um den Regen anzudeuten, der schräg auf die Erde fiel, nahm ich Lichten Ocker und zog einige Pinselstriche von oben nach unten. Am Schluß wurden diese Regenstreifen noch durch Kratzen mit einem Messer verstärkt.

Fertigen Sie eine einfache Bleistiftzeichnung mit den wichtigsten Baumgruppen an und beginnen Sie mit dem Himmel. Paynesgrau wird sehr transparent über den ganzen Himmel in unruhigen Streifen gezogen. Einige Tupfer Paynesgrau und Ultramarin beleben ihn. In der Mitte des Himmels ist eine besonders helle Stelle, die mit Lichtem Ocker ausgefüllt wird. Die oberen Felder bekommen Lichten Ocker, das im Vordergrund transparent mit Englischrot überzogen wird. Die Hecken im Feld malte ich auf das noch leicht feuchte Papier mit Umbra-Ultramarin und Lichtem Ocker gemischt zu einem Grün. Die Tiefen der Hecken verstärkte ich durch Zugabe von Paynesgrau. Drei Hausdächer in der Ferne bekamen einen Hauch von Englischrot. Die Farbspritzer im Vordergrund entstehen folgendermaßen: Sie decken alle Flächen mit Papier gut ab und lassen nur den Vordergrund frei. Die Farbreste auf der Palette werden zu einem undefinierbaren Farbton zusammengemischt. Der Borstenpinsel wird hineingetaucht und die Farbe auf das Papier geschnippt. Mit einem Bastelmesser schabte ich schräge Striche in den Vordergrund über die linken Büsche, um den Eindruck von Regen zu verstärken.

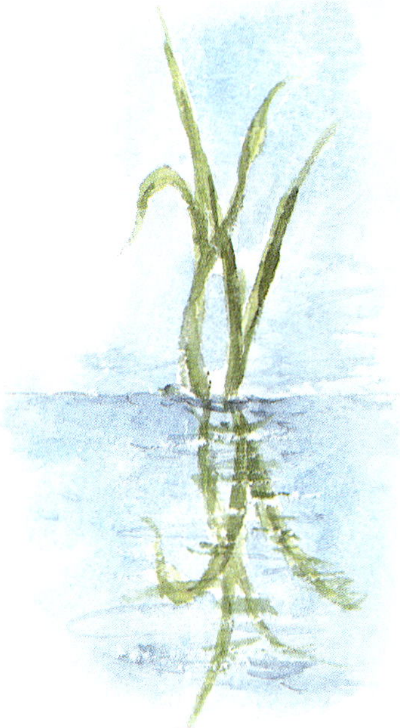

Wasserspiegelungen 1

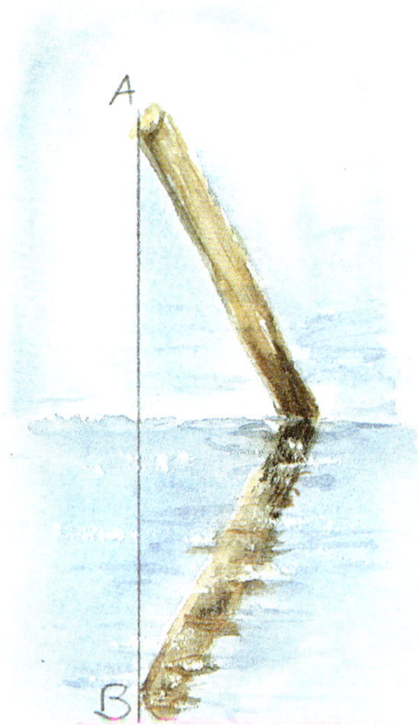

Wasserspiegelungen 2

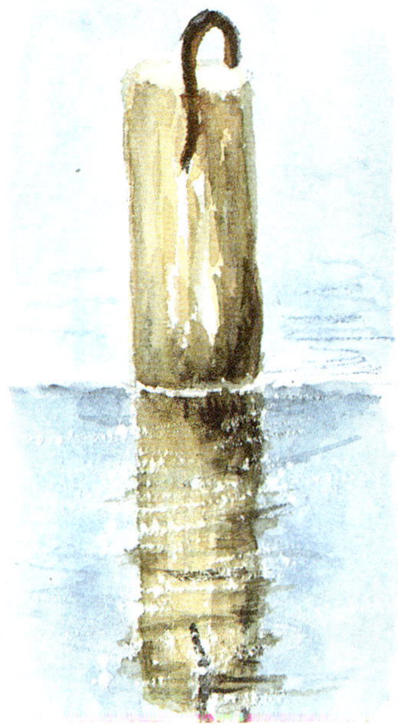

Wasserspiegelungen 3

Wasserspiegelungen

Beim Malen im Freien am Wasser stößt man auf Reflexionen der Gegenstände. Beachten Sie zuerst und bewußt das Spiegelbild einer Vase auf einem Glastisch vor dem Fenster. Diese zeichnet sich mit ihren Umrissen scharf auf der Platte ab. Mit solchen Beobachtungen lernen Sie schnell, das Spiegelbild eines Gegenstandes zu erkennen. Steht der Gegenstand auf einer Glasplatte, werden Licht und Schatten reflektiert. Man lernt viel über Reflexionen, wenn mit verschiedenen Gegenständen experimentiert wird. Stellen Sie einige farbige Studien her und achten Sie dabei besonders auf die Spiegelung und Lichtreflexion.

Spiegelbilder entstehen vor allem auf glatten oder bewegten Wasserflächen. Gegenstände, die sich nahe am Wasser oder im Wasser befinden, werden bei der Reflexion verändert, da sich der Himmel im Wasser wiederspiegelt. Sonnenuntergänge können Sioe umgekehrt in leuchtenden Farben im Wasser wiedersehen. Es genügt jedoch eine sanfte Brise und das Spiegelbild wird nur in unterbrochenen Wellenbewegungen wiedergegeben. Kommt Wind auf, der die Wellen vor sich her treibt, verzerrt sich das Spiegelbild und ist nur schwach als solches zu erkennen. Es gibt dann tausend kleine Wellenköpfe, die die Spiegelung endgültig brechen. Die Spiegelung eines Gegenstandes ist dann nur in Andeutungen zu erkennen.

Bei vollkommen stillem Wasser ist der Schatten im Wasser ebenso lang und sieht genauso aus wie beim Gegenstand darüber. In der Malerei sieht dies zu steif aus. Darum wird die Spiegelung im Wasser stets etwas lebendiger, also leicht bewegt dargestellt.

Wasserspiegelungen 1

Die Schilfstengel am See haben im ruhigen Wasser als Spielgelbild das gleiche Aussehen wie darüber, nur in bewegter Form. Achten Sie darauf daß sie fast gleich sind, nur in umgekehrter Weise.

Wasserspiegelungen 2

Die Stange im Wasser ist zur rechten Seite geneigt. Ziehen Sie einen senkrechten Strich von A nach B, damit die Spiegelung im rechten Winkel konstruiert werden kann.

Wasserspiegelungen 3

Einen dicken Pfahl mit einem Haken zum Festmachen der Schiffe sieht man sich etwas unklar im Wasser spiegeln. Pfahl und Spiegelung sind gleichlang.

Bei gekräuseltem oder sehr bewegtem Wasser verlängert sich das Spiegelbild und verzerrt sich gleichzeitig.

Wasserspiegelungen 4, 5, 6

Ein schrägstehender Pfahl mit Neigung zur rechten Seite wird abgebildet. Wieder wird ein senkrechter Strich von A nach B gezogen, um die genaue Neigung im Wasser darstellen zu können. Der starke Wellengang verhindert ein genaues Spiegelbild. Darum wird der Pfahl im Wasser nur in Andeutungen gemalt. Die Reflexion ist länger als der Gegenstand selbst.

Die Senkrechte des Pfostens wird als verzerrtes Spiegelbild verlängert.

Schilf, etwas vom Wind geneigt, ist in dem Wasserpiegel undeutlich zu erkennen, so daß die Form nur erahnt werden kann.

Wasserspiegelungen 4, 5, 6

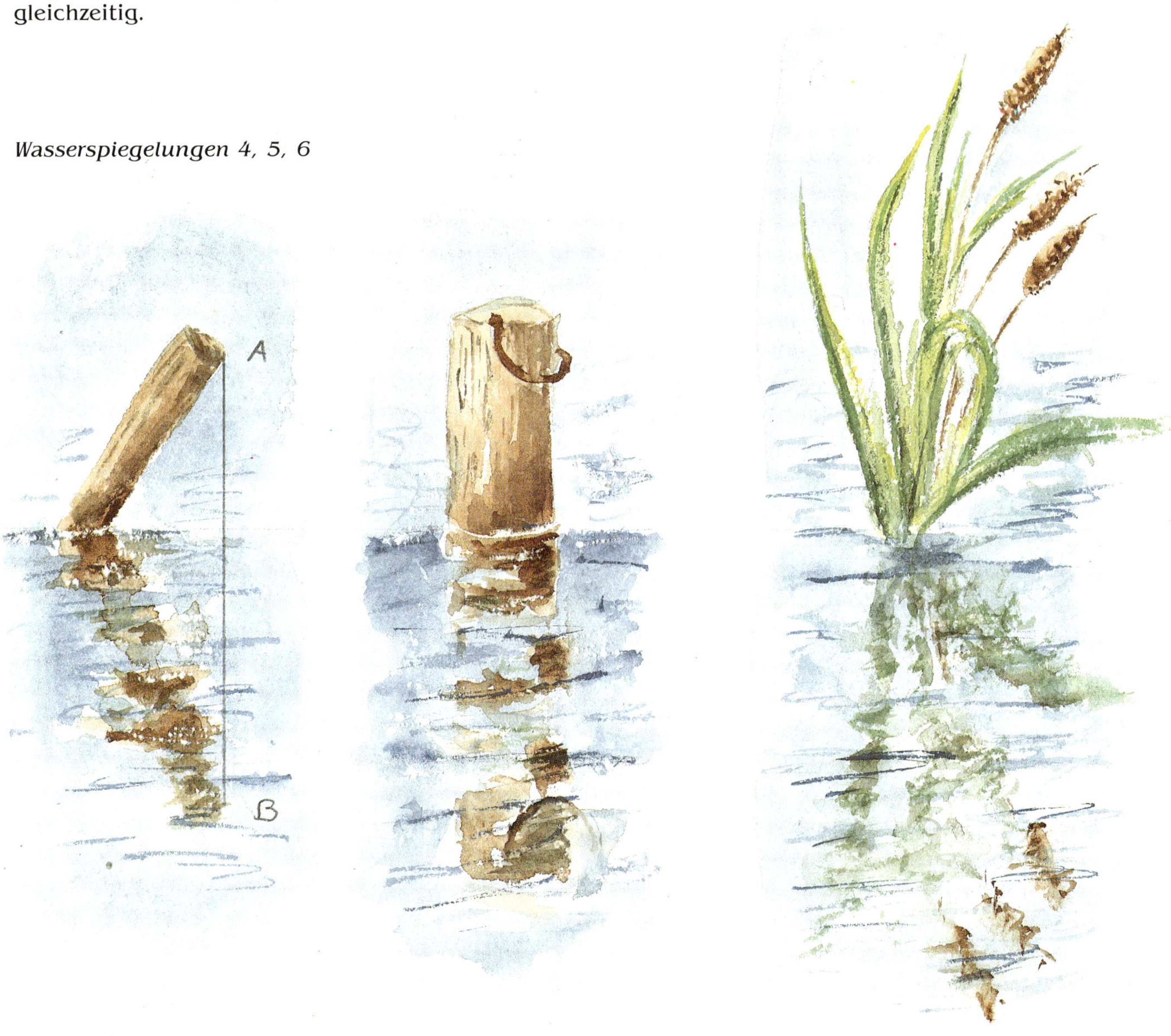

Reflexion im Wasser

Wie kann die Spiegelung im Wasser vielfältig dargestellt werden, ohne den Eindruck zu vermitteln, in einen Spiegel zu schauen? Maler malen stilles Wasser nicht gern. Bei diesem Seeuferstück weht ständig eine kleine Brise, die die Wellen vor sich hintreibt. Dennoch sehen wir im Wasser ein deutliches, wenn auch verzerrtes Spiegelbild von Wald, Bäumen und Häusern, das etwas dunkler und unklarer in der Ausführung erscheint.

Diese Skizze zeigt anschaulich die Wasserspiegelung eines bewaldeten und bewohnten Seeufers.

Die Rückstrahlfläche des Sees ist bemerkenswert. Es ist kein Sonnenlicht erforderlich, denn nur das Wasser als solches genügt für eine Widerspiegelung. Im Hauptmotiv erscheinen in erster Linie Gebäude, daneben erst die Bäume. Man kann dieses Motiv auch auf jeden anderen Gegenstand mühelos übertragen.

Skizze

Der Fluchtpunkt ist leicht zu ermitteln. Er befindet sich über dem linken Seeufer auf der Horizontlinie. Dabei ist das Ufer nicht gleichzeitig der Horizont. Zeichnen Sie die Fluchtlinien in die Skizze. Alle parallel zum Ufer gehenden Fluchtlinien, die das Spiegelbild wiedergeben, laufen zum Fluchtpunkt und ermöglichen so, die sich am Ufer befindlichen Gebäude und Bäume am Wasser wiederzugeben. Das wie ein Strahlenbündel wirkende Schema dient als Basis der Fluchtpunktsuche. Die verwendeten Farben für das Bild „Seeufer" sind:

Coelinblau
Ultramarin
Lichter Ocker
Umbra gebrannt
Englischrot
Kadmiumgelb
Chromoxidgrün feurig
Paynesgrau

Konstruktion Spiegelung

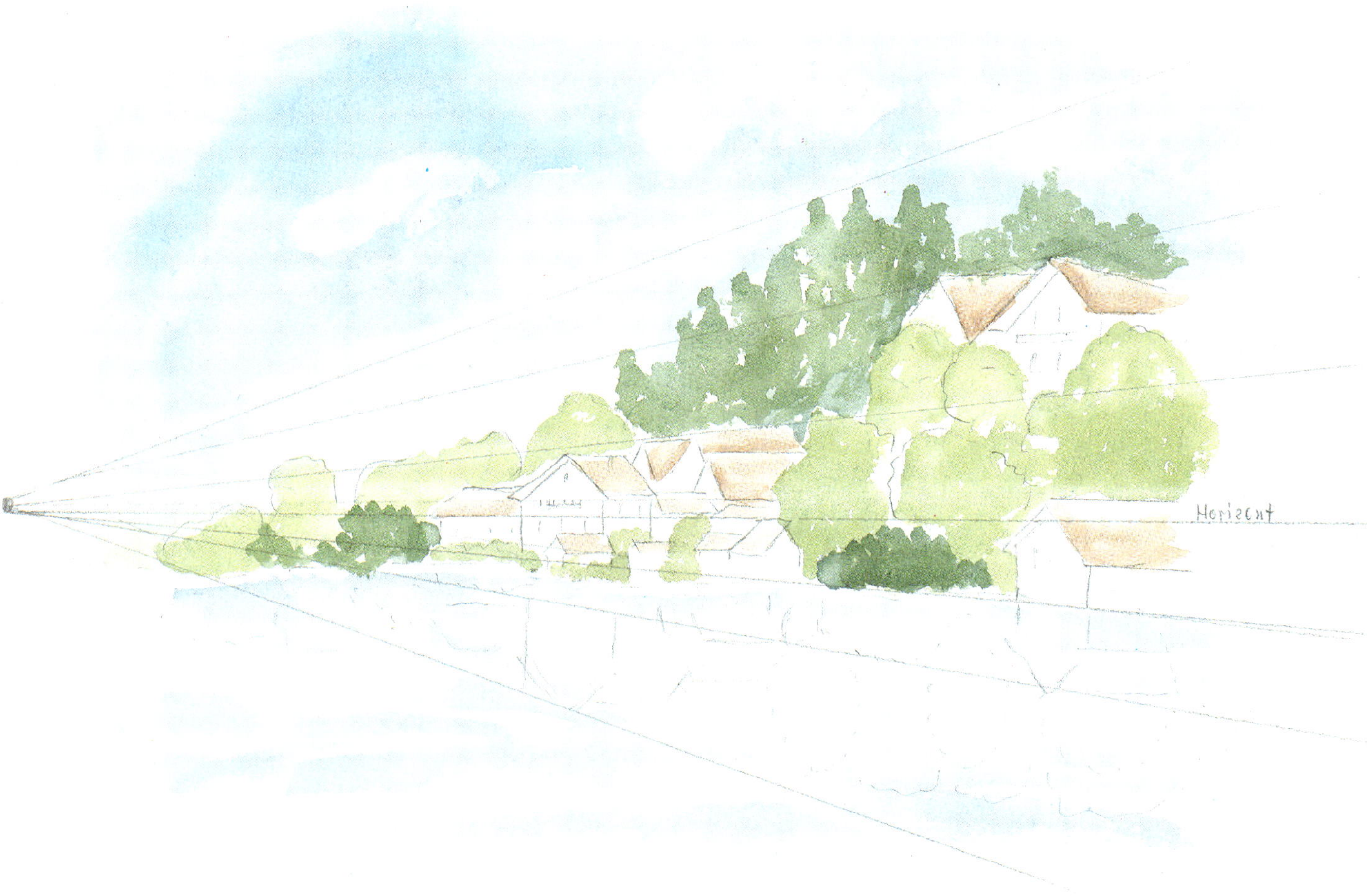

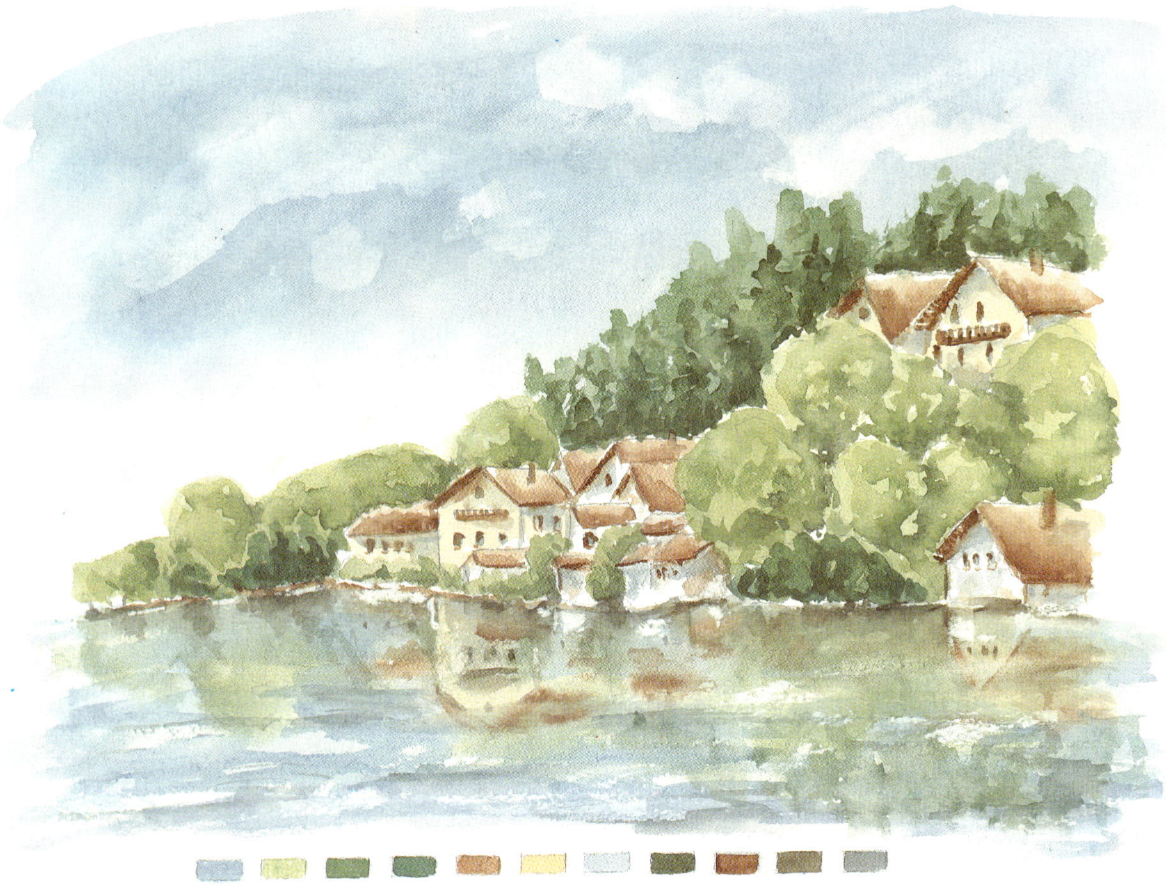

Seeufer

Mit diesen acht Farbtönen können Sie ein Bild sehr farbenfreudig gestalten, so wie es hier zu sehen ist. Es ist in Lasuren angelegt, was immer noch die beliebteste Technik ist. Beginnen Sie auf dem trockenen Papier mit dem Himmel und dem Wasser. Coelinblau, Ultramarin und Paynesgrau mischen Sie zu einer transparenten Lasur an. Man nimmt den großen Pinsel, da dieser besser die Farbe aufnimmt. Im Himmel läßt man ein paar Wolken stehen oder tupft sie mit dem Papiertuch heraus. Von allen angemischten Farbtönen behält man etwas zurück, um die Spiegelungen mit den gleichen Farben malen zu können. Das Wasser zieht man in großzügigen Strichen von links nach rechts. Man achtet darauf, daß genügend weißer Papiergrund frei stehen bleibt, um später die Farbe der Dächer und Häuser unterzubringen. Ein zartes Grün erhält man, wenn Chromoxidgrün mit Kadmium und ein wenig Umbra gemischt wird. Diese Mischung kommt in die Bäume. Die Tannen brauchen einen kräftigeren Farbton; man mischt Chromoxidgrün, Umbra und Ultramarin. Die Hausdächer sind aus Umbra und Englischrot gemischt und transparent eingesetzt worden. Sie werden später im gleichen Tonwert, jedoch etwas stärker, nachgemalt. Lichter Ocker kommt auf einige Häuserwände; auch er wird im Wasser in abgeschwächter Form wieder zu sehen sein. Hausschatten werden mit transparentem Paynesgrau gezogen. Das Tannengrün braucht eine stärkere Farbe. Dieses mischen sie aus Chromoxidgrün, Paynesgrau und Umbra an. Sie wird in rythmischem Pinselschwung eingesetzt. Hausdächer und Dachfirste, Balkone und sonstige braune Gegenstände malt man auf das nun getrocknete Papier. Eingefügt werden noch einige Akzente. Das Wasser wird folgendermaßen gemalt: Sie feuchten den unteren Teil vom Ufer aus an und versuchen die gleichen Farben wie im oberen Teil spiegelverkehrt einzusetzen. Später zieht man einige kräftige paynesgraue Striche ins Wasser. Das Bild ist fertig.

Bäume

Wir wollen uns den einzelnen, in unseren Breitengraden wachsenden Bäumen zuwenden. Gehen wir in den Wald, können wir sie kaum auseinanderhalten, doch stehen sie einzeln vor uns, entfaltet sich ihre Schönheit. „Der Baum kann ohne Menschen leben — der Mensch aber nicht ohne Baum!" Nach diesem Motto lebten die Kelten schon vor 2500 Jahren. Für sie waren Bäume heilig.

Jede Baumart paßt sich hervorragend an Klima und Bodenverhältnisse an. Bäume ragen im Wald wie Säulen zum Himmel empor, wo unter ihrem Blätterdach im Halbdunkel unzählige Pflanzen und Tiere Schutz finden. Bäume tragen Früchte, ernähren einen Teil der Tiere. Wir sehen Bäume, doch kennen wir sie, ihren Wuchs, ihre Blätter und Rinde? Wir sollten lernen, Bäume zu sehen.

Sicher stand man schon oft vor einem Baum. Man schaut den Stamm hinauf, bewundert das herrliche bunte Herbstlaub und weiß nicht mit Bestimmtheit, was für ein Baum es ist. Nehmen Sie den Skizzenblock und sehen Sie sich einmal einen schön gewachsenen Baum an. Er sollte frei stehen, damit man Gelegenheit hat, ihn von allen Seiten begutachten zu können. Nehmen Sie sich Zeit, bevor der erste Strich gezogen wird. Wie wird ein Baum gezeichnet, wie begonnen? Der Baum ist fest in der Erde verwurzelt und wird natürlich auch von unten nach oben gezeichnet oder gemalt. Die Horizontlinie ist die Augenhöhe. Ein Baum hat keine Fluchtpunkte. Stellen Sie sich etwas vom Objekt entfernt auf und messen Sie mit dem Bleistift die Höhe und Breite. Man sollte einige Schritte zurückgehen und die Baumkrone niemals unter den oberen Bildrand quetschen. Besser ist es, die Krone wegzulassen.

Sie beginnen links unten am Fuß des Baumes und zeichnen aufwärts alle Ansätze von Ästen und Zweigen, so wie sie natürlich gewachsen sind. Auf halber Höhe angekommen, beginnt man wiederum unten mit dem Zeichnen. Sie haben nun die Dicke des Baumstammes und somit vielfach auch seine Höhe festgelegt, denn Stamm, Höhe und Breite der Krone stehen in einem festen Verhältnis zueinander. Deuten Sie das Ausmaß der Baumkrone nur leicht an. Die Andeutung soll nur als Anhaltspunkt dienen. Beim Zeichnen der Bäume wird man feststellen, daß viele von ihnen nicht kerzengerade gewachsen sind, sondern sich stets zur zum Wind abgewandten Seite neigen. Sieht man sich einen Baumstamm von der Nähe an, kann man feststellen, daß die Nordseite des Baumes mehr oder weniger Moos angesetzt hat, je nach seinem Alter. Wie kann man den Stamm als runden Gegenstand darstellen? Auf der Schattenseite zeichnet und malt man den Stamm auf jeden Fall dunkler. Die Farbe wird zur Mitte des Stammes verzogen. Bei einer Zeichnung schraffieren Sie diese Seite stärker.

Bei der Ausführung eines Baumes kommt es auf die Jahreszeit an. Vom Frühjahr bis Herbst sind alle Bäume belaubt. Deshalb empfiehlt es sich, bevor die Äste und Zweige durchgezogen werden, nur die Ansätze anzudeuten. Es bleibt gleich, ob die Blätter mit einem Schwamm getupft oder mit dem Pinsel gemalt werden sollen, es kommt stets darauf an, daß die Äste nicht vorher gemalt wurden. In der Aquarellmalerei werden die hellen Partien vor den dunklen gemalt. So ist es selbstverständlich, daß die grünen, gelben oder roten Blätter zuerst vor dem dunklen Zweig gemalt werden.

Rotbuche

Schaut man an einem Buchenstamm hinauf, der bis dreißig Meter hoch und bis zu dreihundert Jahre alt werden kann, denkt man unwillkürlich an Säulen. Höchstens alle fünf bis acht Jahre fallen die kleinen, braunen Früchte der Rotbuche, die Bucheckern, zu Boden.

Die Blätter sind kurzstielig, fast eiförmig und am Rand leicht gezackt. Im Herbst verfärben sie sich gelb bis goldgelb, hellbraun und schließlich rotbraun. Die Rinde des Stammes ist braungrau und glatt. Sie hat auf der dem Wind und Regen zugewandten Seite einen leichten bis starken grünen Farbton.

Rotbuche 1

Eine Buchengruppe steht weit vom Betrachter entfernt und kann nur an ihren Umrissen erkannt werden. Hier kann ein Trick genutzt werden. Ist gerade der grüne Farbton aufgetragen worden und das Papier noch naß, dreht man den spitzen Pinselstiel herum und zieht drückend, Baumstämme in das Papier. Die dunkelgrüne Farbe wird in die Vertiefung laufen und somit die Baumstämme markieren. Denselben Effekt erzielen Sie mit einem harten, spitzen Bleistift.

Rotbuche 2

Zuerst malen Sie die Blätter in mindestens drei Grünabstufungen, zuerst die hellen Töne, dann die dunklen. Sind die Grüntöne trocken, setzt man jetzt erst die Andeutung von Ästen ein. Man zieht jedoch niemals einen Ast von unten nach oben als Strich durch. In der Baumgruppe verdeckt der größte Baum die hinteren.

Rotbuche 3

Ein Baumstumpf wird aus der Nähe betrachtet. Dazu habe ich rauhes Bütten gewählt, um granulierend malen zu können. Umbra und Paynesgrau herrschen vor. Chromoxidgrün wurde zum Schluß lasierend über die rechte Seite des Stammes gezogen, um die Wetterseite anzudeuten.

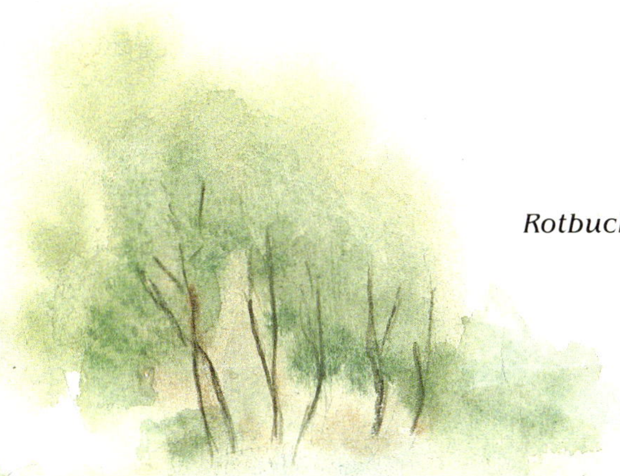

Rotbuche 1

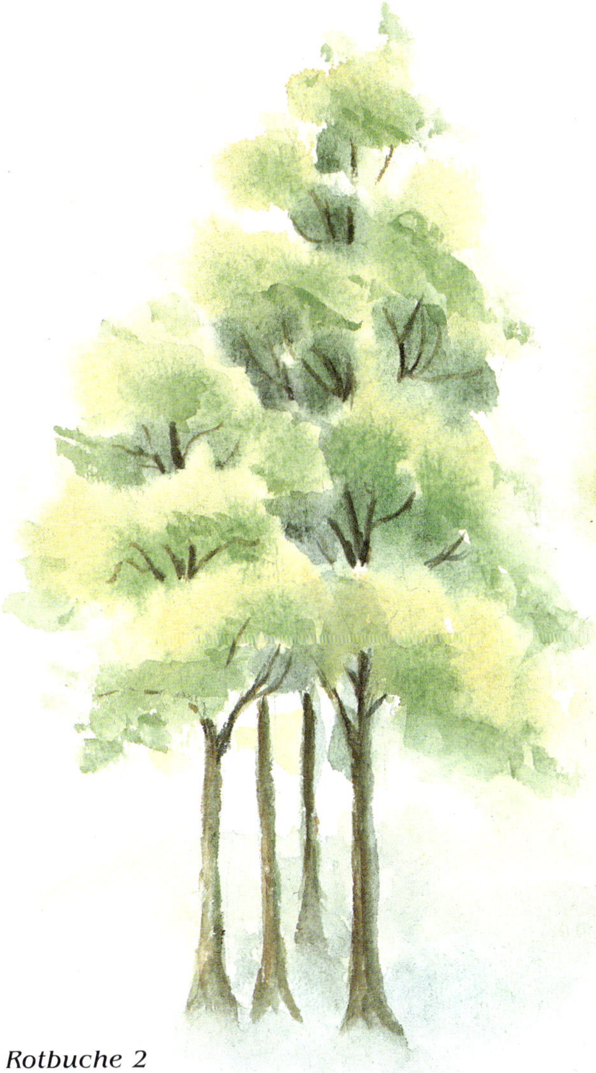

Rotbuche 2

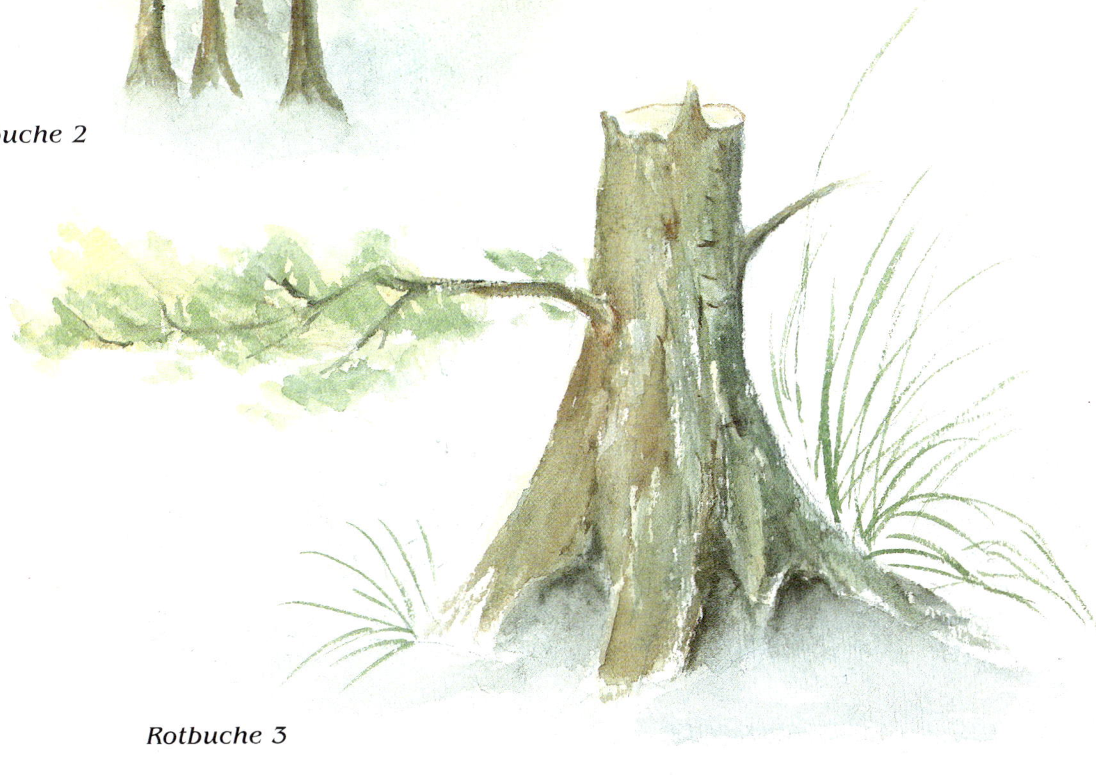

Rotbuche 3

Blattskizzen Buche

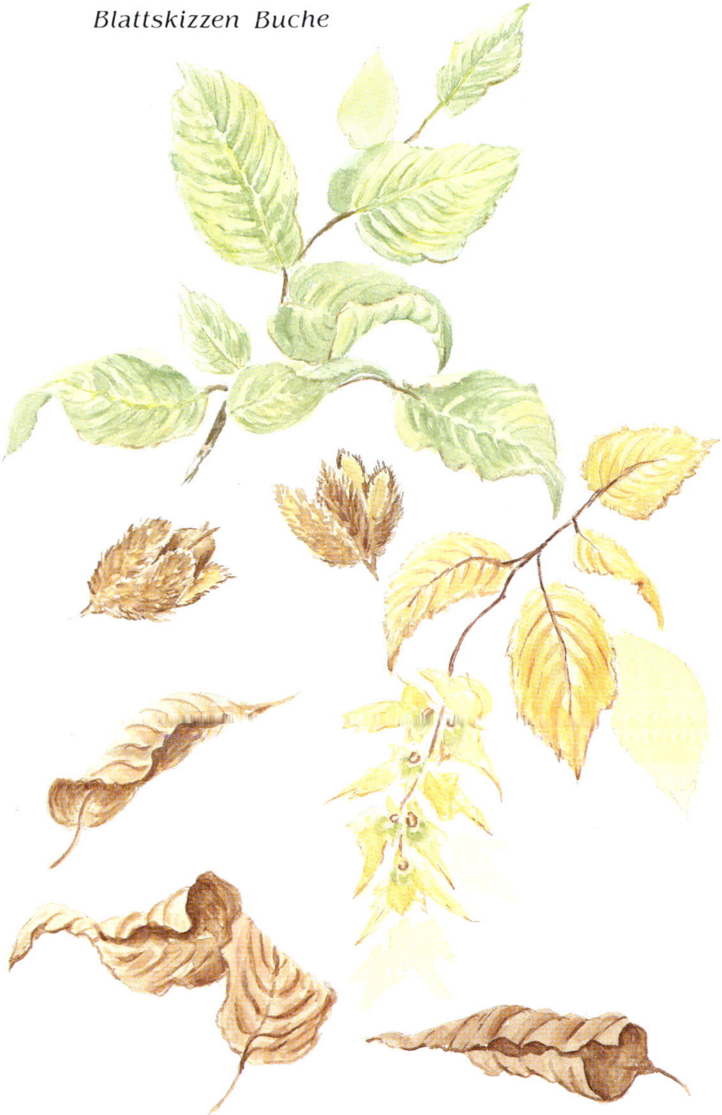

Blätter

Das Malen von Blättern ist eine schöne Abwechslung und eine gute Übung. Es ist eine Möglichkeit, die Bäume näher kennenzulernen.

Es ist weniger reizvoll, grünes Blattwerk zu malen. Interessanter sind jedoch die verwelkten Blätter mit ihren bizarren Formen. In grünen Blättern herrscht ein einziger grüner Grundton vor, der auf trockenes Papier gemalt wird. Dieser gleiche Farbton wird etwas verstärkt für Äderchen und Umrandungen eingesetzt, und modellierend gemalt, um Höhen und Tiefen im Blatt gut herauszustellen. Die braunen, verwelkten Blätter sind mit einem Umbraton lasiert. Im gleichen verstärkten Farbton sind die Äderchen, Deformierungen um die Löcher im Blatt herum gemalt. Üben Sie besonders Blätter mit umgeschlagenen Rändern in Farbe zu malen, um ihre Schönheit zu entdecken.

Blattskizzen Eiche

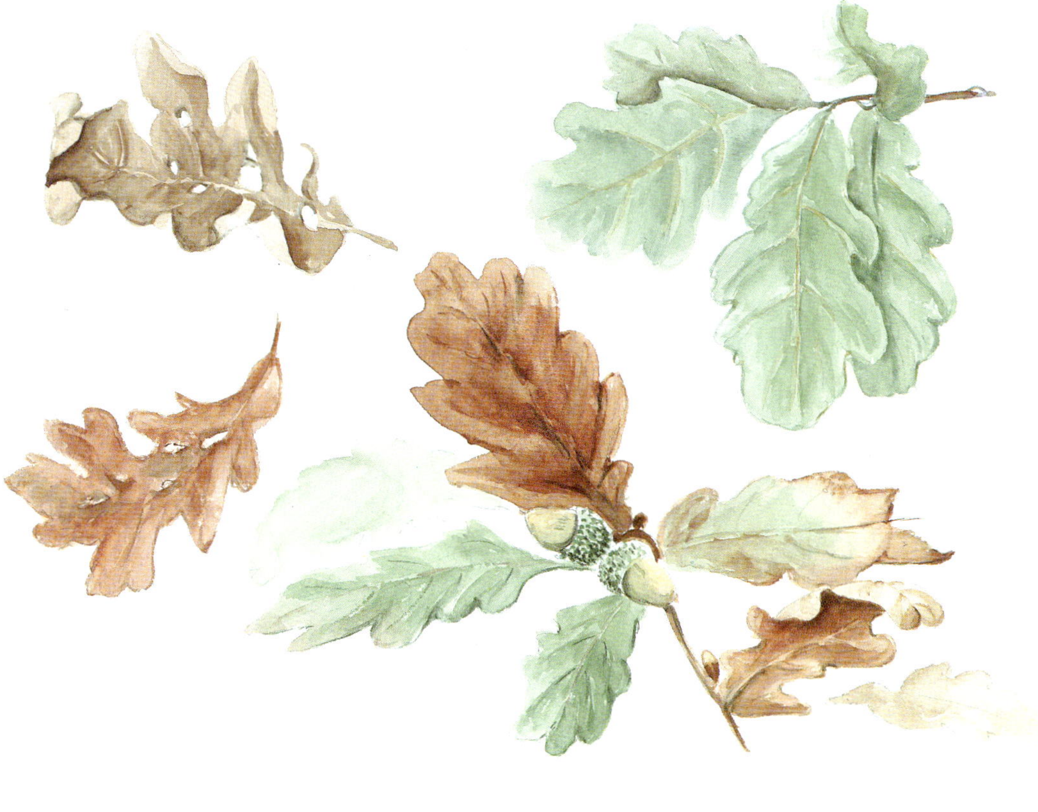

Eichen sind mächtige Waldbäume mit ausladenden Kronen. Im lichten Eichenwald stehen sie meist einzeln und sind gut zu erkennen. Das Blätterdach des Eichenbaumes wird zuerst in drei Grüntönen gemalt, bevor die Äste in Farbe angedeutet werden. Diese gehen seitlich vom Stamm ab. Ihre Borke weist tiefe Risse auf und ist zerklüftet wie ein Gebirge.

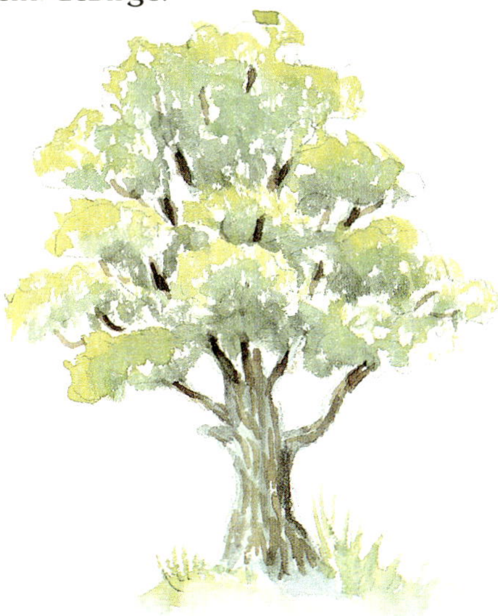

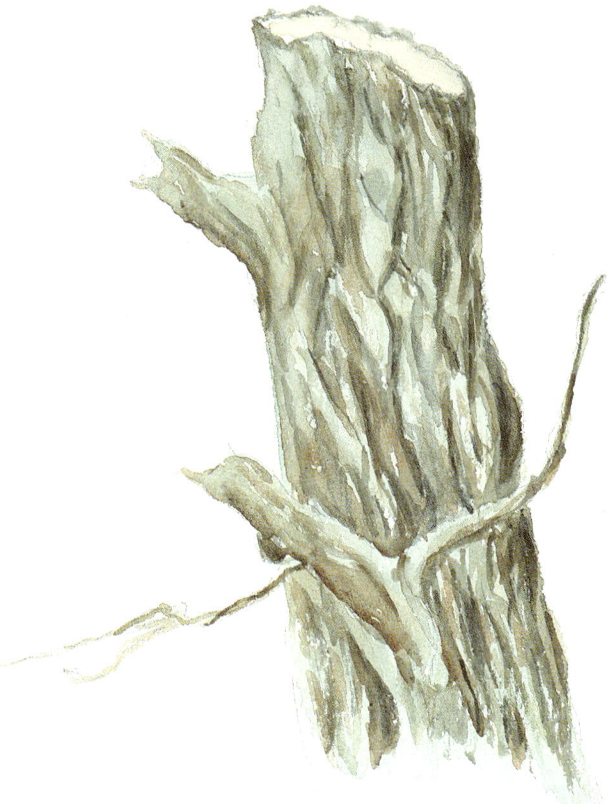

Ein Stück Eichenstamm mit der zerklüfteten Borke wird aus der Nähe betrachtet. Eine graugrüne Unterlasur wurde dieser Rinde zugrundegelegt. Braun und Paynesgrau sind die Farben mit denen der Stamm modelliert wurde.

Die Stileiche

Sicher ist es nicht richtig den Wald nur als eine Vielzahl von Bäumen zu betrachten. Er bietet Lebensbedingungen für Moos, Kräuter, Insekten, Vögel und Säugetiere. Wir müssen uns für unsere Nachkommen verpflichtet fühlen, den Wald zu erhalten, damit unsere Kinder noch lange gesunde Bäume vorfinden.

Der weitausladende alte Ast einer *Stieleiche* im Kurpark von Bad Driburg erweckte meine Aufmerksamkeit. Dieser Ast lag zum Teil auf dem Rasen und drohte bei Sturm abzubrechen.

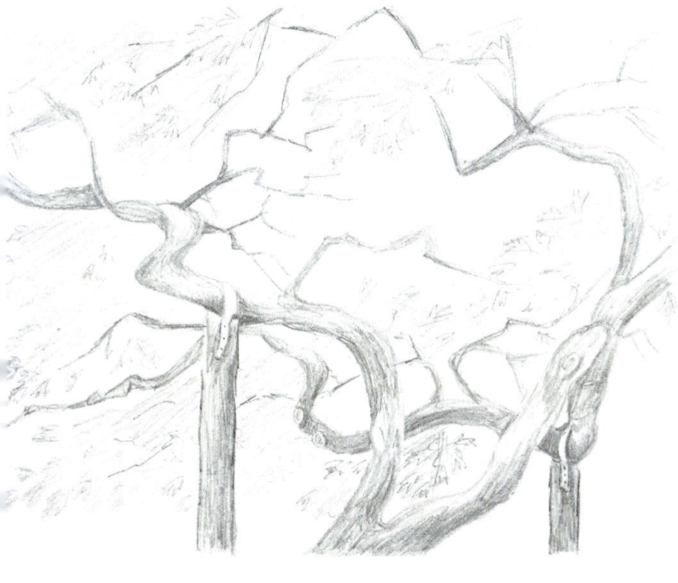

Am Parkeingang steht diese verdreht wachsende *Trauereiche*. Es faszinierten mich die Äste, die in wunderbaren Windungen, teils ineinander verschlungen, zu allen Seiten nach außen hin strebten. Der Baum hat eine mächtige Krone, so daß ich gezwungen war, mich darunter zu stellen, um die Äste zeichnen zu können.

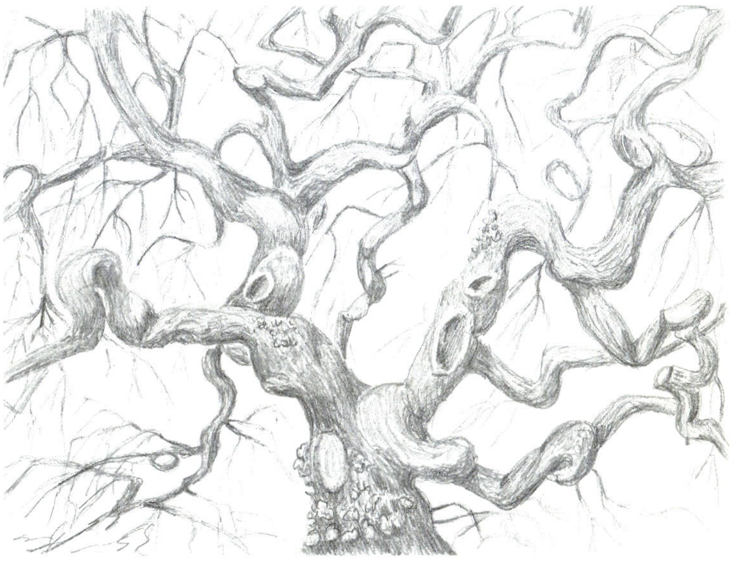

Die Weiß-Birke

Birken kommen fast in ganz Europa und im nördlichen Asien vor. Da sie anspruchslose Bäume sind, wachsen sie überall, wo sich nur ein wenig Erde ansammelt. Sogar in einer alten, lange nicht gesäuberten Dachrinne sowie auf Dächern wachsen sie. Die Birke besitzt eine wunderschöne schwarzweiße Rinde, die oft in weißen Bastfäden abgezogen werden kann. Am schönsten ist ein Birkenwald, der im Sommer eine friedliche Ruhe ausstrahlt; das Heidekraut blüht zu Füßen der Bäume.

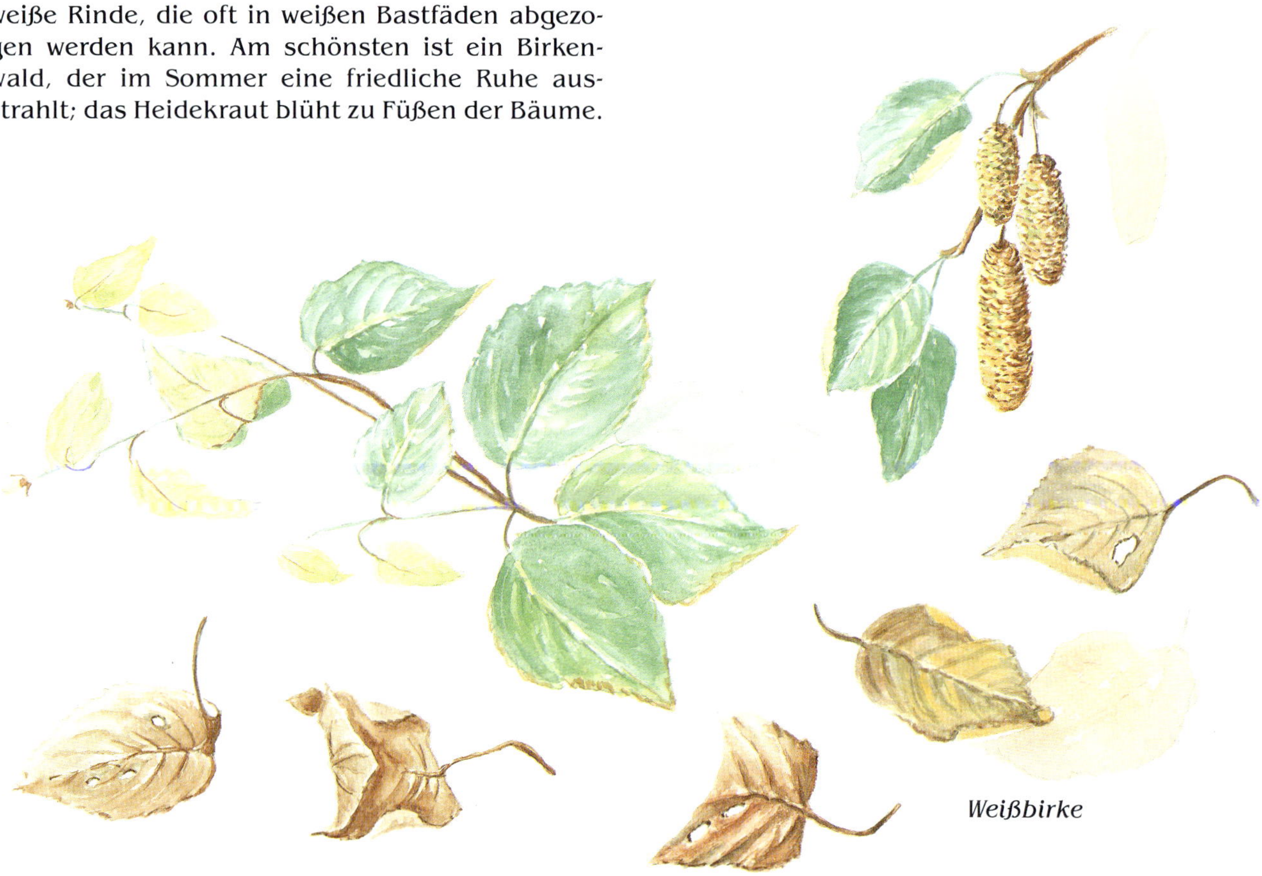

Weißbirke

Blattskizze Weiß-Birke

Grüne Birkenblätter lassen sich gut und mit Fruchtkätzchen dekorativ malen. Probieren Sie einmal ein Blatt nachzumalen. Die erste Lasur ist auch die hellste. In drei Grüntönen wird gemalt, wobei die erste Lasur gut getrocknet sein muß bevor mit den dunkleren Farben weitergemalt werden kann. Die verwelkten braunen Blätter wurden mit Umbra gemalt, das ebenfalls lasierend als erste Farbschicht aufgetragen wurde. Modellieren Sie mit dunkleren Umbratönen die Blätter aus.

Birke und Birkenstamm

Mit dem Bleistift deutet man den Baumstamm an und mischt sich maigrüne Farbe auf dem Deckel des Farbkastens an. Der *trockene* Naturschwamm wird mit einer Seite in die Farbe gedrückt, um mit ihm das erste Grün rund um den Baum zu tupfen. Danach muß die erste Farbschicht trocknen, bevor man die zweite darüber legt. Den zweiten Grünton mischen Sie etwas dunkler an und setzen ihn gezielt zur Mitte hin mit dem Schwamm ein. Erst wenn die dritte Farbstufe erreicht ist, werden der Stamm und die Äste in Umbra gemalt. Vertiefungen in der Rinde werden aus Paynesgrau, gemischt mit Umbra, nachgezogen.

Der Birkenstamm hat eine schöne Struktur. Für ihre Wiedergabe eignet sich die Wachstechnik gut. Doch sehen wir uns einen Birkenstamm in der Nähe an, so fällt besonders seine unregelmäßige, teils aufgeplatzte Rinde auf. Für diese Skizze wurde rauhes Bütten gewählt. Mit dem Pinsel wird zum Teil granulierend über die Rinde gefahren. Das Weiß bleibt selbstverständlich stehen. Die Farben sind: Umbra mit Lichtem Ocker gemischt bis hin zum dunklen Paynesgrau für die Tiefen. Die Herbstblätterfarben sind der Herbsttabelle am Anfang dieses Buches zu entnehmen.

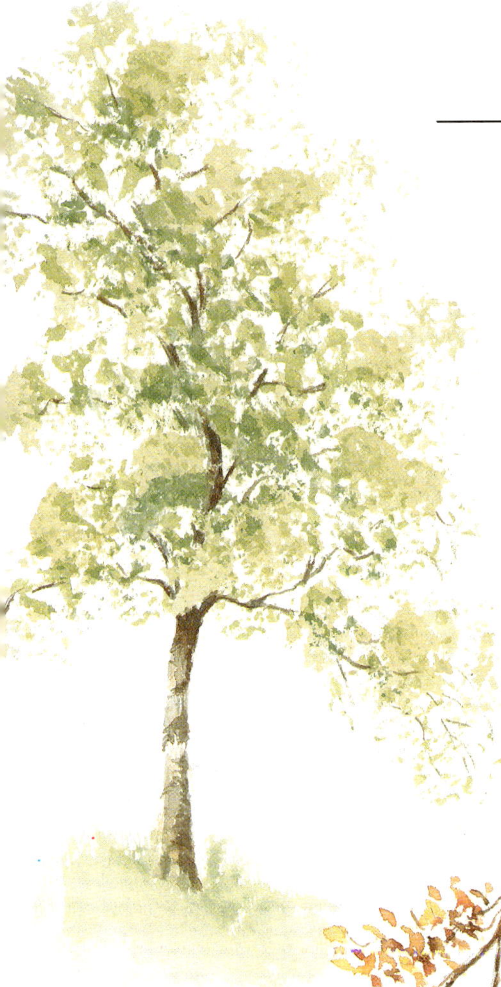

Birke

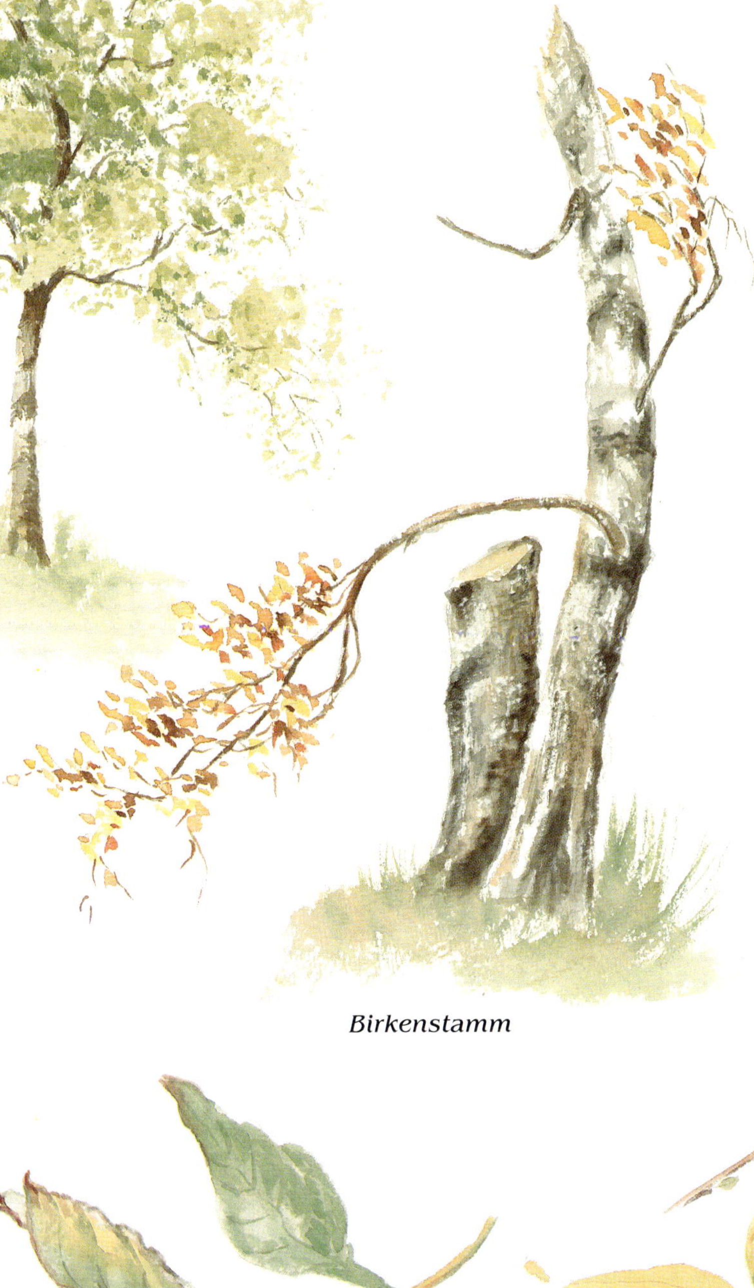

Birkenstamm

Skizzen der Kastanie und Nüsse

Diese Blätter sind wegen ihrer schönen Formen und der Herbstfarben reizvoll. Es wurde Grün in drei Farbabstufungen, Lichtem Ocker und Englischrot verwendet. Es wurde kein Krapplack dazugenommen. Das Englischrot der Kastanie setzt sich in der Kapsel bis in die welken Blätter fort.

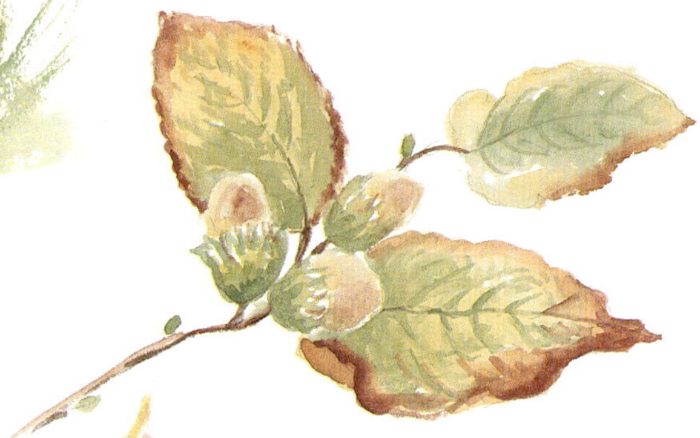

Haselnüsse

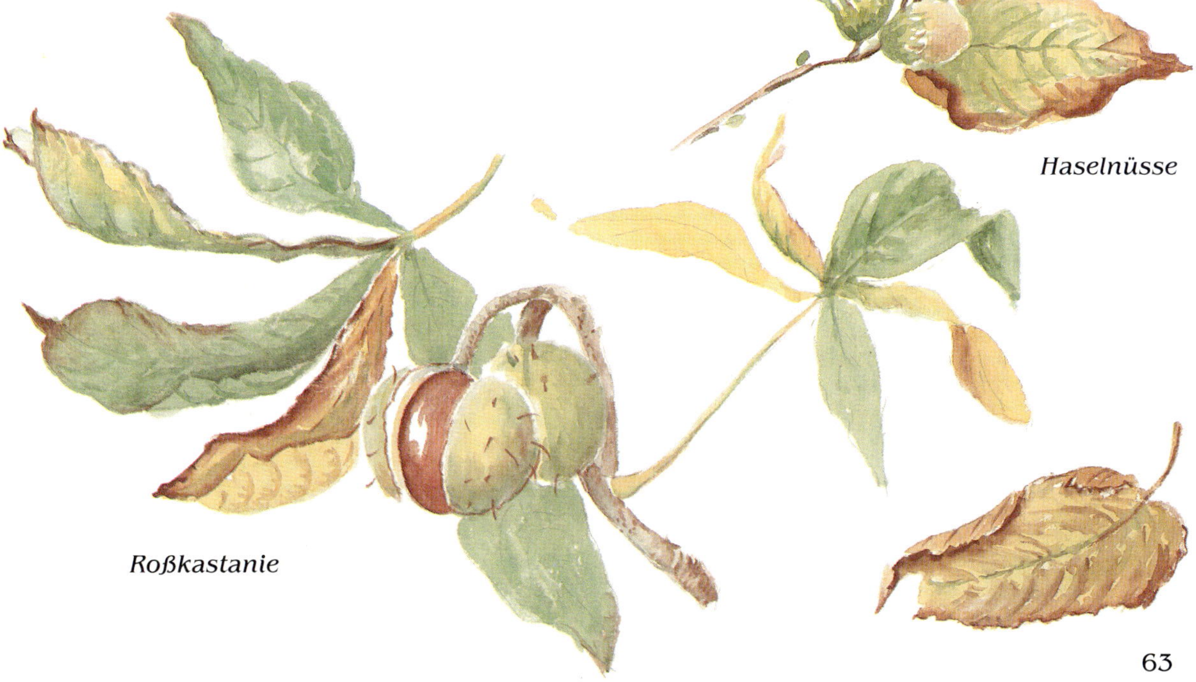

Roßkastanie

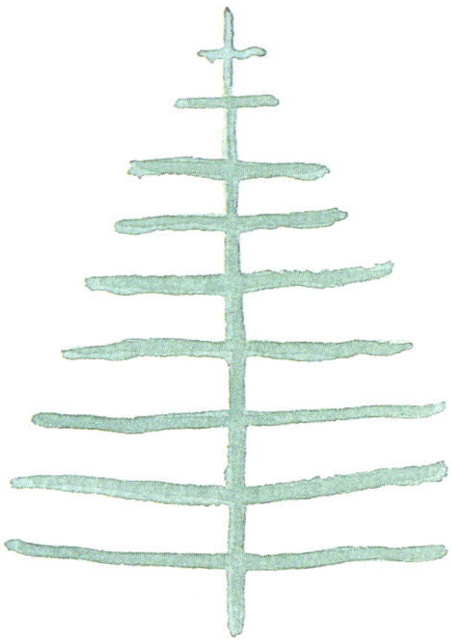

Gerade Linie

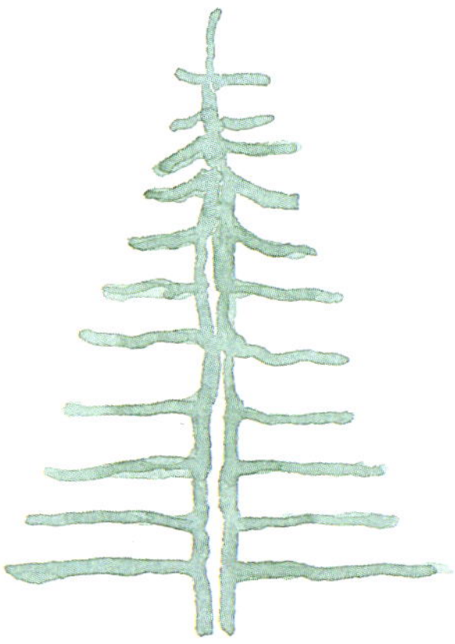

Kantige Linie

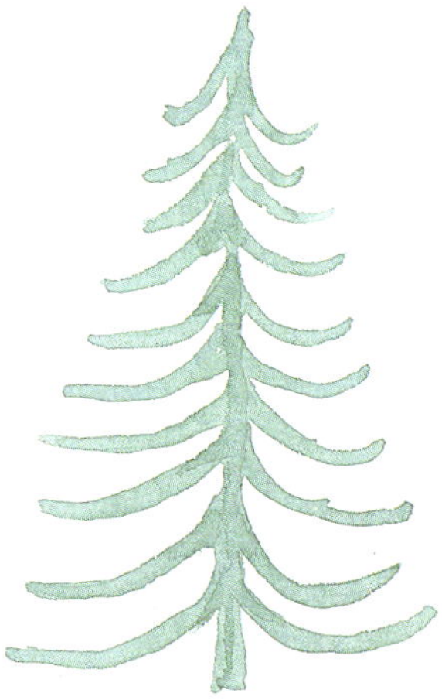

Geschwungene Linie

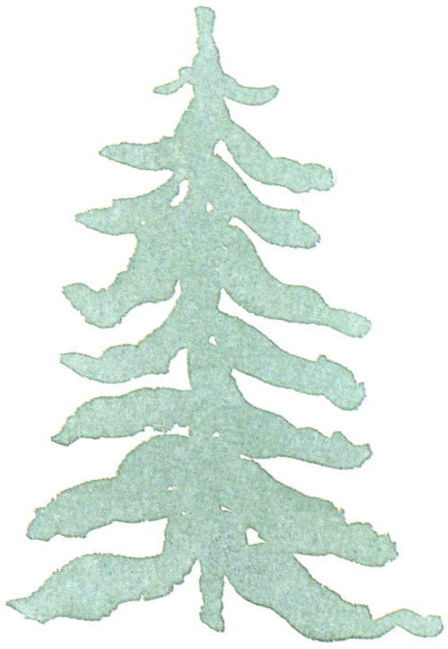

Schattenform

Tannen

Von der Linie zur Fläche

Wer mit dem Landschaftsmalen beginnt, stellt sich oft die Frage: „Wie kann der Schwung der Tannen bildnerisch wiedergegeben werden?" Die anfängliche Unsicherheit verfliegt erst beim Auftauchen einer konkreten Form. Die Linie ist als das reinste Ausdrucksmittel einzusetzen, um die Form auf lebendige Weise zu strukturieren.

Beginnen Sie mit einem senkrechten Strich, setzen die Pinselspitze in der unteren Mitte an und ziehen einen Strich nach links außen. Nun versucht man, mit unregelmäßig nach oben hin verkürzten Strichen eine halbe Tanne zu zeichnen. Die rechte Hälfte wird in der gleichen Weise von unten nach oben durchgeführt. Eine erste Entscheidung ist gefallen, wenn die noch etwas diffuse Form einer Tanne steht. Man erkennt ein abstraktes Gebilde, dem der Rhythmus des Pinselschwunges noch fehlt.

In der zweiten Form übt man die kantige Linie und beginnt in der Mitte unten mit einem kleinen Strich nach oben. Es wird in einem scharfen Winkel nach links außen abgebogen. Dieses Vorgehen ähnelt etwa dem in der ersten Abbildung; es unterscheidet sich nur durch die Unregelmäßigkeit der einzelnen Winkel. Durch den rhythmischen Schwung des Pinsels nimmt die Tanne nun konkretere Formen an.

Geschwungene Linie

Wir kommen zur dritten Form der Tannenzeichnung. Hier beginnen Sie die ganze Tanne auf einmal in Schwüngen von unten nach oben hin zu malen. Setzen Sie den Pinsel stets in der Mitte an. Er wird mit nach oben kürzer werdenden Schwüngen nach außen gezogen. An dem ersten Schwung orientieren sich alle nachfolgenden Schwünge.

Schattenform

Zu der Schattenform kommt es, wenn man die geschwungene Linie in sehr unregelmäßiger Form durchführt.

Tannenskizze

Wir sehen eine mit dem Pinsel vorgezeichnete, geschwungene Linie, die später in der Schattenform und dann plastisch ausgearbeitet wurde.

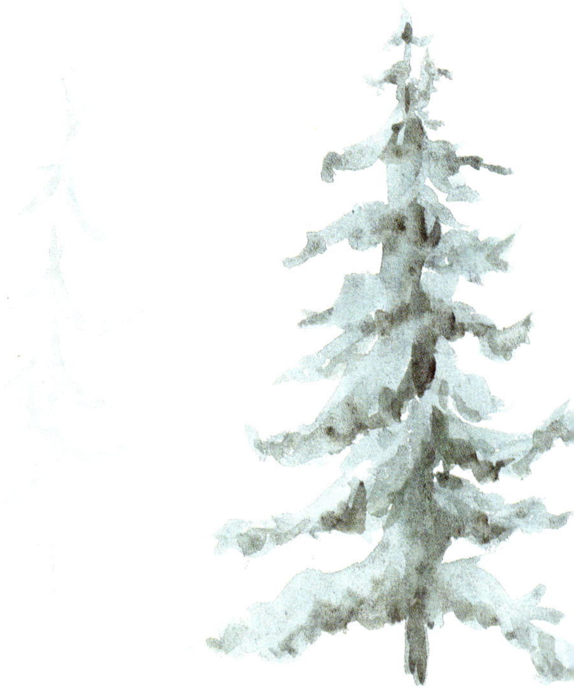

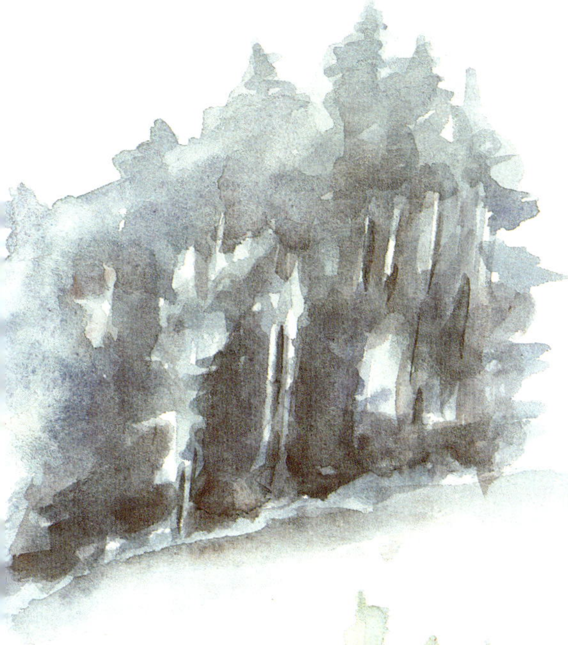

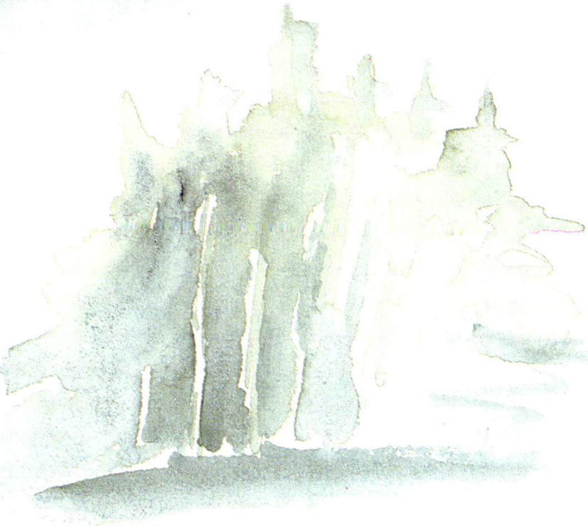

Tannenhochwald

Ein Tannenhochwald, bei dem einzelne Tannen kaum erkannt werden können, wurde durch weißen Papiergrund und weiße Stämme hier und da aufgelockert.

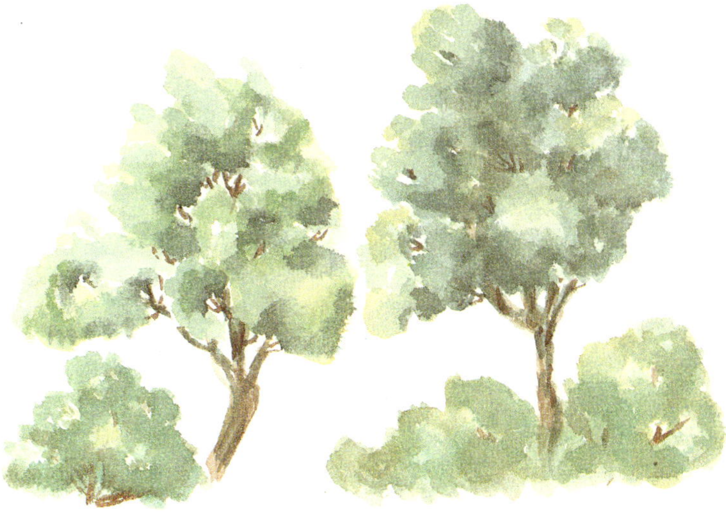

Öffnungen im Laubwerk

Nur das Laubwerk soll tupfend gemalt werden. Stets kommen zuerst die hellen Partien an die Reihe. Sie werden kugelförmig um die Äste herum gemalt. Natürlich geht es bei der Naß-in-Naß-Technik nicht besonders gut, da die Farben ineinanderlaufen, doch schon eine Andeutung genügt.

Umrisse von Bäumen und Büschen

Um den typischen Licht- und Schattenriß auf Blattflächen zu erkennen, stellt man sich die Bäume und Büsche als ineinandergreifende Kugeln vor, wobei jede Kugel eine Halbmondgestalt als Schattenseite besitzt. Natürlich haben die Bäume in Wirklichkeit nicht solche regelmäßigen Formen. Auf diese Weise kann man Bäume besser sehen und den Schlagschatten erkennen. Um jede Astformation herum bildet sich so etwas wie eine Kugel und zwar stets da, wo viele kleine Äste das Laubwerk tragen. Auf der Skizze sieht man links eine Gruppe von drei kurzstämmigen Bäumen, die kugelartig aufgebaut und mit halbmondartigen Schlagschatten gezeichnet sind. Rechts ist die Zeichnung in Farbwerten dargestellt, wobei man genau die Tiefen in den einzelnen Kugeln erkennen kann.

Licht

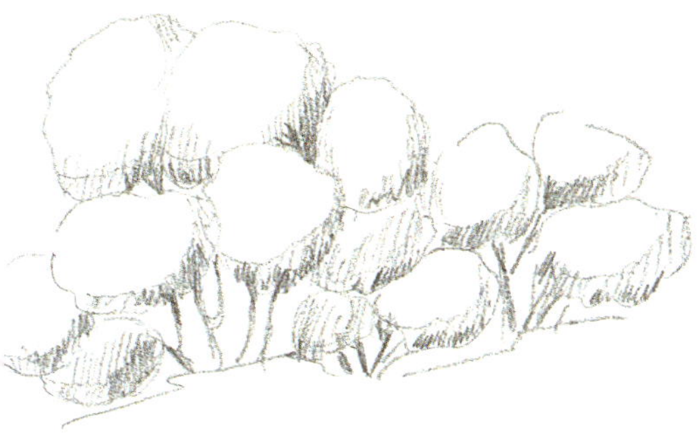

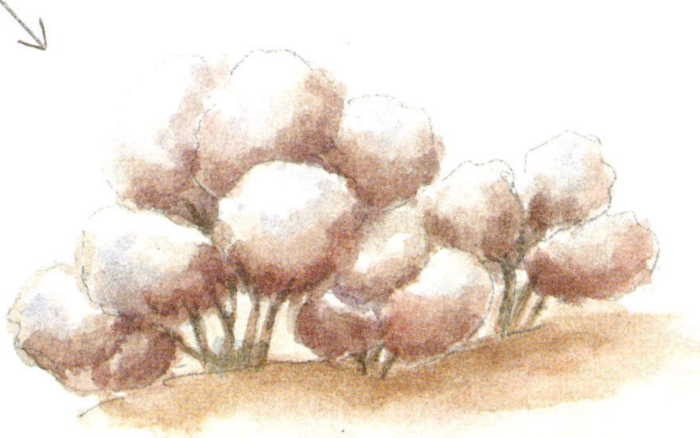

Aufbau einer Skizze

Die Regeln beim Skizzieren des Bildaufbaues sind etwas lockerer und durchlässiger als diejenigen für das Erstellen eines fertigen Bildes. Eine Skizze hat die Aufgabe, das Gesehene mit sämtlichen Gegenständen ohne Rücksicht auf das Bildformat zügig und schnell festzuhalten. Später werden Komposition und Perspektive geprüft und notfalls korrigiert. Man muß also das Motiv wie eine flüchtige Fotographie festhalten, dann kann die Skizze lebendiger als später das Gemälde wirken.

Aus meinem Skizzenblock wählte ich das Bild „Hagnau am Bodensee" aus. Das Haus in dem ich mich befand, stand hoch über dem See und hatte einen einladenden Balkon. Das schweizer Ufer kam an diesem Nachmittag nur schemenhaft in Sicht, während man an manchen Tagen die hohen Berge sehen kann.

Die beste Skizze wird diejenige, in der der Zeichner die charakteristischen Eigenschaften und flüchtigen Eindrücke am erfolgreichsten übermitteln kann. Er nimmt den Bleistift zur Hand und überträgt das Gesehene wie durch einen Filter auf Papier. Manches ist auch unbewußter Ausdruck, so daß das Bild mehr zeigt als den Gegenstand in bloßer Nachbildung.

Bei dem Bildaufbau einer Skizze sind einige Punkte besonders wichtig:
A Aufbau des Vorder-, Mittel- und Hintergrundes
B Anlage der Tonwerte,
C Einbau unbedingt erforderlicher Bildelemente,
D Anlage der Farbtonwerte.

Man beginnt stets mit dem Vordergrund, um keine bösen Überraschungen mit der Perspektive zu erleben. Zeichnen Sie den Mittelgrund ein und setzen Sie das Zeichnen mit dem Hintergrund fort. Sind sämtliche wichtigen Striche gezogen, beginnt man wieder im Vordergrund mit der Ausarbeitung der Skizze. Ist die Tonwertskizze zur Zufriedenheit ausgeführt, bringt man die Farbwerte in wenigen Strichen an. Die Farbtonwerte werden innerhalb der Farbflächen abgestuft, so daß es später leichter ist, sie auf dem Aquarellblock nachzuvollziehen.

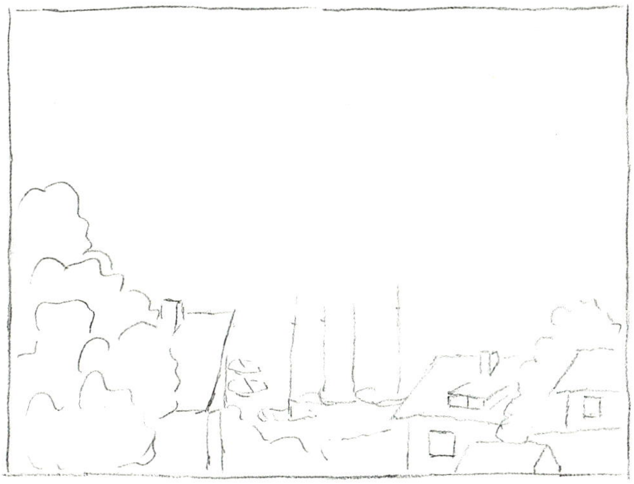

Vordergrund

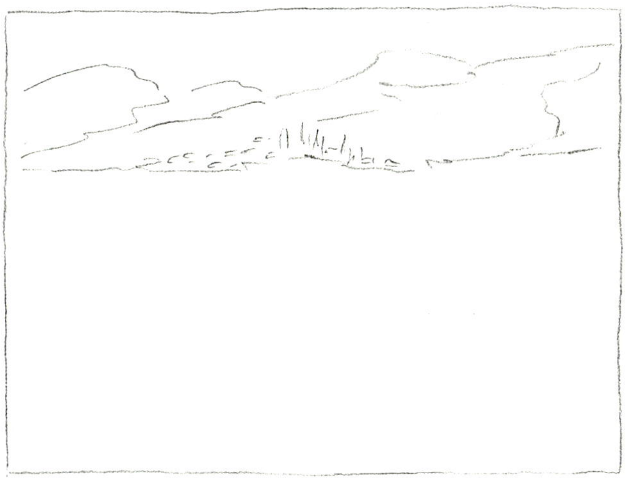

Hintergrund

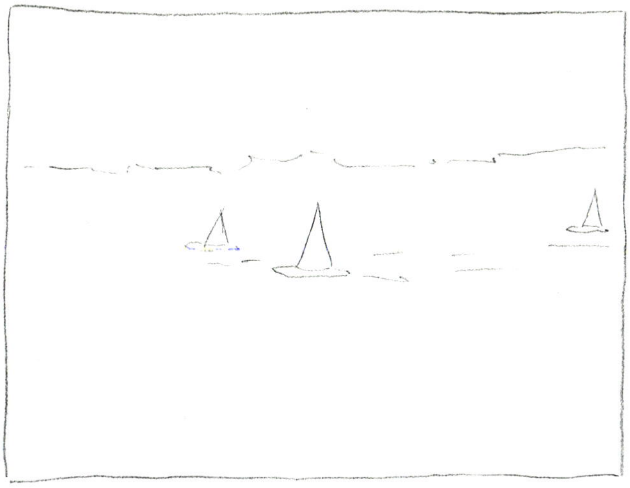

Mittelgrund

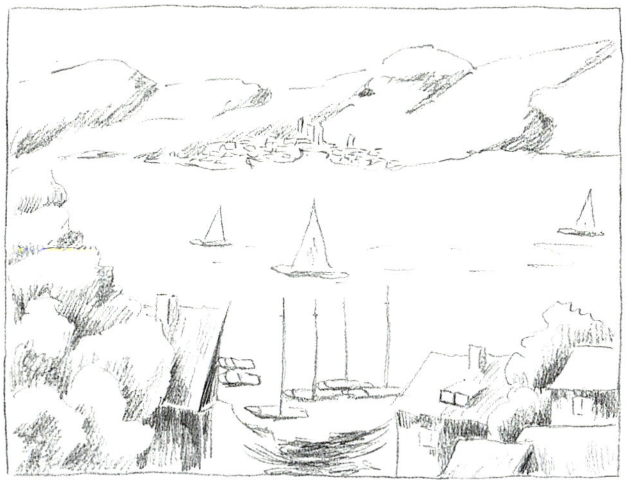

Gesamtskizze

Anlage der Farbwerte

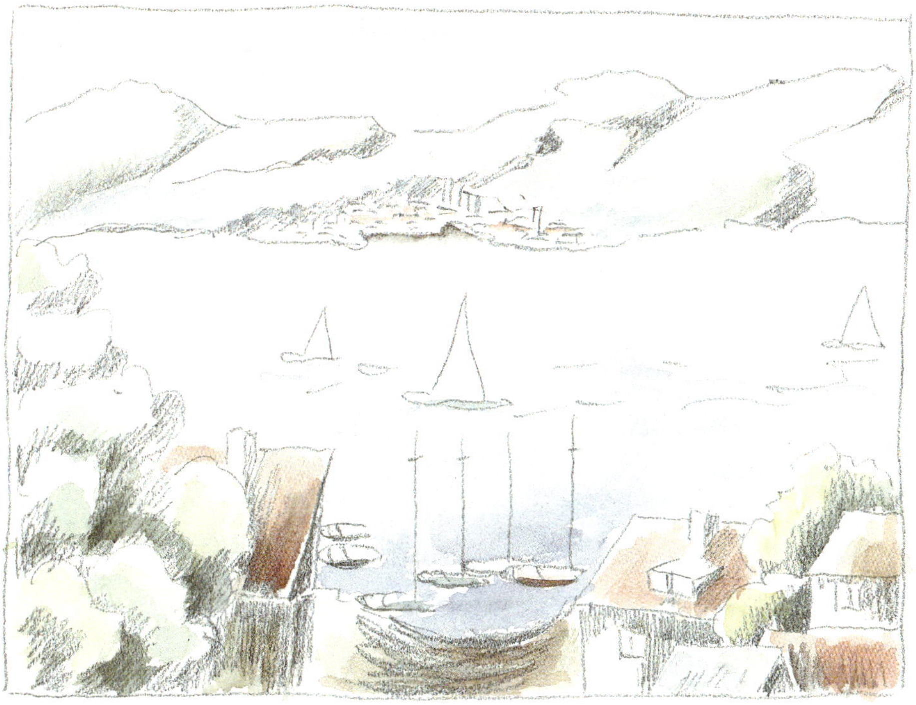

Hagnau am Bodensee mit schweizer Ufer

Farbig skizzieren

Schnelle Skizzen kann man mit Bleistift vor Ort auf dem Aquarellblock festhalten und mit Farbwerten ergänzen. Diese flüchtigen Skizzen sagen oft mehr aus als später das fertige Bild. Beim Skizzieren geht es schnell und leicht voran, da es auf Einzelheiten überhaupt nicht ankommt. Bei einem Gemälde gerät jeder Maler jedoch in die Versuchung differenzierter zu arbeiten. Dabei vergeht oft der Eindruck von Leichtigkeit. Später soll man sich genau an das Gesehene erinnern können, um die Skizze in ein Gemälde umzusetzen. Es sind nicht nur die Augen und Hände an der Arbeit beteiligt, sondern auch ein gutes Gedächtnis. Der Maler kann abstrahieren, weglassen was ihm unwichtig erscheint, doch kann er immer nur Abstriche von der Fülle des Vorhandenen machen. Das Wesentliche vom Unwesentlichen zu unterscheiden lernen ist das Hauptproblem in der Malerei und wird es immer bleiben.

Blick auf den Wurmberg

Auf den folgenden Seiten werden einige Bildbeispiele von farbigen Skizzen vorgestellt. Bei diesen Skizzen geht es vor allem um den ersten Eindruck von Helligkeit und Dunkelheit.

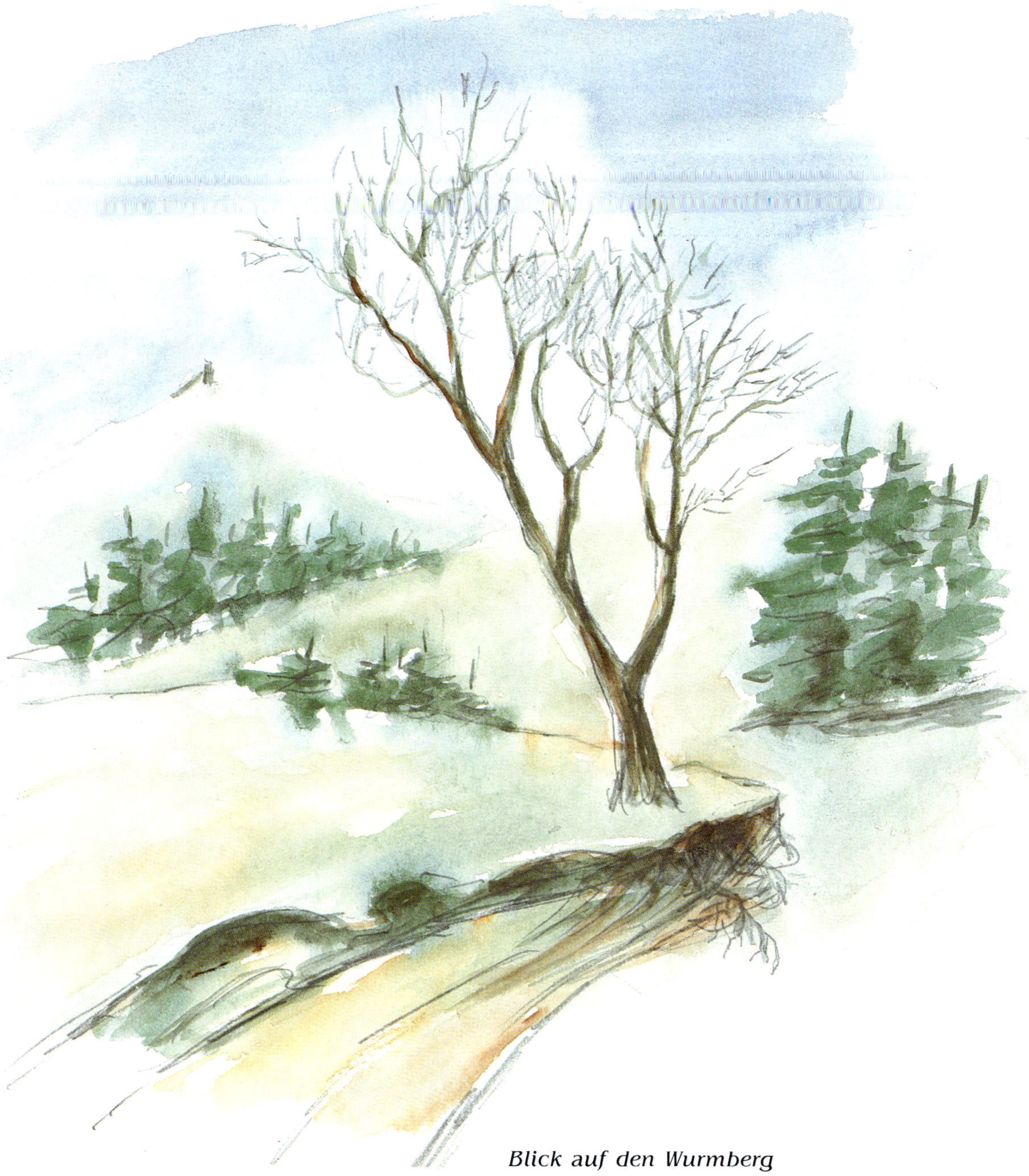

Blick auf den Wurmberg

Das Bild „Blick auf den Wurmberg" ist solch eine Skizze. Der Reiz des Motivs liegt in der Wurmbergschanze oder in dem einzelnen Baum im Vordergrund.

Steinschlucht

Die Steinschlucht lenkt den Blick auf ein Dorf in der Ferne. Vorne fließt ein mit Weiden bestandener Bach, der sachte dahinplätschert. Graue Regenwolken am Himmel spiegeln sich in den Steinen im Vordergrund wider.

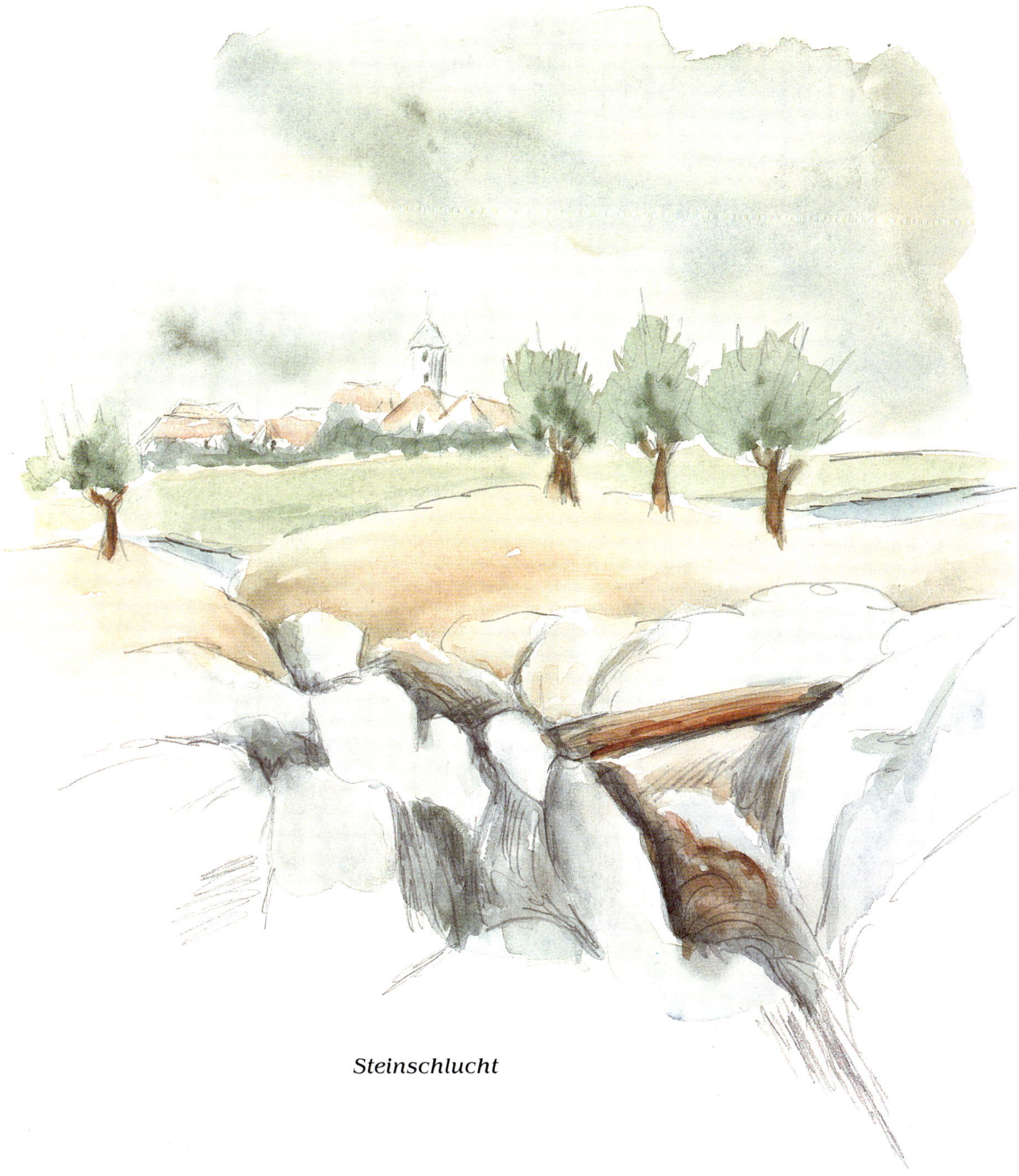

Steinschlucht

Komposition

Kompositionsbegriffe:

Der Begriff der Einheit erklärt sich von selbst. Das Kunstwerk soll ein Ganzes bilden. Es ergibt sich ein harmonischer Eindruck. Das Auge soll nicht durch belanglose Einzelheiten irritiert werden. Wenn nur ein Teil dem Ganzen falsch untergeordnet ist, wird die Einheit des Bildes beeinträchtigt.

Ausgeglichenheit ist eine andere Eigenschaft, die bei Kunstwerken oder Zeichnungen angestrebt wird. Das Bild muß ein Gleichgewicht oder Gegengewicht aufweisen. Wenn z.B. auf einer Seite der Zeichnung eine dunkle oder farbkräftige Masse angeordnet ist, so muß ein Ausgleich auf der anderen Seite mit ähnlich gefälligen Farbwerten arrangiert werden. Jedoch muß nicht dieselbe Farbe gleichgroß oder gleichseitig angeordnet sein. Das Gleichgewicht der ganzen Komposition soll aufrechterhalten werden. Es wird gestört, wenn auch nur eine Einzelheit zu stark betont wird.

Von *Ungleichheit* spricht man bei einer Anordnung von Dingen, die nicht in gleicher Größe oder mit gleichen Zwischenräumen gemalt werden. Langweilig würde jedes Gemälde wirken, wären sämtliche Häuser und Bäume in exakt gleichen Größen angeordnet. Ein Anfänger macht diesen Fehler oft. Sehen Sie sich die Natur genau an. Niemals gleicht ein Baum dem anderen, eine Blume der anderen usw. Selbst Häuser, Zäune und Pfade sind durch die Perspektive in verschiedenen Größen angeordnet.

Gleichheit von Formen sollte auf jeden Fall vermieden werden.

Kontraste. Der Künstler muß lernen, die natürlichen Kontraste auszunutzen. Kontraste sind auf Licht und Schatten zurückzuführen oder dienen dazu, den Hauptgegenstand hervorzuheben. Ein Anfänger erkennt oft nicht, daß Kontraste absichtlich komponiert werden.

Skizzen zur Komposition

Beim Malen von Landschaften kann man durch Hinzufügen von Landschaftselementen, die man vor sich sieht, komponieren. Ein Gebäude, ein Baum oder andere Staffagen können näher zur Blattmitte gerückt werden oder man kann sie auf einer leeren Fläche im Bild erscheinen lassen. Zum Schluß kann der Himmel leer aussehen; dann malen Sie Wolken hinein. Dies ist jedoch nur möglich, wenn der Himmel transparent angelegt wurde. So wird das endgültige Bild durch Hinzufügen gestaltet.

Entwerfen mit Schichten

Ein Baum soll eingefügt werden, der einiges in der Skizze überdeckt. Man nimmt ein Stück transparentes Zeichenpapier, zeichnet den Baum und setzt seine vollen Farbwerte mit Aquarell oder Farbstiften ein. Das Papier wird so lange über das Bild geschoben, bis sich der Baum gut in die Komposition einfügt. Die Position muß zur ästhetischen Wirkung des Ganzen beitragen. Der Baum soll nicht nur auf irgendeinen freien Platz gesetzt werden. Danach kann man auf gleiche Weise andere kleinere Bäume oder Buschwerk in den verschiedenen Maßstäben auf ein zweites Stück Transparentpapier malen und den Vorgang wiederholen. Kleine Einzelheiten wie Steine oder Sträucher zeichnet man frei ein.

Sind alle Skizzen gut auf einem Blatt angeordnet, kann die endgültige Studie auf ein neues Blatt übertragen werden, indem man alle Kennzeichen, Formen, Farben und Farbwerte ein letztes Mal anpaßt. Es empfiehlt sich, die besten Blätter aufzuheben und sie später für ähnliche Bilder noch einmal zu verwenden.

Eine weitere Entwicklung der Komposition stellt folgende Idee dar. Malen Sie Bilder von verschiedenen Bäumen, Gebüsch, Steinen und dergleichen auf einen kleinen Aquarellblock in Taschenformat. Diese einzelnen Entwürfe bewahrt man gut für zukünftige Anwendungen auf. Diese kleinen Zeichnungen, auch Ausschnitte legen Sie auf ein großes Stück Aquarellpapier und schieben sie so lange hin und her, bis eine gefällige Komposition gefunden ist. Danach werden die Umrisse ganz leicht auf das Aquarellpapier übertragen und etwaige notwendige Modifizierungen vorgenommen. Das Bild wird anschließend unter Beachtung der Musterausschnitte entsprechend im Farbwert abgeändert und in sonstigen Farben und Einzelheiten weitergemalt.

Manchesmal erweisen sich die Ausschnitte für Vordergründe als sehr nützlich. Sie werden perspektivisch nicht mit allen Gegenständen zusammenpassen und können trotzdem zu guten Entwürfen beitragen. Ausschnitte sind kein Ersatz für Studien, sondern sollen vielmehr zu ihrer Anfertigung beitragen.

Auch wenn ein Künstler viel von der Komposition versteht, kann er nur mit Hilfe solcher Versuchsskizzen Arrangements erzielen, die zu den besten Resultaten führen. Das gilt besonders für den Anfänger. Er scheint häufig nicht zu erkennen, daß er Zeit spart, wenn er sich die Mühe macht, für jedes Gemälde eine genaue Studie vorzubereiten. Dieses ist der beste Weg, denn er kann anschließend mit größerer Sicherheit herangehen. Manche Künstler bevorzugen es, ihre Skizzen manchmal mit Randbemerkungen, also eine Art Daumennagelskizze, herzustellen. Der Zweck ist natürlich derselbe.

Entfernungen

Farbwerte werden undeutlicher, je weiter die entsprechenden Objekte vom Betrachter entfernt sind. Sie werden mit zunehmender Entfernung kühler und blasser. Tiefe kann an der am weitesten entfernten Stelle mit Hilfe von Perspektive dargestellt werden. So wie bei dieser Meeresansicht „Fischerboote" kommt es in erster Linie auf die Luftperspektive an, das heißt, daß Perspektive in der Luft oder Atmosphäre vermittelt wird. Zusammenfassend läßt sich sagen, daß ein Künstler den Eindruck der Entfernung auf verschiedene Weise vermitteln kann.

1. In der Verkleinerung der Dinge,
2. mit Hilfe von Farb- und Farbwertkontrasten,
3. durch Stufungen und Vereinfachung, durch weiche Ränder,
4. durch linearen Aufbau und Perspektive.

Natürlich gibt es Ausnahmen von diesen Regeln. Bei der Klarheit der Farben kann anders verfahren werden, denn es hängt in erster Linie davon ab, worauf das Auge gerichtet ist. Eine Oberflächenstruktur kann anziehend sein. Bei gleichen Gegenständen wird das Auge des Betrachters eher strukturierte als glatte Oberflächen festhalten. Eintönigen Flächen verleiht der Künstler oft eine Struktur, um sie auf diese Weise zu betonen. Ein Beispiel ist ein Sandstrand im Vordergrund.

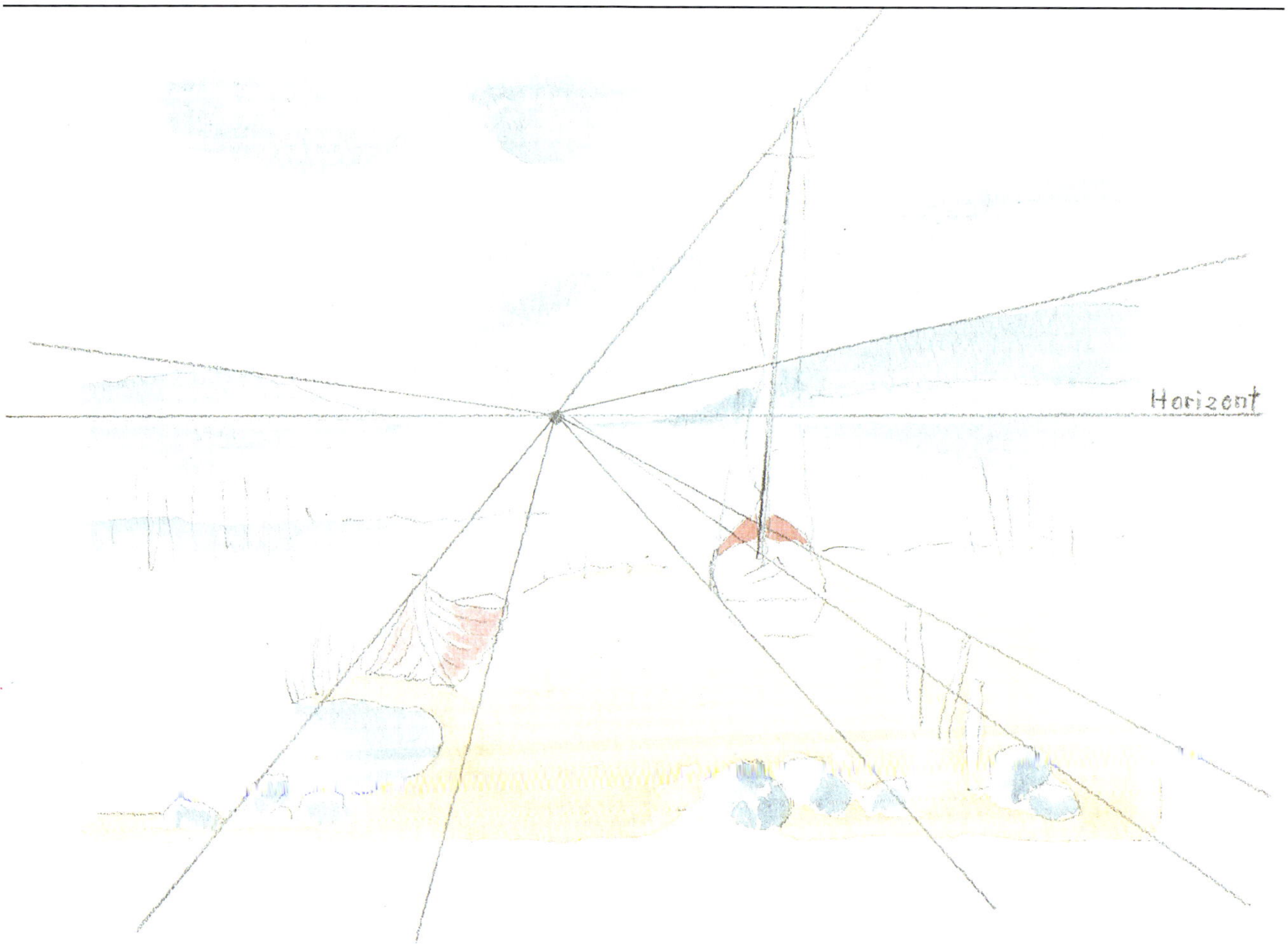
Horizont

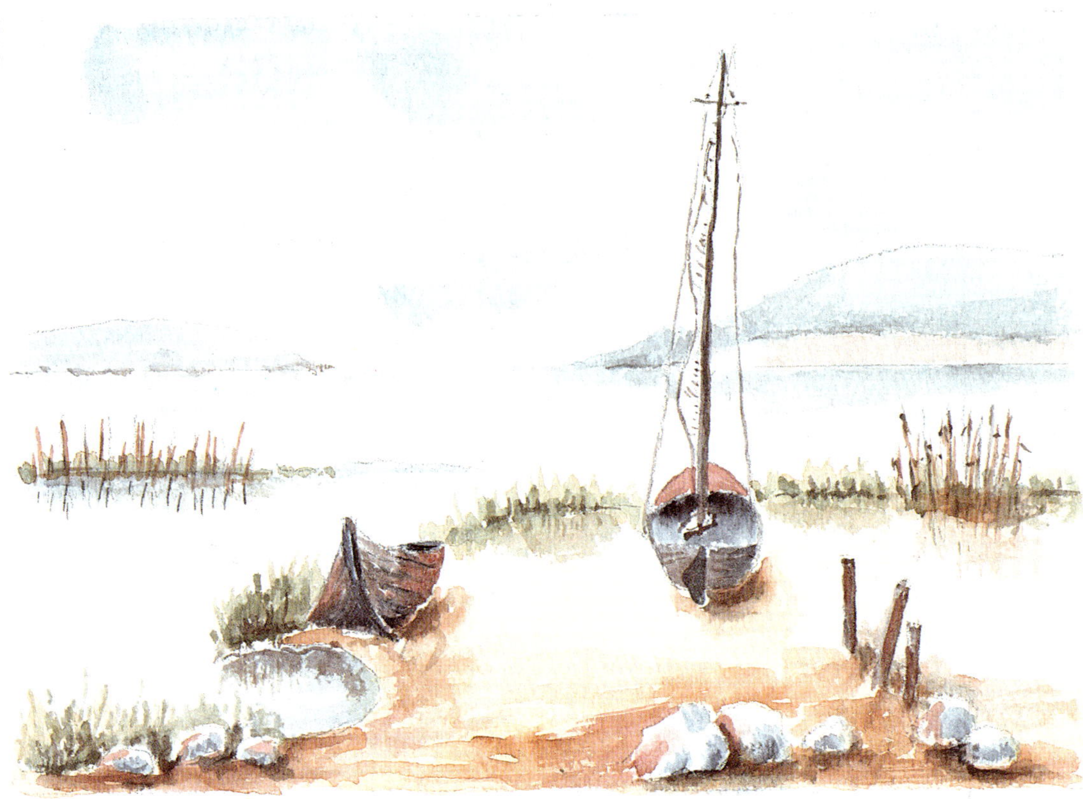

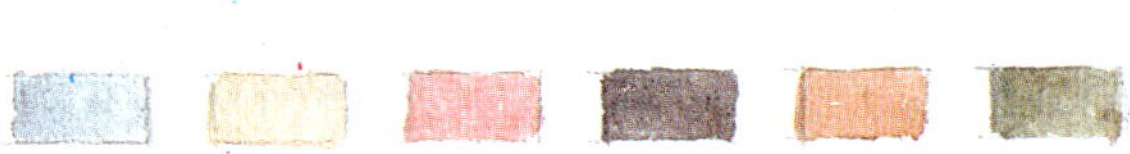

Fischerboote

Hier wurde durch die Anlegung eines kräftigen Vordergrundes der weite Raum bis zum Horizont vervollständigt. Auf diese Weise wird ein brauchbares Schema entwickelt, das sich für zahlreiche Arbeiten eignet. Durch Farbkontraste ist die Aufmerksamkeit auf den Vordergrund gerichtet, wobei der Mittel- und Hintergrund am Horizont in betont blassen Farben verschwindet. Einen Kontrast bilden diese zwei Boote. Sie schaffen ein Gleichgewicht durch Ungleichheit. Würden zwei Ruderboote dargestellt, würde diese Komposition langweiliger erscheinen.

Der Fluchtpunkt ist am Horizont an der tiefsten Stelle gut zu finden. Mit einem Lineal ziehen Sie die Fluchtlinien über die Skizze. Tanzt ein Gegenstand aus der Reihe, radieren Sie und fügen Sie ihn den Linien entsprechend perspektivisch richtig ein. Kleinere Abweichungen, die nicht so sehr ins Auge fallen, sind erlaubt. In erster Linie handelt es sich um Gegenstände, die am Strand liegen, so die zwei Boote und die Pfähle. Eine Horizontale bleibt Horizontale, auch auf zwei oder mehr Ebenen. Senkrechte bleibt Senkrechte auch in der Verkleinerung im Hintergrund.

Drei Farben reichten für diese Komposition aus: Lichter Ocker, Englischrot und Paynesgrau.

Man beginnt in der Lasurtechnik mit Paynesgrau, sehr transparent, bei der Wolkenform des Himmels, den Bergen und den Steinen im Vordergrund. Lichter Ocker ist die erste Lasur der Sandbank. Englischrot wird transparent für die Schiffe und Steine verwendet. Englischrot mit Paynesgrau gemischt dient als Braunton für Schiffe und Pfähle. Für den Strand mischte ich in Lichtem Ocker etwas Englischrot, um den Vordergrund zu betonen. Grünes Schilf und Gras sind eine Mischung aus Paynesgrau und Lichtem Ocker.

Raumtiefe — Luftperspektive

Im ersten Beispiel befassen wir uns intensiv mit der Luftperspektive. Es soll Perspektive in der Luft oder Atmosphäre dargestellt werden.

Meist plagt sich der Maler einer Landschafts- oder Meeresansicht mit der Luftperspektive und nicht mit der linearen Perspektive ab. Es ist wichtig, die Perspektive in den Griff zu bekommen, da sich auf ihr alle anderen Perspektiven, die den Eindruck von Tiefe vermitteln sollen, aufbauen.

Raumtiefe

Luftperspektive

Luftperspektive: In der Ferne sind alle Farben heller, vergrauter oder bläulicher.

Im Vordergrund sind die Farben dagegen dunkler, klarer und farbintensiver. Durch diese Farbanordnung wird Raumtiefe erzielt, die bei einer Landschaft besonders wichtig ist. Nicht nur durch Verkleinerung der Dinge wird dieser Effekt erzielt, sondern auch mit Hilfe von Farb- und Farbwertkontrasten oder Abstufungen und Vereinfachungen im linearen Aufbau der Perspektive. Abgestufte Farbtöne in der Verlaufstechnik helfen uns dabei, Berge und Wälder voneinander zu trennen, indem der Farbwert nach unten hin mit Wasser verringert wird, um die nächste Trennlinie wiederum dunkler anzusetzen und in gleicher Technik zu verfahren. Abgestufte Farbtöne spielen bei zahlreichen Effekten der Entfernung und Trennung eine große Rolle. Um zarte Farbnuancen zu erreichen ohne den Bleistiftstrich zu sehen, ist es erforderlich, sich beim Malen an die Skizze zu halten. Nur die linearen Einteilungen zum Vordergrund hin werden vom Aquarell überdeckt und können ohne Druck auf den Bleistift auszuüben mit leichter Hand gezogen werden.

Viele Studien der Verlaufstechnik gehen einem Bild voraus. Hier sind ein paar Beispiele, die Sie leicht nachvollziehen können. Ohne den Bleistift zu benutzen, zeichnen Sie einmal mit dem Pinsel direkt aufs Aquarellpapier. Diese Technik soll schnell vollbracht werden. Ziehen Sie einen Farbstrich mit dem Pinsel der Stärke 6, waschen Sie ihn aus. Man streift den Pinsel ab, fährt am unteren Pinselstrichrand entlang und verzieht den Farbstrich. Danach verstärkt man etwas den Farbton und beginnt wiederum, diesmal jedoch im Rhythmus eines angedeuteten Waldes. Die Farbe wird zum Vordergrund hin verstärkt, um später, wenn das Bild getrocknet ist, von unten nach oben einige Nuancen einzusetzen.

Studien werden frei angegangen, auch wenn sie nicht immer gut werden. Heben Sie sie auf, um Ihren Fortschritt zu prüfen. Dabei legt man sich mit der Zeit eine kleine Sammlung an.

Aufbau einer Landschaft

Landschaftsmalerei hat viele Facetten. Da ist zum einen auf eine korrekte Linienführung und ausgewogene kompositorische Schwerpunkte zu achten, zum anderen natürlich auf Lichtführung und Farbgebung.
Was die Farben angeht, so gibt es eine Faustregel: Man liegt nie falsch, wenn man kalte und warme Farben nebeneinandersetzt und diesen Kontrast ausbalanciert.

Ein gutes Landschaftsaquarell zeichnet sich aber auch durch einen gelungenen Bildaufbau aus. Bei weniger gelungenen empfindet man häufig einen Mißklang von Formen und Farben.

Naturgetreue Darstellung wird zwar in der Regel angestrebt. Meisterliche Aquarelle sind gerade durch gewisse künstlerische Freiheiten erkennbar. Solche Freiheiten sind ein Muß, wenn vor Ort vorgefundene Details, Bäume, Häuser und Wege, den Bildaufbau stören und so das Bild als Ganzes abzuwerten drohen. Hier gilt es, unbefangen die Kunst des Weglassens zu üben.

Zwischen naturgetreuer Darstellung und einem nur rein schematisch konstruierten Landschaftsbild muß die künstlerische Aussage vermitteln. Diese darf Farben so verändern, ja sogar verfremden, daß sie mit dem Vorgefundenen nichts mehr gemein haben. Und dann ist auch die Grenze zur künstlerischen Abstraktion erreicht.

Man beginnt das Malen möglichst nach einem genauen Beobachten der Landschaft, sobald man ein interessantes Motiv gefunden hat und gründliche Vorüberlegungen angestellt hat.

Dann empfehlen sich einige locker hingestrichelte Bleistiftstudien. Eine Bleistiftskizze, die besonders gefällt, wird als Vorzeichnung genutzt, indem man vom Fluchtpunkt aus ein Liniennetz darüberlegt. Man erkennt so schnell falsche Proportionen — so sind vielleicht die Bäume zu groß geraten. Hat man die Fehler korrigiert, besitzt man eine Konstruktionsskizze, die man zum Bauplan der späteren Malerei benutzen kann.

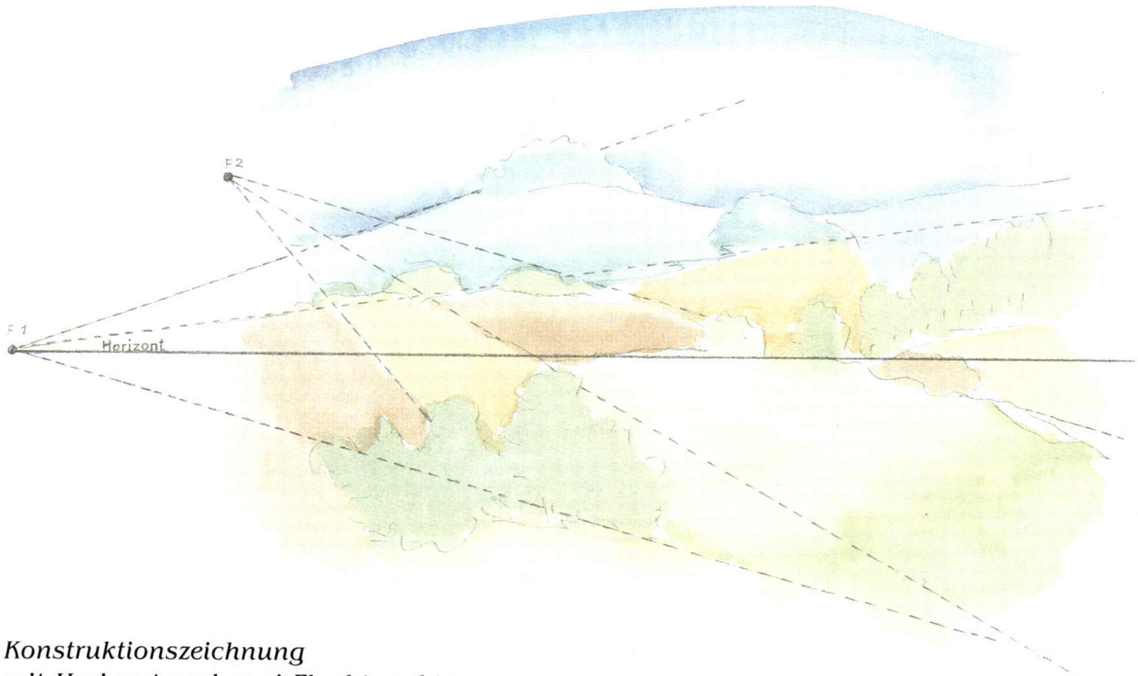

Konstruktionszeichnung mit Horizont und zwei Fluchtpunkten

Diese Konstruktion soll erklären, wo die Fluchtpunkte zu suchen sind. Trotz der Tatsache, daß in solch einer Hügellandschaft ein echter Horizont kaum zu erkennen ist, denken Sie dabei an die Anhöhe welche hier unterhalb der Mitte liegt. Der Standort des Zeichners ist auf einer Augenhöhe. Unter ihm breitet sich eine Hügellandschaft mit unterschiedlichsten Höhen und Tiefen aus. Nehmen Sie ein Lineal zur Hand und legen Sie es an der F1-Horizontlinie waagrecht an. F2 markiert die einzelnen Felder, die durch steigende Fluchtlinien perspektivisch genau ins Bild passen. Zu F1 führen steigende und fallende Fluchtlinien, die fächerartig das ganze Bild ausfüllen können. Der Betrachter des fertigen Bildes merkt nichts von gedachten Linien und Fluchtpunkten. Das Bild macht auf ihn einen ganz natürlichen Eindruck.

Baumskizzen auf rauhem Aquarellpapier

Diese Skizzen verdeutlichen, daß auf rauhem Aquarellpapier Bäume wesentlich vereinfachter gemalt werden können. Sie wurden granuliert, daß heißt, der trockene Farbpinsel gleitet über das rauhe Papier ohne die tieferen Papierstellen zu berühren. Es ist eine völlig andere Malweise.

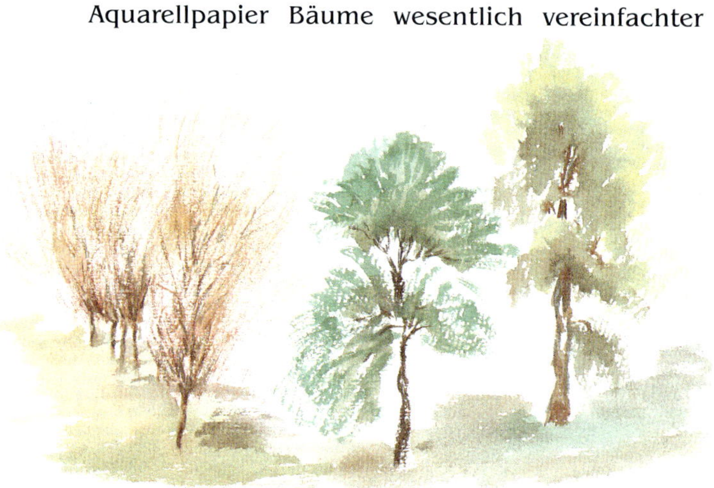

Frühling in Imbshausen

In dieser Landschaft streben alle Fluchtlinien nach links außen, da der Fluchtpunkt außerhalb dieser Abbildung liegt. Man kann die Fluchtlinien feststellen, indem man ein Lineal an den beschriebenen Punkt legt und dort festhält, um das Lineal fächerartig zu verschieben. Aus technischen Gründen ist die obere Linie mit dem Bleistift gezogen worden, doch empfhiehlt es sich, sie wegzulassen und zu versuchen, sie gleich mit Farbe einzusetzen, damit der später störende Strich verschwindet. Wenn man einen Bleistiftstrich unter einer transparenten Farbschicht wegradiert, wird die Farbe mit dem Gummi ebenfalls weggenommen. ,,Frühling in Imbshausen'' soll das erste Bild in der Verlaufstechnik sein. Es handelt sich bei diesem Bild nicht nur um reine Verlaufstechnik. Mit ihr wird begonnen; sie wird speziell bei hellen Flächen angewendet. Später wird das Bild in der Lasurtechnik vollendet, da bei beiden Techniken die Farbe auf das trockene Papier aufgetragen wird.

Es werden die Farben Kadmiumgelb, Lichter Ocker, Englischrot, Chromoxidgrün feurig, Umbra gebrannt, Ultramarin und Paynesgrau verwendet. Die Pinselstärken sind Nr. 6 und 8. Benutzt wird mattes Aquarellpapier 30 x 40 cm.

Frühling in Imbshausen
Fertige Landschaft

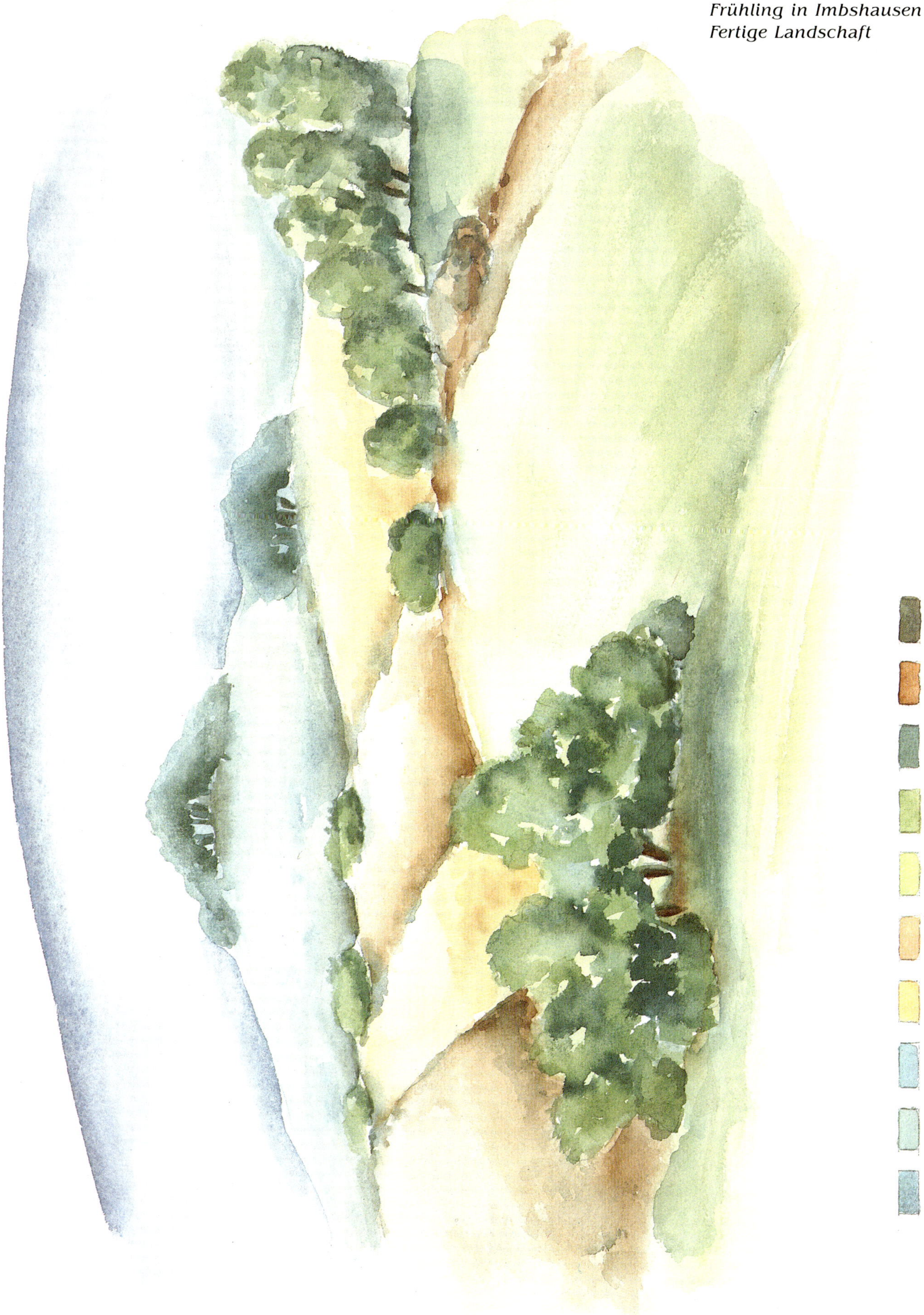

Schritt 1

Nach einer leichten Vorzeichnung, die am Anfang der Landschaftsmalerei steht, prüft man die Fluchtlinien, die zum Fluchtpunkt führen müssen, um notfalls noch eine Korrektur anzubringen. Für den Himmel mischt man Ultramarin mit ein wenig Paynesgrau, um dadurch das Blau abzuschwächen. Mit dem vollgesaugten Pinsel der Stärke 8 zieht man am oberen Rand einen dicken Strich. Man wäscht danach den Pinsel aus, streift ihn am Wasserglas oder Papiertuch ab und fährt am unteren Farbrand entlang bis die Farbtönung immer blasser wird. Dieser Vorgang muß rasch erfolgen, da der Farbstrich schnell antrocknet und die Streifen zu sehen sein werden. Sollte man so keinen Erfolg haben, feuchtet man mit dem Pinsel vorher den Rand an. Dann trocknet die Farbe nicht so schnell. Die Farbleiste unter dem fertigen Bild dient der Orientierung. Für den letzten Hügel mit den zwei Baumgruppen im Hintergrund mischen Sie Ultramarin und etwas Lichtes Ocker zu einem Blaugrün. Die Farbe wird mit dem Farbpinsel am unteren Bleistiftstrich entlanggezogen. Sie wird danach in der Verlaufstechnik nach oben hin zu großer Transparenz ausgewaschen. Ist diese Lasur getrocknet, mischt man in diesen Farbton etwas Paynesgrau und malt mit der neuen Farbe den hinteren Hügel.

Schritt 2

Man kann die braunen oder auch die gelben Felder zuerst malen. Umbra gebrannt wird sehr transparent vom unteren Heckenrand nach oben gezogen. Ähnlich verfährt man bei Flächen mit Lichtem Ocker. Für den vorderen zartgrünen Acker mischen wir Kadmiumgelb mit Chromoxidgrün und ziehen die Farbe wiederum von unten nach oben aus. Das Bild sollte jetzt eine durchscheinende Transparenz aufweisen und somit an den Frühling erinnern.

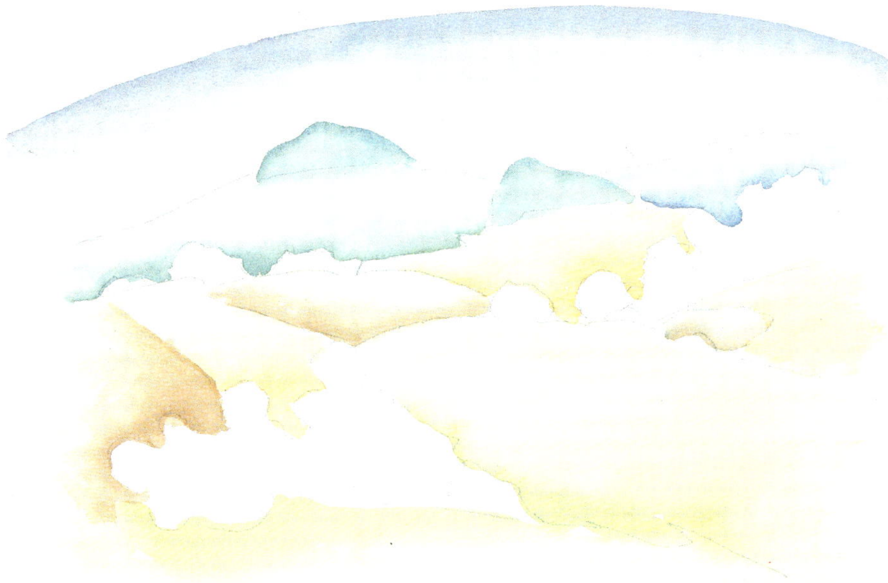

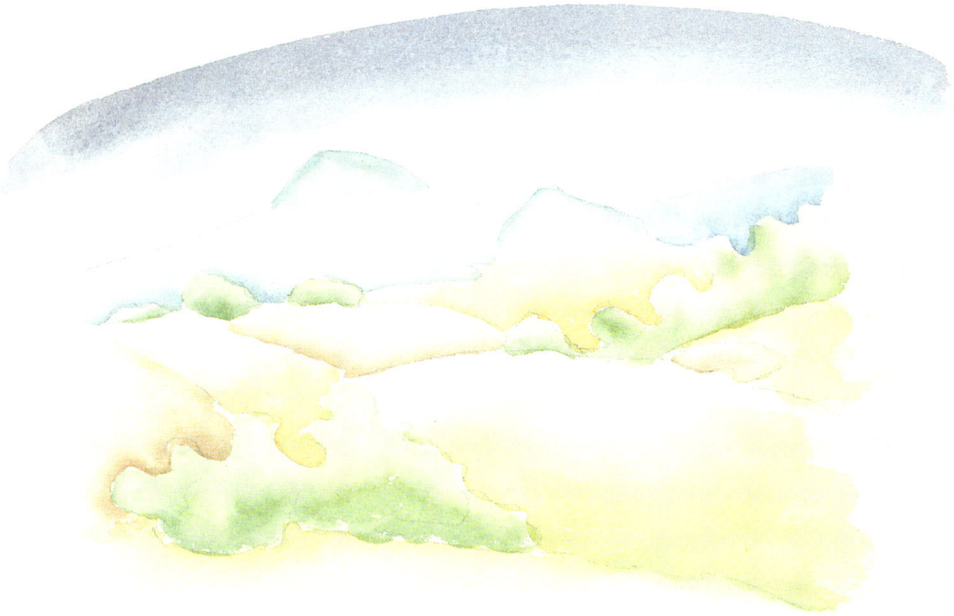

Schritt 3

Das Bild muß nun etwas mehr Struktur erhalten. Man mischt einen grünen Farbton aus Chromoxidgrün, Kadmium und etwas Umbra. An der Farbleiste unter dem fertigen Bild kann man den Farbton vergleichen. Diese Farbe setzt man an der untersten Stelle an. Sie wird in die erste Lasur laufen, was von Vorteil ist.

Schritt 4

Nach dem Trocknen setzt man dem vorhandenen Grünton Paynesgrau zu, mischt alles gut und malt tupfend und so unregelmäßig wie möglich tiefe Schatten in Bäume und Büsche. Umbra wurde noch einmal betonend eingesetzt und ebenfalls in der Verlaufstechnik verzogen. Die Baumstämme und der Schatten unter den Bäumen bekommen einen dunkleren Braunton, indem zum Umbra Paynesgrau zugesetzt wird. Damit werden kräftige Akzente in die Baumstämme gesetzt. Jetzt sollte das Bild fertig sein. Ist es jedoch zu blaß oder zu dunkel geraten, sollte man noch einmal die Technik von Wassereinsatz und Farbe überdenken. Ein zu helles Bild braucht noch einige Farbtupfer, die leicht eingefügt werden können. Bei einem zu kräftig geratenen Bild muß man sich jedoch fragen, warum die Farben zu dunkel und undurchsichtig geraten sind.

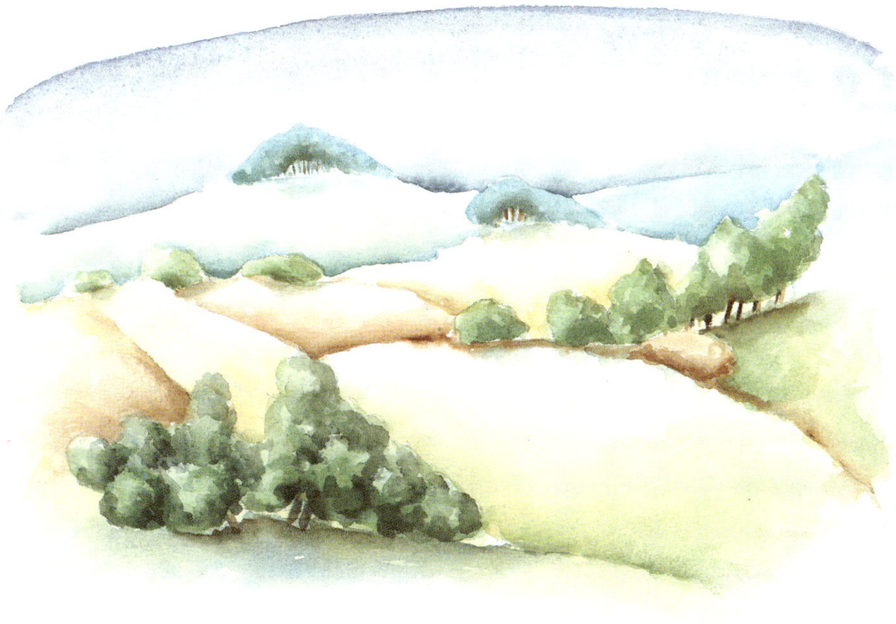

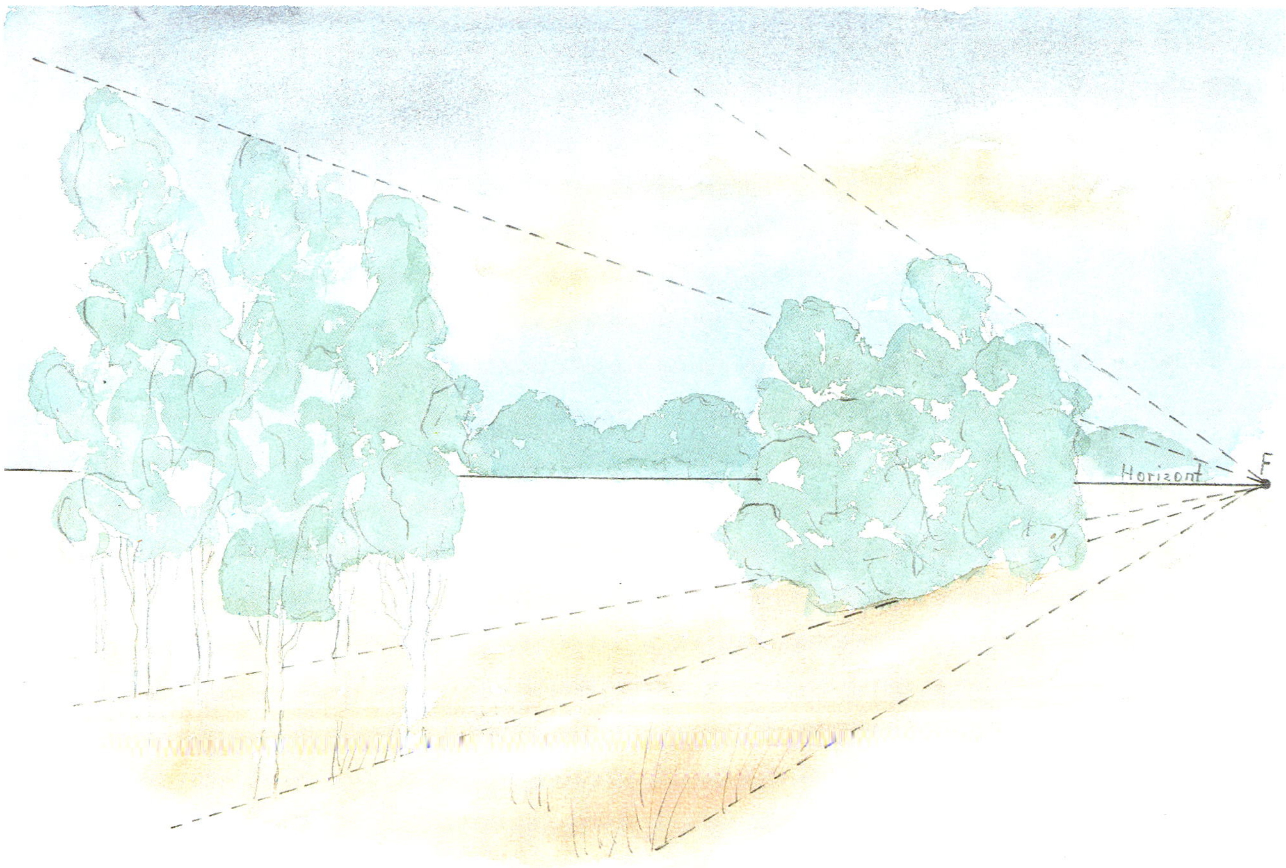

Konstruktionszeichnung

Die Zeichnung zeigt nur einen Fluchtpunkt auf der rechten Horizontlinie. Fächerartig laufen alle Fluchtlinien zu diesem Punkt hin. Der Zeichner steht in Augenhöhe zum Horizont, also zu ebener Erde. Die Baumreihe im Hintergrund begrenzt praktisch die Sicht. Der Vordergrund, der Standort des Zeichners, muß daher hervorgehoben werden. Dazu dienen hier Grasbüschel und kräftige Farben.

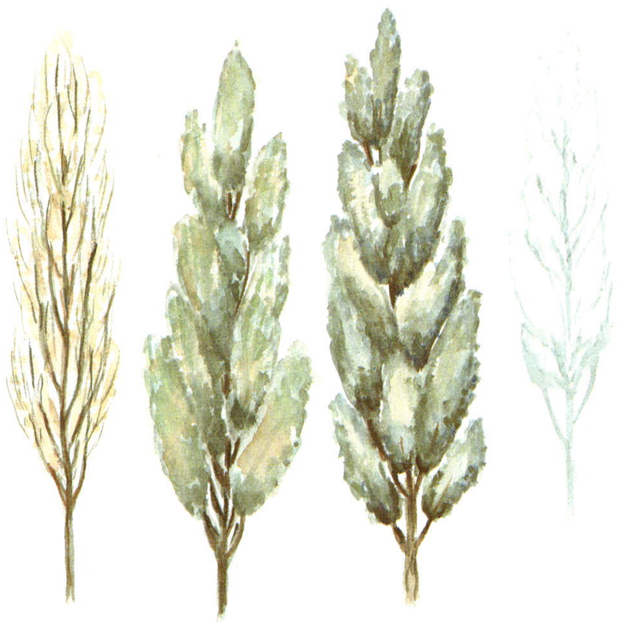

Am Rande der Heide

Diese farbige Landschaft, die heiter und froh stimmt, wurde ohne Chromoxidgrün gemalt. Der Grünton ging aus einer Mischung hervor. Die Pappeln neigen sich etwas nach links. Durch diese Neigung der Bäume kommt eine besondere Lebendigkeit in das Bild, die mit geradestehenden Bäumen schwer zu erreichen ist. Es wird die Lasurtechnik angewendet, wobei eine Farbschicht über der anderen liegt. Um eine gewisse Tiefe und Weite in das Bild zu bringen, muß die Farbe im Mittelgrund ausgewaschen werden.

Es wird in vier Farben gemalt: Lichter Ocker, Englischrot, Coelinblau und Umbra gebrannt. Eingesetzt werden Pinsel der Stärken 8, 6 sowie 4 für die Gräser im Vordergrund.

Pappelskizzen

Pappeln *(Populus)* gedeihen auf nassen Böden, die an Sauerstoffmangel leiden, so daß die Wurzeln der üblichen Waldgehölze dort nicht atmen können. Diesen Böden haben sich besonders gut Pappeln und Weiden angepaßt. Eine besondere Eigenart hat die Pappel, deren Äste liegen eng am Stamm an und ragen an ihm hoch mit einem fast geschlossenen Blattwerk.

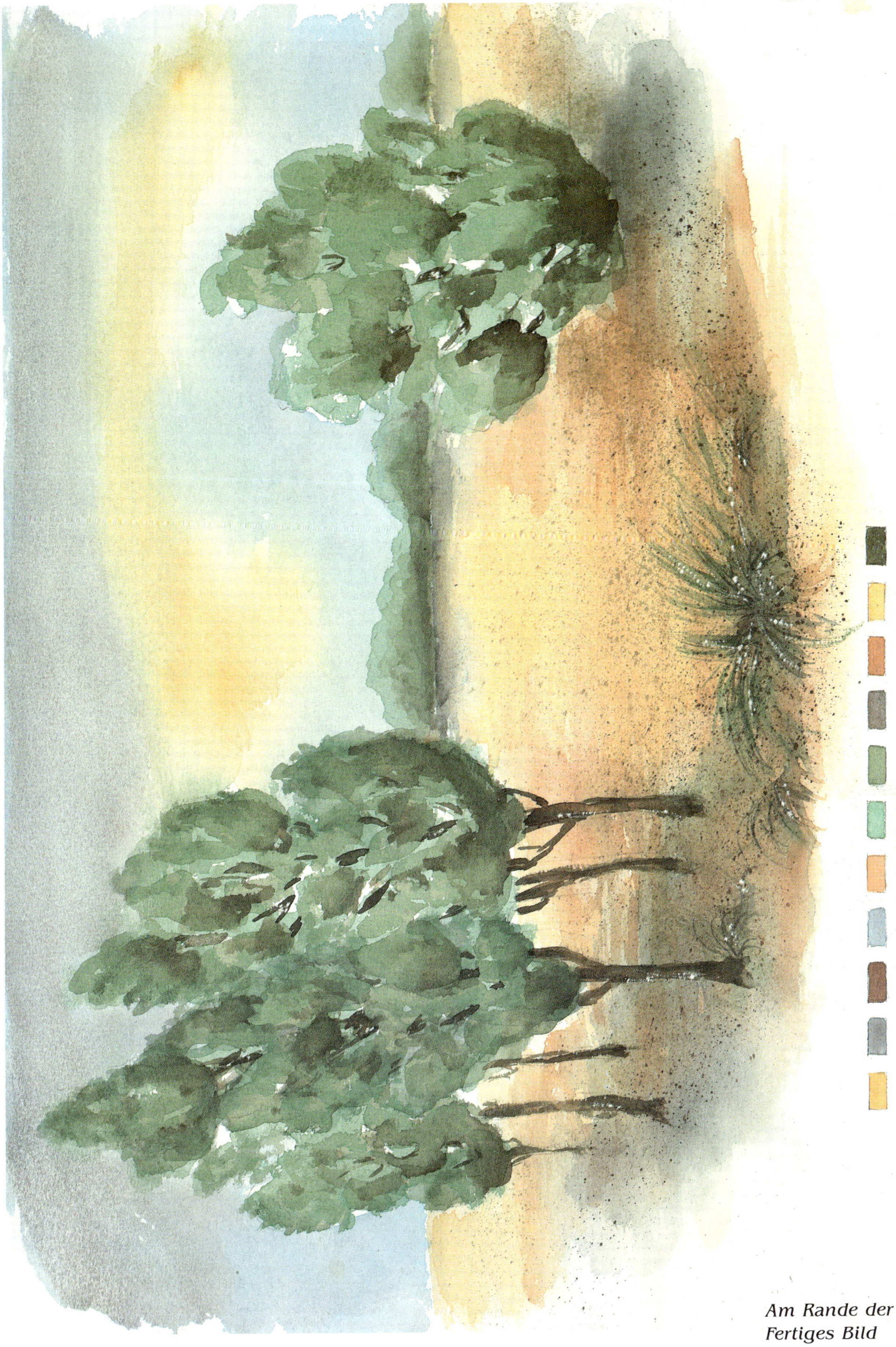

Am Rande der Heide
Fertiges Bild

Schritt 1

Als Vorzeichnung reicht der Umriß der Bäume und Büsche. Zu prüfen ist vor dem Malen die Perspektive. Man zieht, wenn es notwendig ist, die Stämme der Pappeln etwas länger aus. Der Himmel soll eine ineinanderfließende Farbpalette aufweisen, wobei das Papier vor dem Malvorgang an dieser Stelle mit dem Wasserpinsel leicht angefeuchtet wird. Pfützen sollen nicht auf dem Papier stehen bleiben. Warten Sie einige Minuten, damit das Wasser einziehen kann. Lichter Ocker ist die erste Farbe, die mit einem Pinselschwung auf das Papier gebracht wird. Das dunklere Himmelblau wird aus Coelinblau und Englischrot gemischt und am oberen Bildrand von links nach rechts gezogen. Die Farben sollen weich ineinander fließen. Waschen Sie den Pinsel aus und verfahren Sie genau wie bei der Verlaufstechnik. Der untere blaue Himmelsrand wird aus Coelinblau mit ein wenig Englischrot gemischt und am unteren Rand angesetzt und weich zum Lichten Ocker hin verzogen. Es ist außergewöhnlich, vier Farbtöne für den Himmel einzusetzen.

Schritt 2

Für den Vordergrund nimmt man eine Mischung aus Englischrot und Lichtem Ocker und arbeitet von unten nach oben in der Verlaufstechnik, so daß die Farbe kurz vor der Baumreihe im Hintergrund ganz transparent ist. Wiederum erzielt man durch das Auswaschen der Farbe eine Tiefe im Bild, die der Betrachter als Weite wahrnimmt. Ist diese Farbschicht gut getrocknet, beginnt man mit den Bäumen. Im Vordergrund stehen die Pappeln, im Hintergrund eine Baumreihe und rechts die Wachholdergruppe. Da keine grüne Farbe verwendet werden soll, mischt man sich aus Coelinblau und Lichtem Ocker einen blaugrünen Farbton. Damit wird die hintere Baumreihe leicht über den Blauton gezogen. Die Pappeln werden mit leicht gebogenem Pinselstrich angedeutet, wobei im Blattwerk viel weißer Papiergrund stehen bleiben soll. Die Form des Baumes soll später bearbeitet werden, nachdem die Äste und Stämme gemalt sind. Bis jetzt konnten wir mit dem Großen Pinsel arbeiten, doch beim nächsten Schritt wird Stärke 6 genommen.

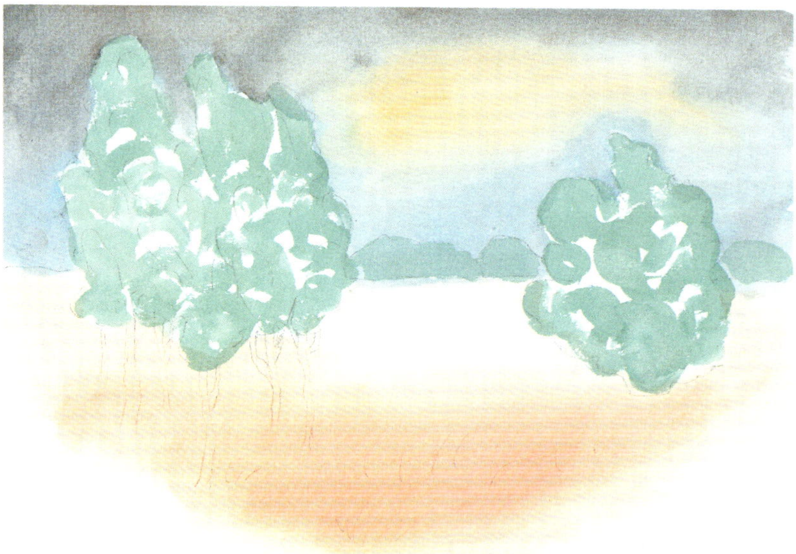

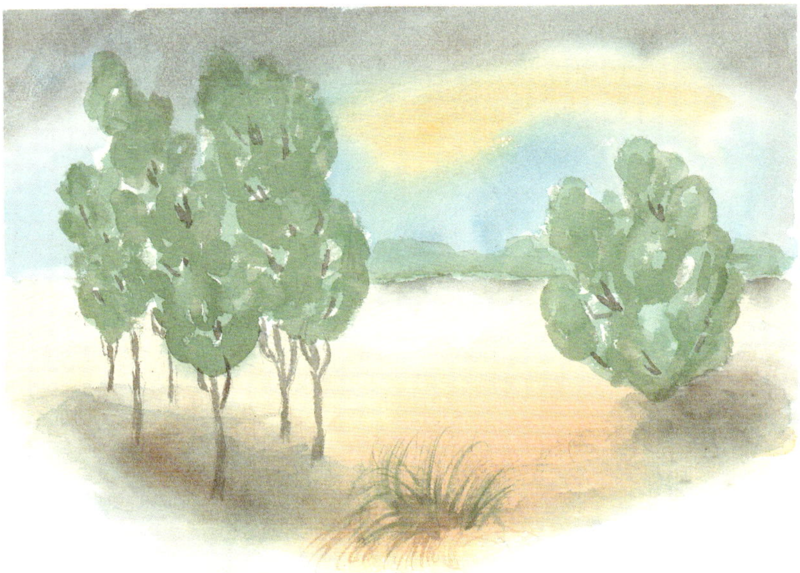

Schritt 3

Die erste grüne Grundfarbe ist auf die Bäume aufgetragen und getrocknet. In diesen Farbton wird Umbra gebrannt gemischt. Wir versuchen nun die drei Pappeln im Vordergrund zu malen. Die anderen drei treten zurück und werden nur vage wahrgenommen. Die Baumreihe im Hintergrund wird nur am unteren Rand gemalt und in der Verlaufstechnik nach oben gezogen. Nachdem Form in die Pappeln gebracht wurde, mischt man in Umbra gebrannt Coelinblau für die Stämme und Äste. Nehmen Sie den Pinsel locker in die Hand, so daß nur die äußerste Spitze das Papier berührt, und ziehen Sie die Äste in die Pappeln. Unter den Pappeln und der rechten Wachholdergruppe wurden Schatten in dem dunklen Himmelsfarbton angelegt.

Schritt 4

Der Vordergrund bekommt nun eine strahlende Struktur aus einer Mischung von Lichtem Ocker und Englischrot. Wie Sie auf dem fertigen Bild sehen können, werden Striche von links nach rechts gezogen. Nur in der Mitte werden diese vermieden. Da diese verhältnismäßig schnell trocknen, ziehen Sie Lichten Ocker transparent als Lasur über die Mitte. So wird das Licht vom Himmel unten fortgesetzt.

Wiederholen Sie diesen Farbauftrag, wenn die Farbe nach dem Auftrocknen zu blaß wirkt. Zuletzt zieht man noch aus dem vorhandenen Grün Gräser in den Vordergrund und wartet bis alles gut getrocknet ist. Nun kommt ein wichtiger Farbton: Umbra, Englischrot und ein wenig Coelinblau werden zu einem tiefen Braunton gemischt und bei den unteren Ästen und Stämmen der Wachholdergruppe und an der Baumreihe im Hintergrund eingesetzt. Sie arbeiten dabei aus dem Schatten heraus und ziehen einige Konturen an den Baumstämmen nach. Im Vordergrund wird dieser Farbton aufgespritzt, um ihn lebendiger erscheinen zu lassen. Man macht dies folgendermaßen: Decken Sie den oberen Teil des Bildes ab. In den dunklen Farbton tauchen Sie den trockenen Borstenpinsel hinein, nehmen ihn in die linke Hand und spritzen mit der rechten Hand aus den Borsten Farbspritzer auf das Papier.

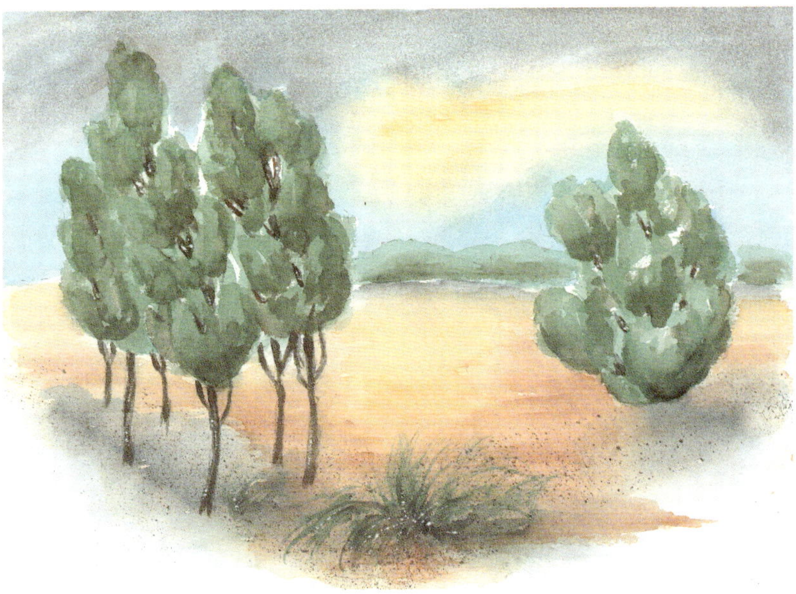

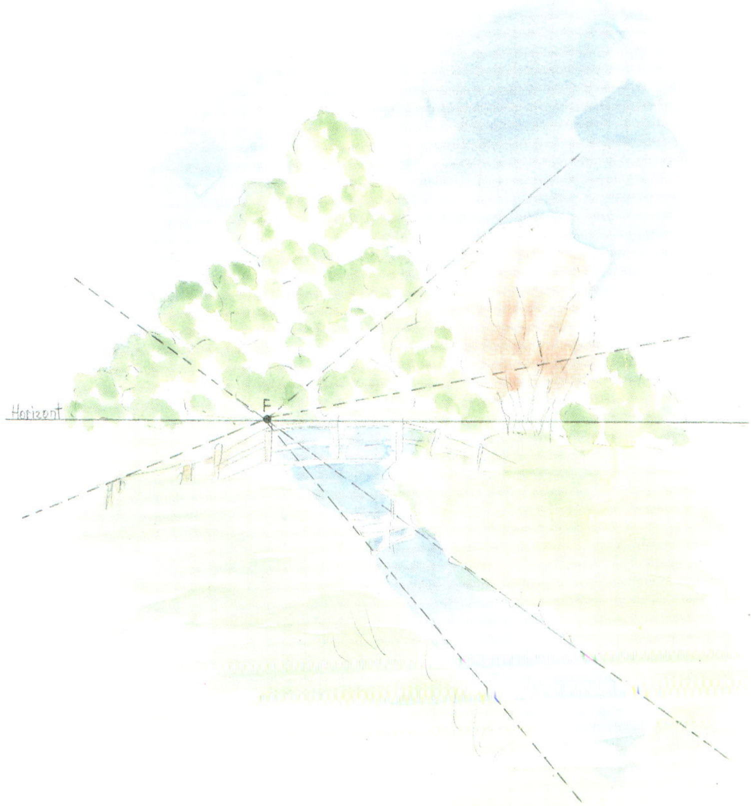

Horizont und Fluchtpunkt

Zuerst schaut der Betrachter zur Bildmitte. Sein Blick wird magisch angezogen. Die Diagonalen steigen oder fallen zum Fluchtpunkt auf dem Brückenpfosten. Von ihm laufen die Fluchtlinien den Bachlauf entlang. Die Horizontlinie verläuft von links unterhalb der Büschen nach rechts, wo sie etwas in der Luft hängt. Dieses Bild kommt auch ohne den Fluchtpunkt aus. Aber er dient einer besseren Erklärung der Konstruktion.

Geländerskizze

Sie nehmen diese Geländerskizze als Beispiel und üben zunächst auf einem Stück Papier den Hintergrund des Geländers dunkler zu malen und das Holz weiß stehen zu lassen. Hätte das Holz eine braune Tönung, würde es vor dem Hintergrund nicht mehr auffallen.

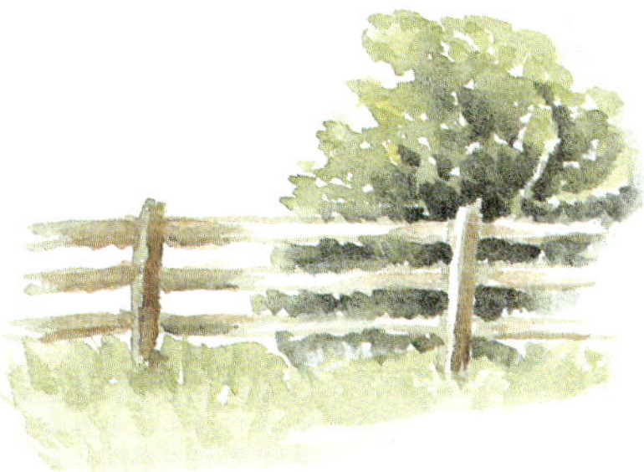

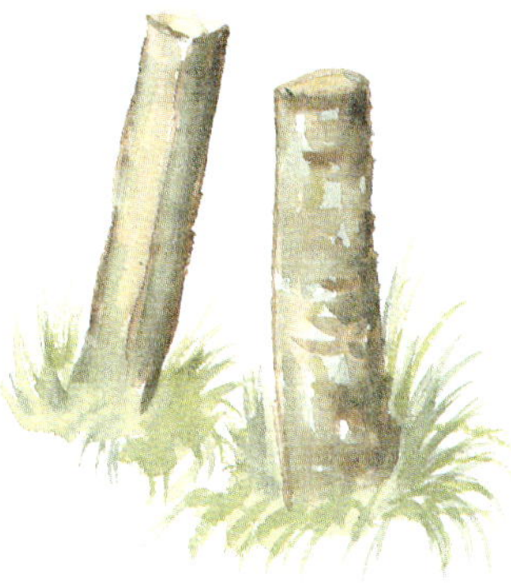

Am Mühlenstreek

Sicher sind Sie schon oft durch die Landschaft gewandert und haben Bäume, Bäche und Brücken in großer Zahl gesehen, sind stehen geblieben und haben ein besonders schönes Motiv in sich aufgenommen. So erging es mir auf einem Spaziergang in Fischerhude. Die Bildmitte ist durch den Schatten des großen Baumes und durch den tiefliegenden Bach mit seinem geheimnisvollen Grund in Dunkelheit getaucht. Die kleine Brücke mit dem Geländer ist typisch für diese Norddeutsche Landschaft. Beim Malen ist es wichtig, das Brückengeländer vor dunklem Hintergrund weiß stehen zu lassen und nur an ein paar Punkten mit Farbe anzudeuten. Die Spiegelung im Wasser lockert das Bild auf und ist Blickfang zugleich. Es war ein warmer Tag Ende Mai. Ich stellte mich zum Zeichnen in Augenhöhe des Geländers auf eine kleine Bodenwelle, um einen besseren Überblick zu haben. Als ich die Zeichnung später in Farbe umsetzte, entschied ich mich für die Tupftechnik an den Bäumen. Das Gras bekam eine großzügige Struktur mit schnellen Pinselstrichen, die die Bodenunebenheiten darstellten.

Gemalt wird mit den Farben: Lichter Ocker, Umbra gebrannt, Ultramarinblau feinst, Englischrot und Chromoxidgrün. Die Pinsel haben die Stärke 8 und 4.

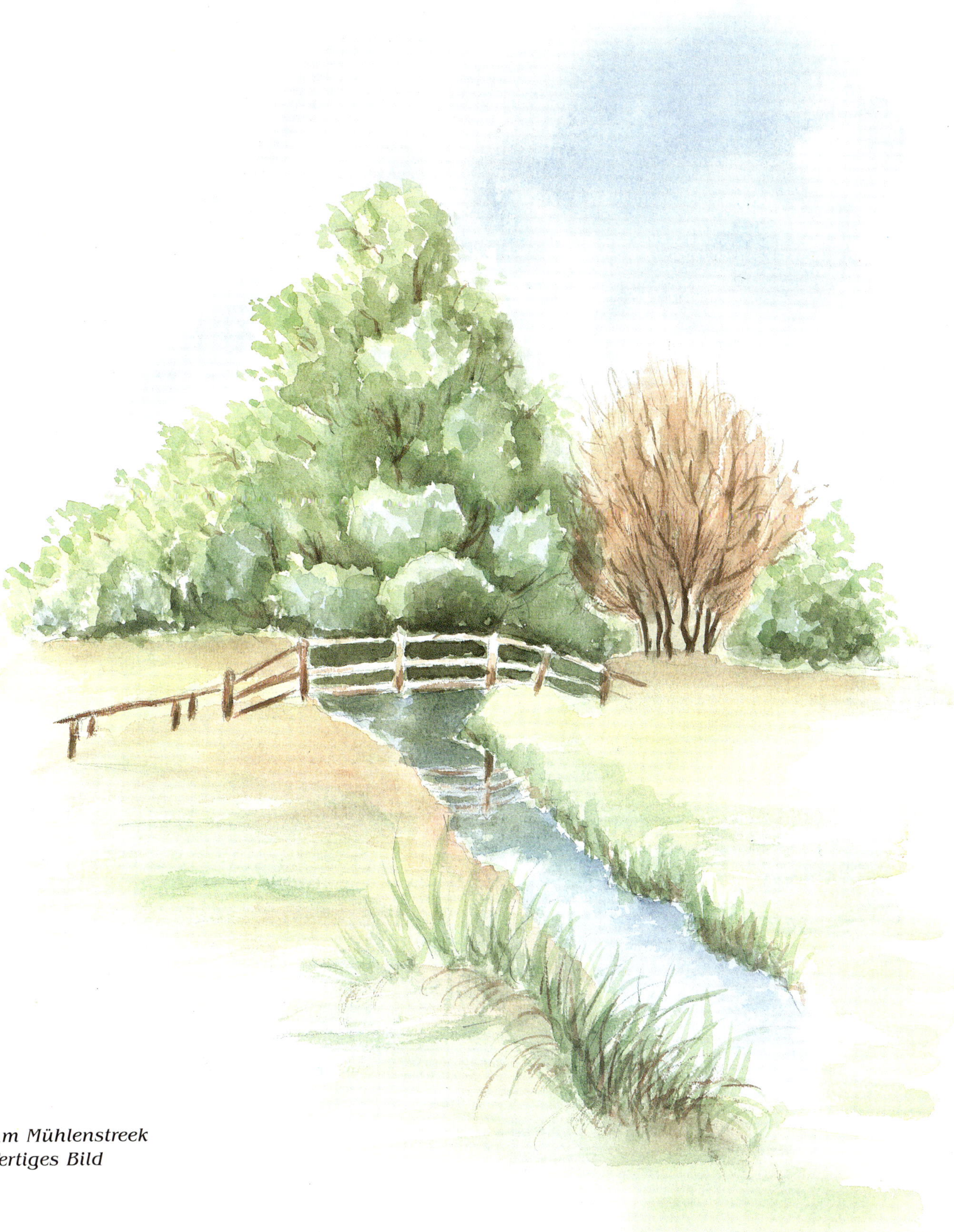

Am Mühlenstreek
Fertiges Bild

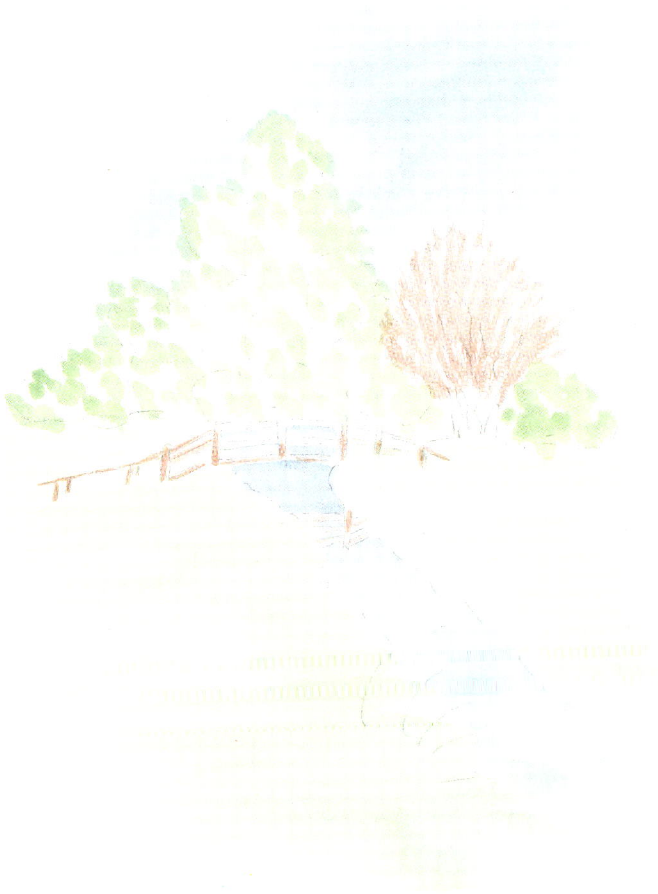

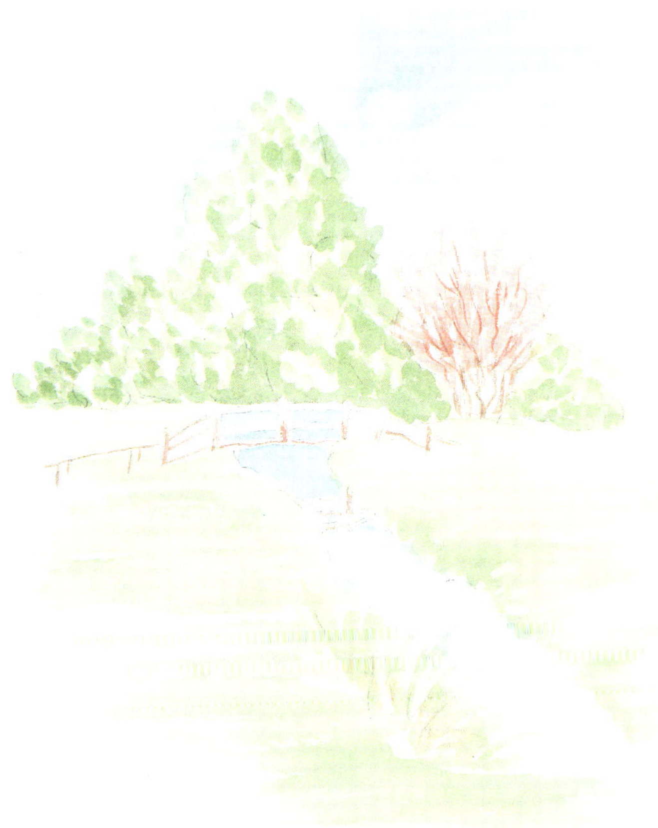

Schritt 1

Nach einer sehr leichten Vorzeichnung, die am besten nur das Geländer andeutet, beginnen wir mit dem Himmel. Man nimmt hierzu Ultramarin und etwas Umbra, mischt diese Farben zu einem schönen strahlenden Himmelsblau. Feuchten Sie zuvor um die Bäume herum das Papier etwas an, und setzen die Farbe ein. Der Bach bekommt den gleichen Farbton. Man mischt nun den ersten Grünton aus Chromoxidgrün und Lichtem Ocker zu einem sanften, aber satten Grün. Man beginnt mit dem Vordergrund in Strichlagen von links nach rechts, die nur vom Wasser unterbrochen werden. Die Bäume werden auf folgende Weise gemalt; Der dicke Pinsel wird von innen nach außen flach gedrückt und im Kreis um den Baum herum getupft. Dieser Vorgang kann am Schluß an den äußeren Zweigen noch einmal wiederholt werden, um so den gewaltigen Baum aufzulockern. In die zweite Grüntönung geben Sie Umbra gebrannt und setzen die Tupfer unterhalb der ersten Bögen ein.

Schritt 2

Die Blätter des rötlichen Baums, wahrscheinlich ein Nußbaum, schlugen gerade aus. Sie mischen Englischrot mit viel Wasser und streifen vor dem Malen den Farbpinsel ab, um Farbe sparsam einzusetzen. Von innen nach außen ziehen Sie fast trocken Äste. Die gleiche Farbe wird am linken Teil des Geländers benutzt.

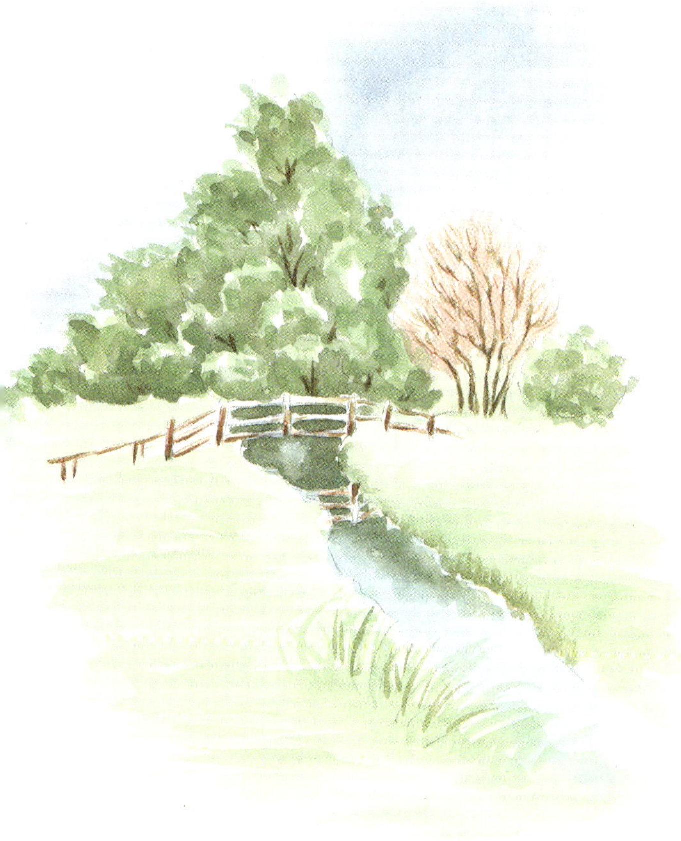

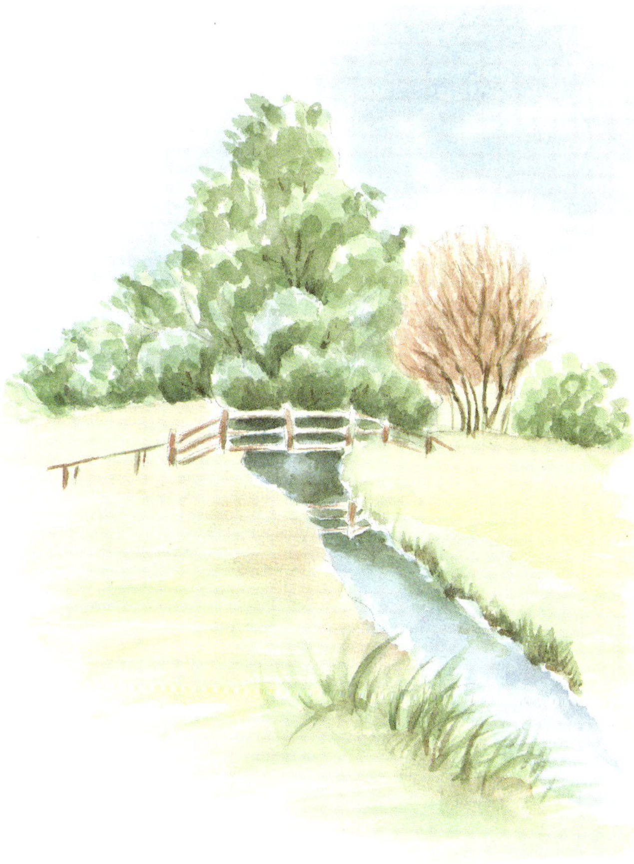

Schritt 3

Zur Herstellung des tiefdunklen Grüntons, der in Bäumen und vor allen zwischen dem Geländer und im Bach gemalt wird, mischt man Chromoxidgrün, Umbra und Ultramarin ziemlich konsistent. Den Bach malt man nicht bis zum Uferrand aus, sondern läßt in unregelmäßigen Abständen den hellen Farbton stehen. Die Äste im großen und im roten Baum werden in der Mitte mit Umbra ausgezogen.

Schritt 4

Die Gräser im Vordergrund malt man in den vorhandenen Grüntönen, von hell bis dunkel. Sie werden ebenfalls mit tiefen Farbtönen unterlegt. Im Bach kann noch etwas Blau nachgearbeitet werden. Am Schluß meiner Arbeit erschienen die Grasflächen eintönig. Deshalb wurde noch Englischrot und Lichtes Ocker darübergezogen.

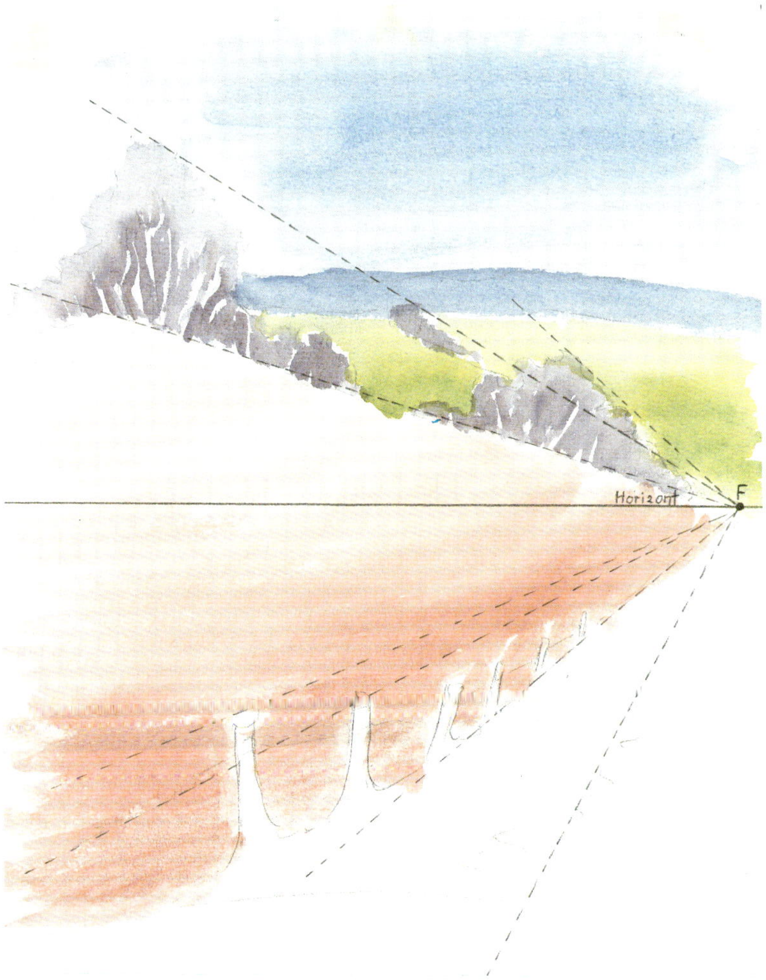

Konstruktion

In dieser Konstruktion verläuft die Horizontlinie vor dem roten Berg in der Talsohle. Sie entspricht der Augenhöhe. Die Anordnung der Pfosten wird etwas verändert, um sie gefällig ins Bild zu setzen. Es gibt nicht viele Fluchtlinien, auf die besonders zu achten wäre, da es nur einen Fluchtpunkt gibt.

Pinienskizze

Dies ist eine komponierte Darstellung in eigenen Farbwerten. Gemalt wurden Pinien der Mittelmeerküste. Die Skizze geht ins Abstrakte und Unreale.

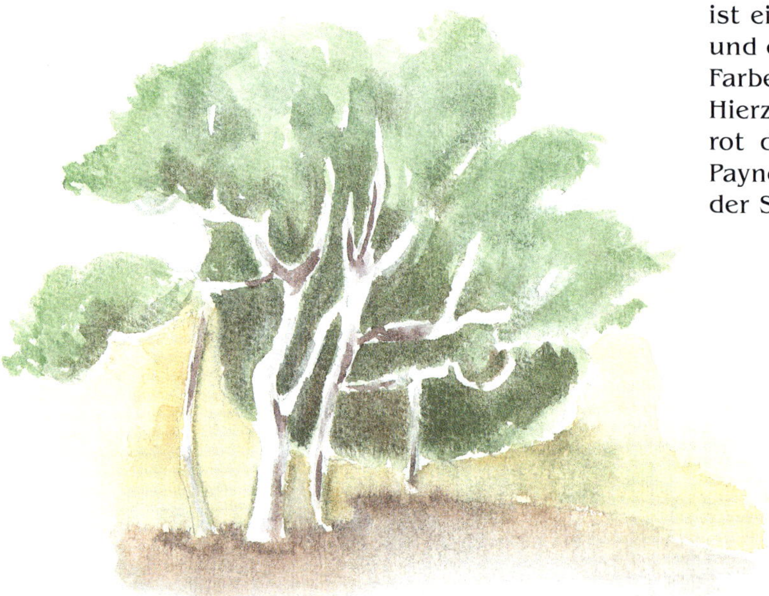

Am roten Berg

Dieses weite, rote Feld mit violetten Büschen am Wege, wirkt ein wenig unreal. Dennoch gibt es Lichtverhältnisse, die alles so wirken lassen. Dies ist eine gute Übung für den Umgang mit Farben und entsprechenden Tonwerten. Warme und kalte Farben kommen in unterschiedlichen Anteilen vor. Hierzu werden die Farben Kadmiumgelb, Englischrot dunkel, Umbra gebrannt, Ultramarin feinst, Paynesgrau und Chromoxidgrün sowie die Pinsel der Stärke 4 und 8 verwendet.

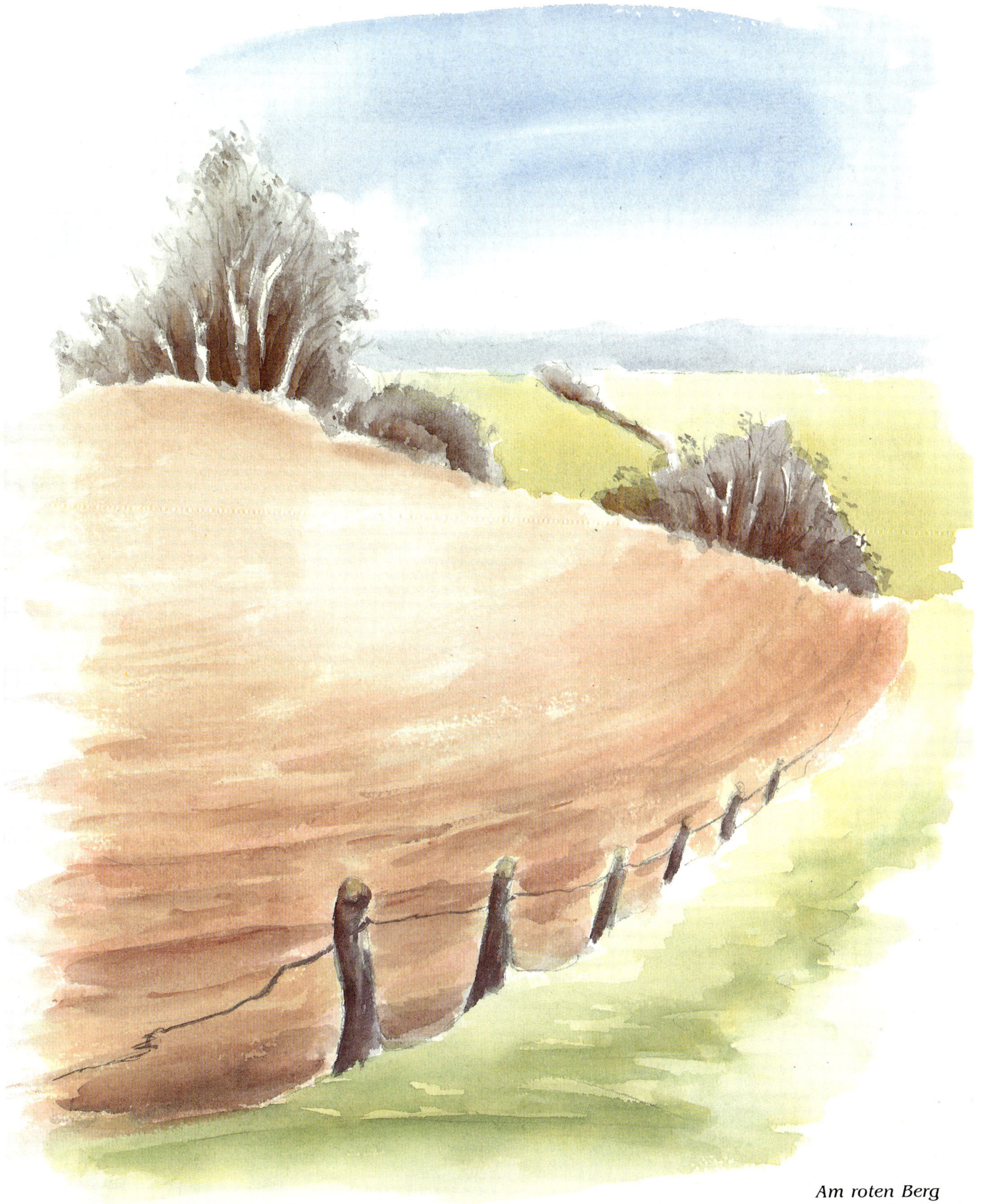

Am roten Berg
Fertiges Bild

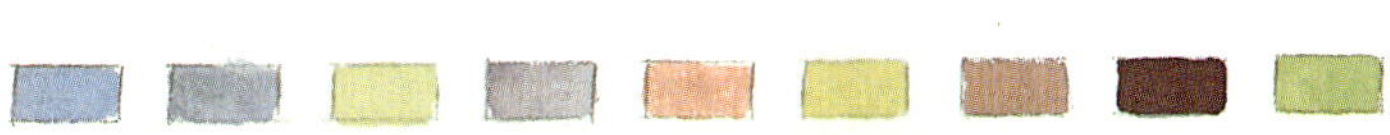

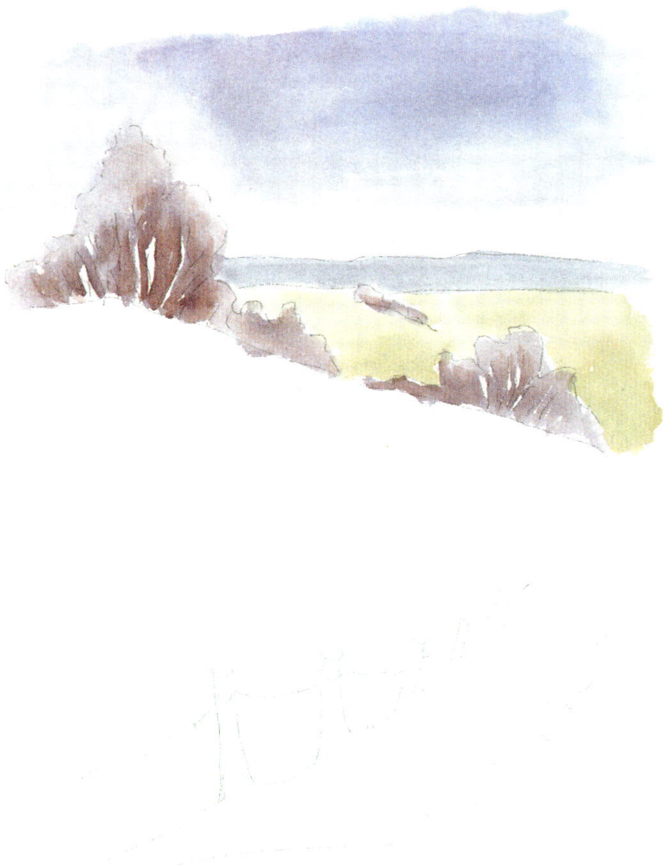

Schritt 1

Fertigen Sie eine einfache Bleistiftskizze mit den wichtigsten Linien an. Mit klarem Wasser befeuchtet man den Himmel und setzt eine Mischung aus Ultramarin und Paynesgrau ein. Für den entfernten Bergrücken im Hintergrund mischt man noch etwas mehr Paynesgrau hinzu und malt ihn sehr transparent. Die zartgrünen Felder im Mittelgrund und später im Vordergrund haben eine Mischung aus Chromoxidgrün, Kadmiumgelb und etwas Umbra. Die Felder werden in der Verlaufstechnik gemalt, wobei nach der ersten Lasur noch einmal der gleiche Farbton am unteren Rand als Verstärkung eingetupft wird.

In den Büschen sparen wir die Baumstämme aus und lassen den weißen Papiergrund stehen. Das sieht gut aus, wirkt dadurch etwas unreal. Sind die Büsche trocken, malt man sie mit dem gleichen Farbton von innen nach außen nochmals nach, da beim ersten Mal noch keine Tiefen entstanden sind.

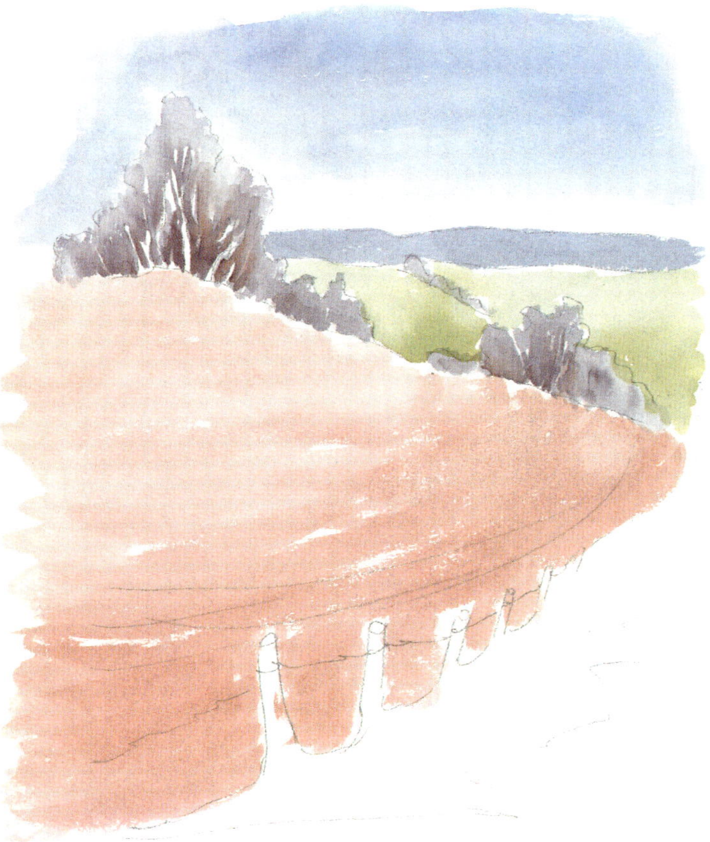

Schritt 2

Lassen Sie das Bild gut trocknen, bevor mit dem roten Acker begonnen wird. Dafür wird mit Englischrot, mit viel Wasser verdünnt, in der Verlaufstechnik gearbeitet und von rechts nach links und zur Bergspitze heller werdend gemalt.

Schritt 3

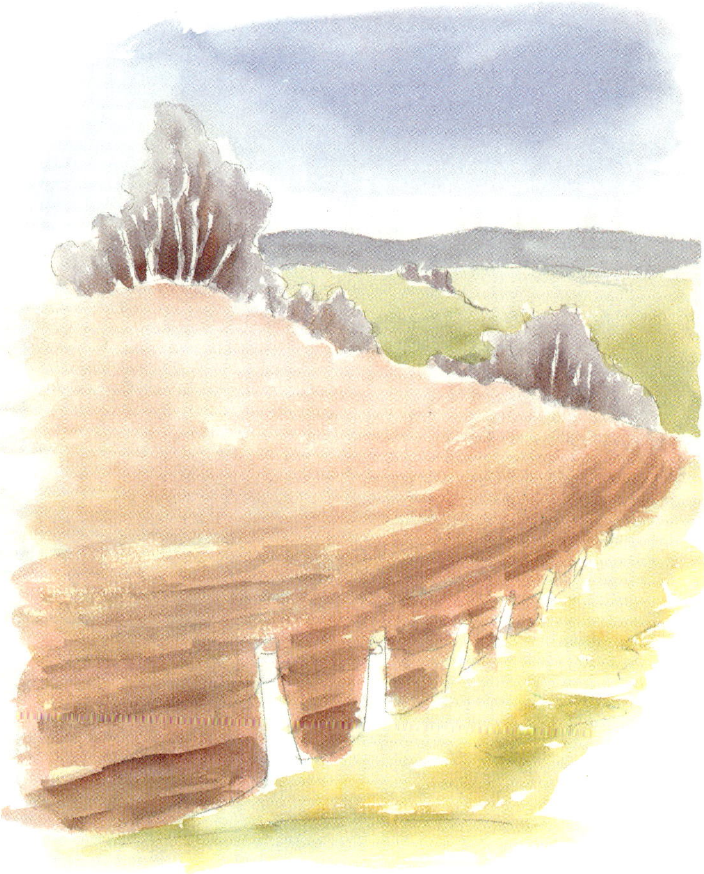

Für das zarte Grün im Vordergrund mischt man Chromoxidgrün, Umbra und Kadmiumgelb zu einer strahlenden Farbe und setzt sie in Strichlagen von rechts nach links ein. Nicht von oben nach unten malen! Für den Acker nehmen wir den Pinsel der Stärke 8, um die geschwungenen, leicht unterbrochenen Furchen zu ziehen. Ins Englischrot wird ein wenig Ultramarin gegeben. Wir setzen den Pinsel rechts unten an und ziehen eine etwas abgehackte Linie zwischen den Pfosten hindurch. Rechts angekommen, sollte kaum noch Farbe im Pinsel sein. Man zieht mit dem Wasserpinsel an diesen Strichen entlang und verwischt somit eine Linie. Unter den Bäumen und Büschen auf dem Hügel legen Sie mit gleicher Farbe etwas Schatten und verziehen den Strich solange, bis er nicht mehr als solcher zu erkennen ist.

Wichtig ist es danach vor allem, das Bild trocken werden zu lassen, um die zarte Grünlasur keilförmig von links nach rechts im sehr transparenten Grünton bis zur Mitte des Berges zu überziehen.

Schritt 4

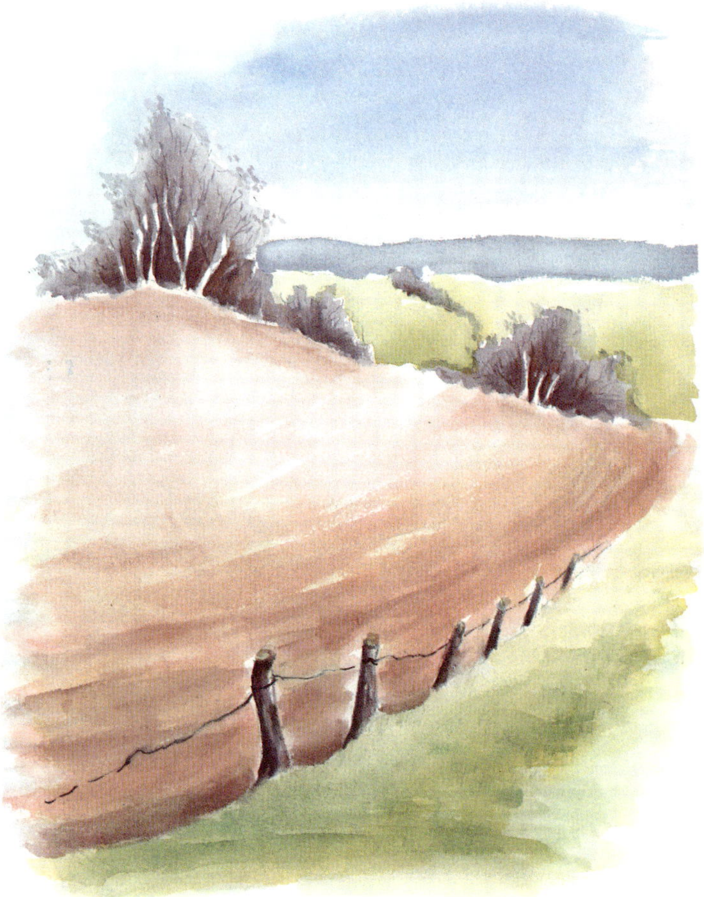

Nun kommt wie stets die Feinarbeit. Jeder Künstler macht die Detailarbeit am Schluß, da diese nur auf trockenem Papier durchgeführt werden kann. In das Violett der Büsche mischen Sie noch etwas Ultramarin, um eine tiefdunkle Farbmischung zu erhalten, mit der auch die Pfosten im Vordergrund und der Draht gemalt werden. Dieser Farbton wird stark verdünnt. Dann tupft man um die Bäume einige Blätter herum. Eine saftige Grünmischung aus den schon aufgeführten Farben wird in kurzen, wieder verwaschenen Strichen rechts außen auf die Wiese gebracht. Man macht dabei die Erfahrung, daß schon eine kleine Veränderung im Mischungsverhältnis genügt, um einen kalten oder warmen Farbton bei den roten und violetten Farben zu bekommen.

Spätsommer

Der Sommer geht zur Neige und die Tage werden kürzer. Um so erfreulicher ist es, eine Spätseptemberstimmung im Bild einzufangen. Das ist nicht so leicht getan, wie es den Anschein erweckt. Das Laub der Birken färbt sich von gelb bis goldgelb und nur in der Mitte sind noch ein paar grüne Blätter zu sehen. Die Farben in der Natur sind etwas gedämpfter als noch vor einem Monat. Scharlachrote Hagebutten und andere Beerenfrüchte bilden am Wegrand hübsche Farbkleckse im hellen Sonnenschein. Die Birkenstämme werden mit einer Wachsschicht überzogen, um das geheimnisvolle Weiß und Schwarz so natürlich wie möglich darzustellen. Entsprechend wird in der weitentfernten Birkengruppe an der Horizontlinie verfahren. Eine Konstruktionsskizze wird nicht vorgegeben, da dieses Bild in zwei Ebenen aufgebaut wurde. Die Steine bilden eine gerade Linie im Vordergrund. Dahinter kommt die Horizontlinie als zweite Ebene. Neben dem erwähnten Wachsverfahren haben wir es in der Komposition noch mit der Granuliertechnik im Blattwerk der großen Birke zu tun. Wir nehmen dazu einen Naturschwamm.

Die verwendeten Farben sind Lichter Ocker, Englischrot, Ultramarin, Umbra und Paynesgrau. Man benötigt zwei Pinsel, die Stärke 4 und 8, einen Naturschwamm und weißes Kerzenwachs.

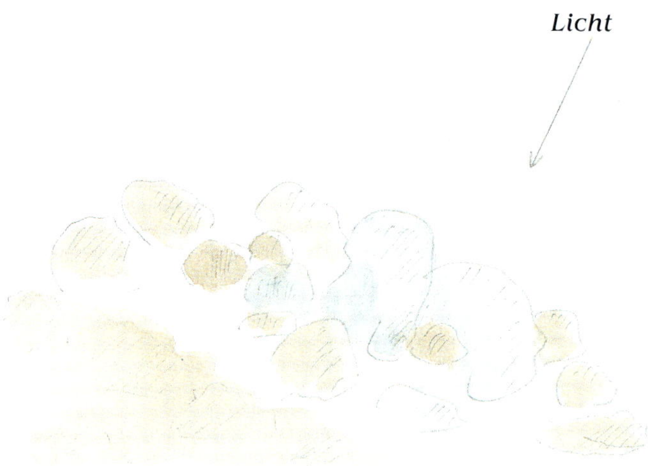

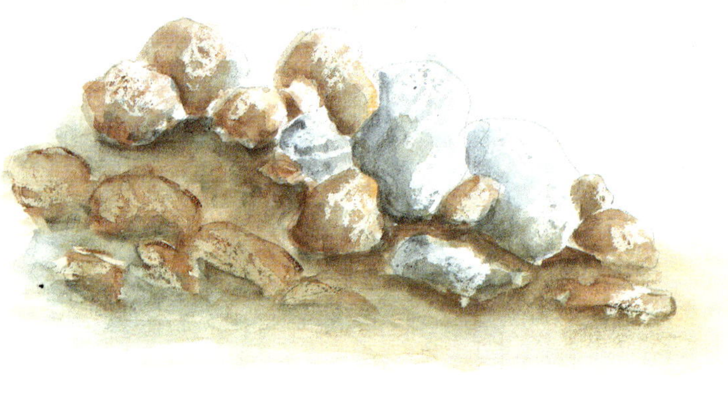

Steinskizze

Steinskizzen sind am einfachsten anzufertigen, wenn mit Wachs gearbeitet wird. Zwei verschiedene Farbtöne und etwas Lichter Ocker wurden dazu verwendet. Bei dem Bild soll der Eindruck entstehen, daß ein Stein den anderen stützt. An den gestrichelten Linien in der Zeichnung oben sieht man, wo das Wachs aufgetragen wurde.

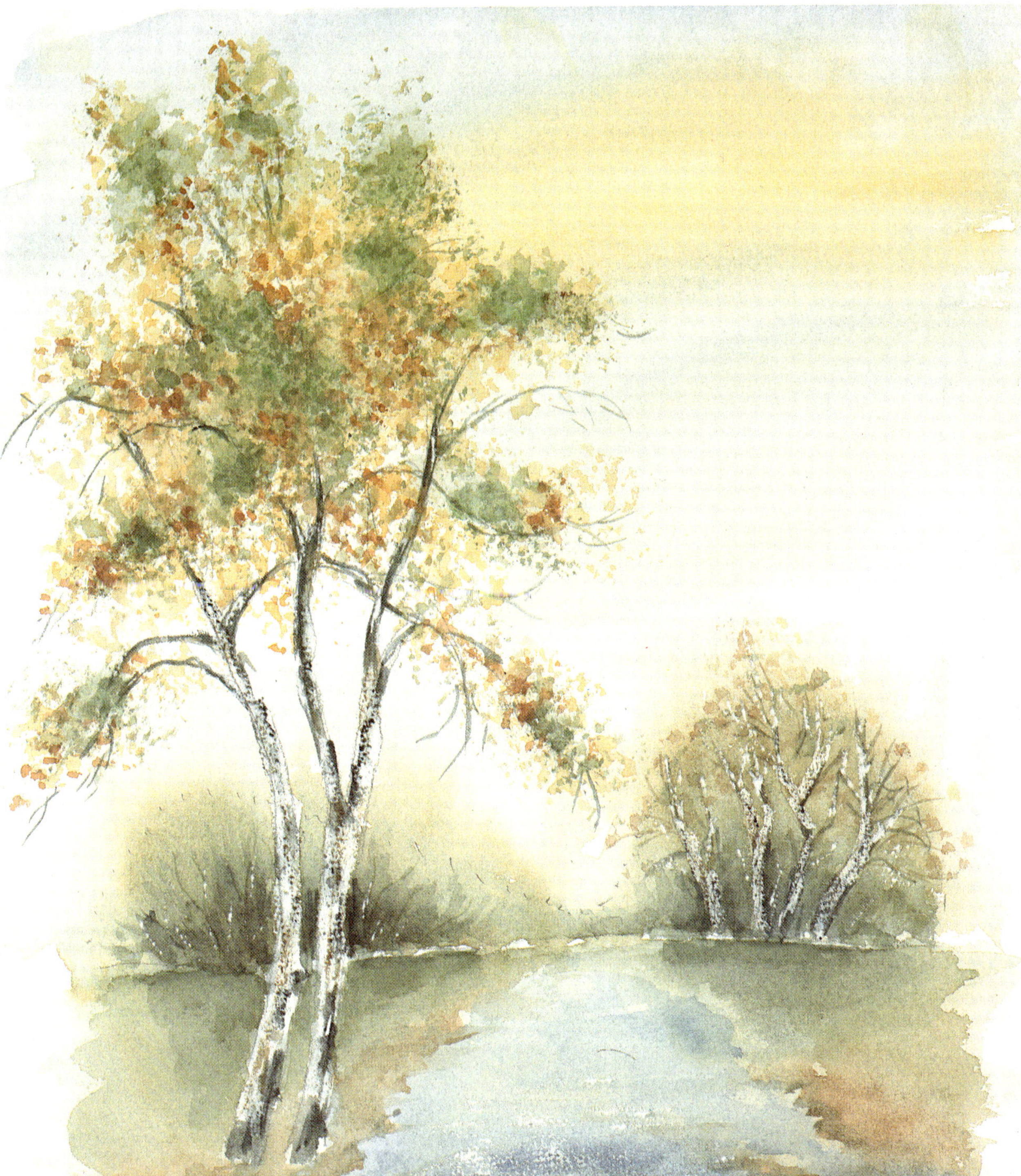

Spätsommer
Fertiges Bild

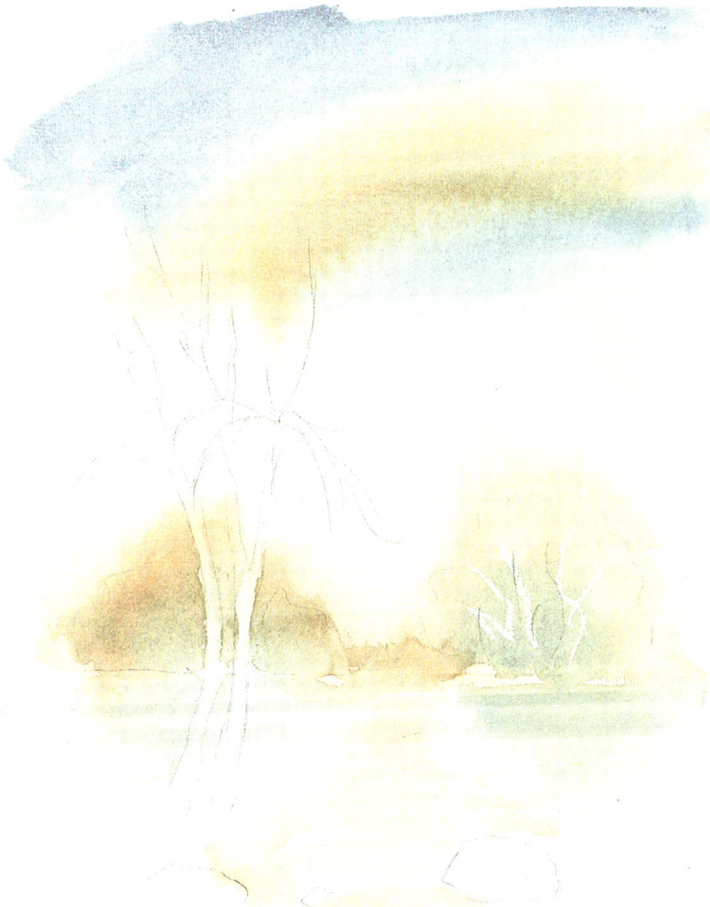

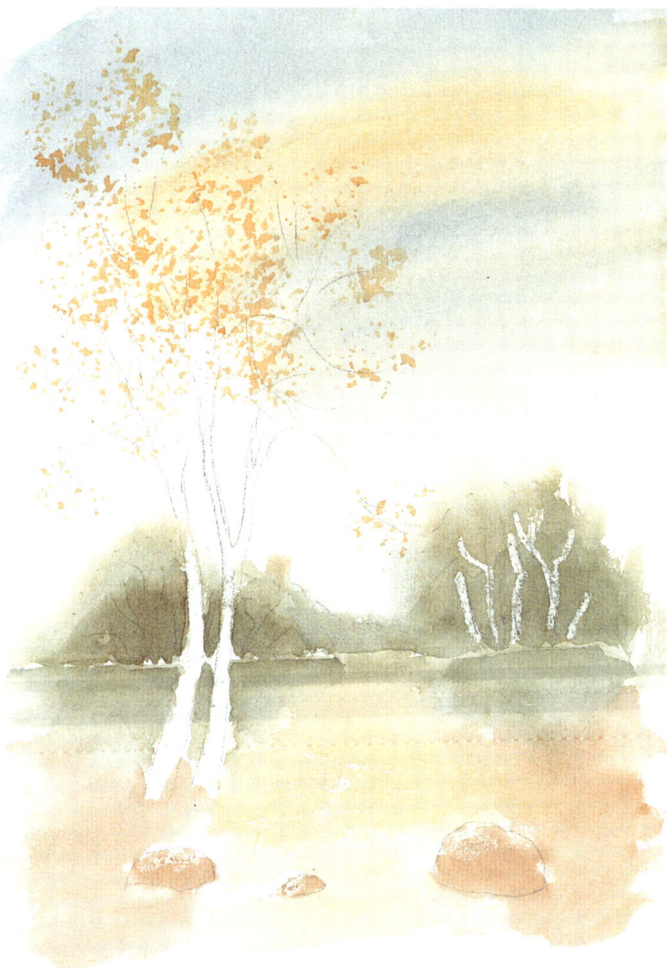

Schritt 1

Bevor wir mit dem Malen beginnen, wachsen wir zuerst die Stämme und Büsche. Die Steine und die Mitte des Wassers bekommen nur ein wenig Wachs ab. Vom Himmel bis zur Horizontlinie feuchtet man das Papier mit einem großen Wasserpinsel an, da von oben nach unten gearbeitet wird. Lichter Ocker wird auf dem Farbdeckel mit Wasser verdünnt und in den Himmel und um die Büsche herum eingesetzt. Danach mischen Sie Ultramarin mit Umbra für das Himmelblau und fügen es ober- und unterhalb des gelben Streifens ein. Man sollte darauf achten, daß eine ziemlich breite Zone weißer Papiergrund stehen bleibt, um die Tiefe im Bild zu verdeutlichen. Danach feuchten wir die untere Hälfte des Bildes an und bringen Lichten Ocker in den Mittelteil. Sie mischen ein zartes Grün aus Lichtem Ocker und Umbra und tupfen die Farbe in die Büsche oberhalb der Horizontlinie und spiegelverkehrt unter diese Linie. Nun soll das Bild etwas trocknen.

Schritt 2

Ein dunkleres Grün erhält man, in dem zum ersten grünen Farbton noch etwas mehr Umbra gemischt wird. Das Papier ist sicher noch etwas feucht, so daß das nächste Grün, welches oberhalb und unterhalb der Horizontlinie angesetzt wird, noch etwas in das erste Grün läuft. Achten Sie darauf, daß kein Farbrand entsteht. Sie ziehen mit einem abgetupften Pinsel an der Oberkante entlang, um diese Striche zu verziehen. Lichter Ocker wird die Grundlage im Blattwerk der Birken. Man tupft den trockenen Schwamm mit einer Seite in diese Farbe auf der Palette oder dem Farbkastendeckel und tupft vorsichtig von der Mitte aus in den Baum. Steine und seitliche Erde werden mit Umbra transparent überzogen.

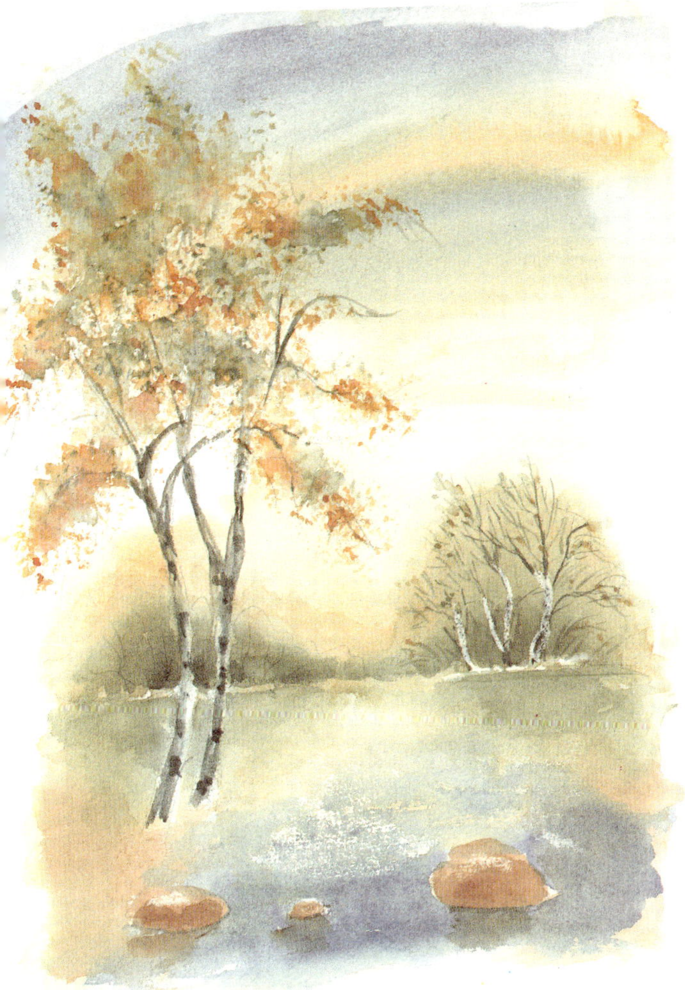

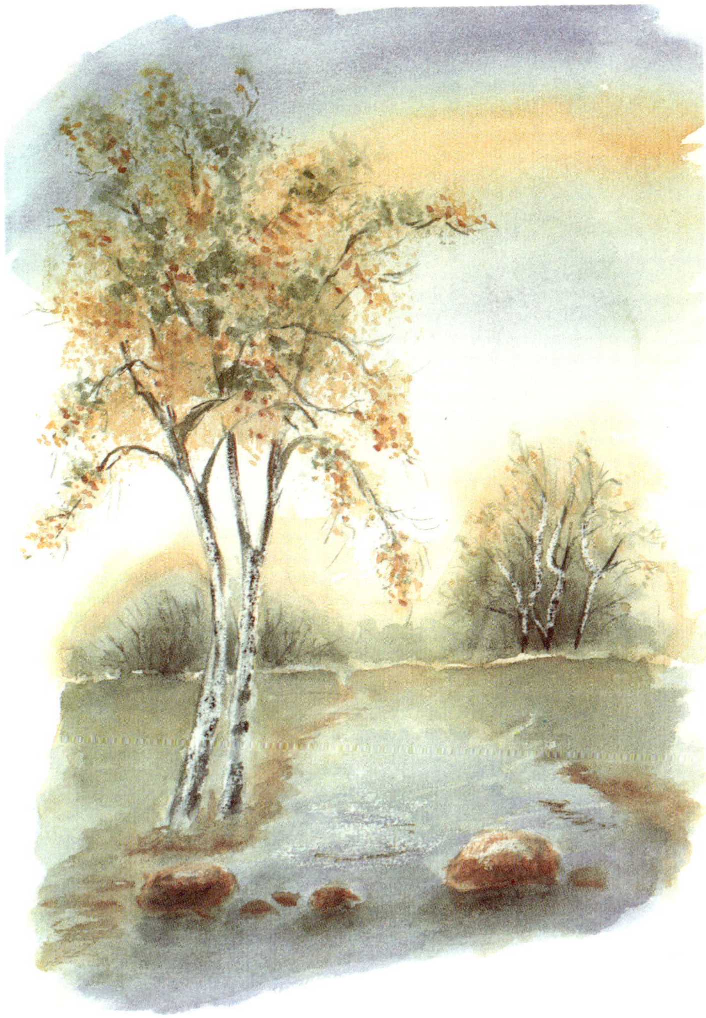

Schritt 3

Vom Himmelblau sollte man noch einen Rest haben, sonst muß er neu gemischt werden. Dieser Farbton wird als Wasser um die Steine herum eingesetzt. Die goldenen Blätter mischen wir uns aus Lichtem Ocker und Englischrot. Die Farbe wird mit dem Schwamm zwischen den ersten gelben Farbton getupft. Mit Farbe aus Umbra mit etwas Paynesgrau vermischt fahren Sie über die Birkenstämme, auch in der Gruppe im Hintergrund, wobei dort mit einem Pinsel der Stärke 2 zusätzlich Äste in gleichem Farbton gezogen werden.

Schritt 4

Nun sollte das Bild noch etwas Tiefe erhalten. Mit Umbra transparent fahren wir über die Flächen rechts und links vom Wasser. In Umbra werden Kanten gezogen. Ebenso müssen die Steine und das Wasser im Vordergrund Schatten erhalten. Mit dem dunklen Grünton tupft man einige Akzente zusätzlich als Blätter in den Baum.

Im Gartetal

Bei diesem Bild wird die reine Naß-in-Naß-Technik angewendet. Buntes Herbstlaub zwischen noch grünen Bäumen ist im Herbst keine Seltenheit. Ein dunkelgrüner, geheimnisvoller Tannenwald grenzt den Mittelgrund vom Hintergrund ab. Es ist ein frohstimmendes Bild, das zum Malen einladen will. Die rötlichen Farbtöne dürfen nicht zu sehr aus dem Bild fallen, darum dämpfen wir den Farbton. Die größeren Flächen wurden bewußt mit Lichtem Ocker gemalt, um einen Gegensatz zu den dominierenden Bäumen zu schaffen. Der kleine Wanderweg führt wie rein zufällig vom Betrachter weg. Er lädt zu einem Spaziergang ein.

Folgende Farben werden benötigt: Lichter Ocker, Englischrot, Umbra gebrannt, Ultramarin, Paynesgrau und Chromoxidgrün. Wir benötigen Pinsel der Stärke 2 und 8 sowie einen Wasserpinsel zum Anfeuchten des Papiers.

Birkenskizzen

Im Herbst können Birken auf einfache Art gemalt werden. Im Birkenwäldchen im linken Teil des Bildes wird der weiße Papiergrund für die Baumstämme ausgespart. Nur die Zwischenräume werden aus einer Mischung von Umbra und Englischrot gemalt. Später setzen Sie die markanten dunklen Rindenzeichnungen in die Stämme ein. Vorsichtig zieht man einige Äste in das Blattwerk. Die rechten drei Birken werden im Stamm hochgezogen und gemalt. Wenn die Farbe noch naß ist, malen wir mit einem dicken Pinsel bereits die trockenen Blätter großzügig ein. Für die Zeichnung an den Stämmen nehmen Sie Umbra und Paynesgrau gemischt.

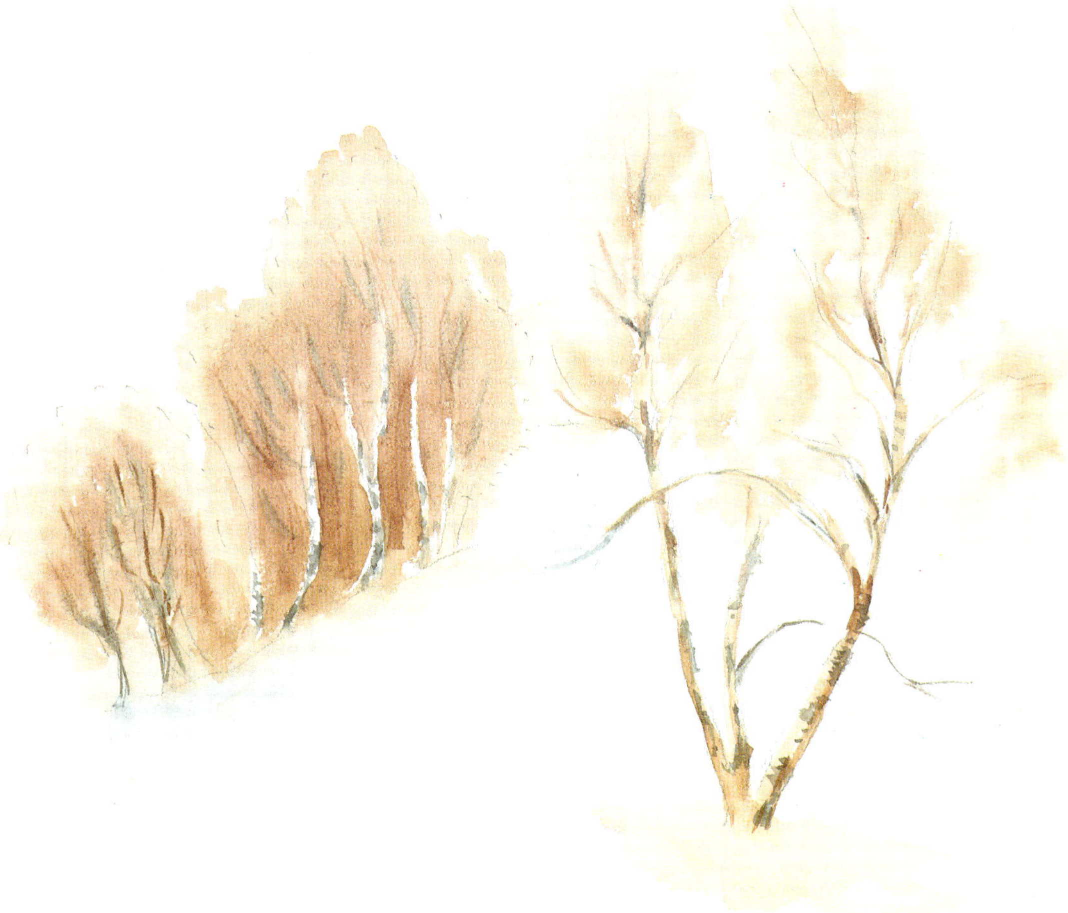

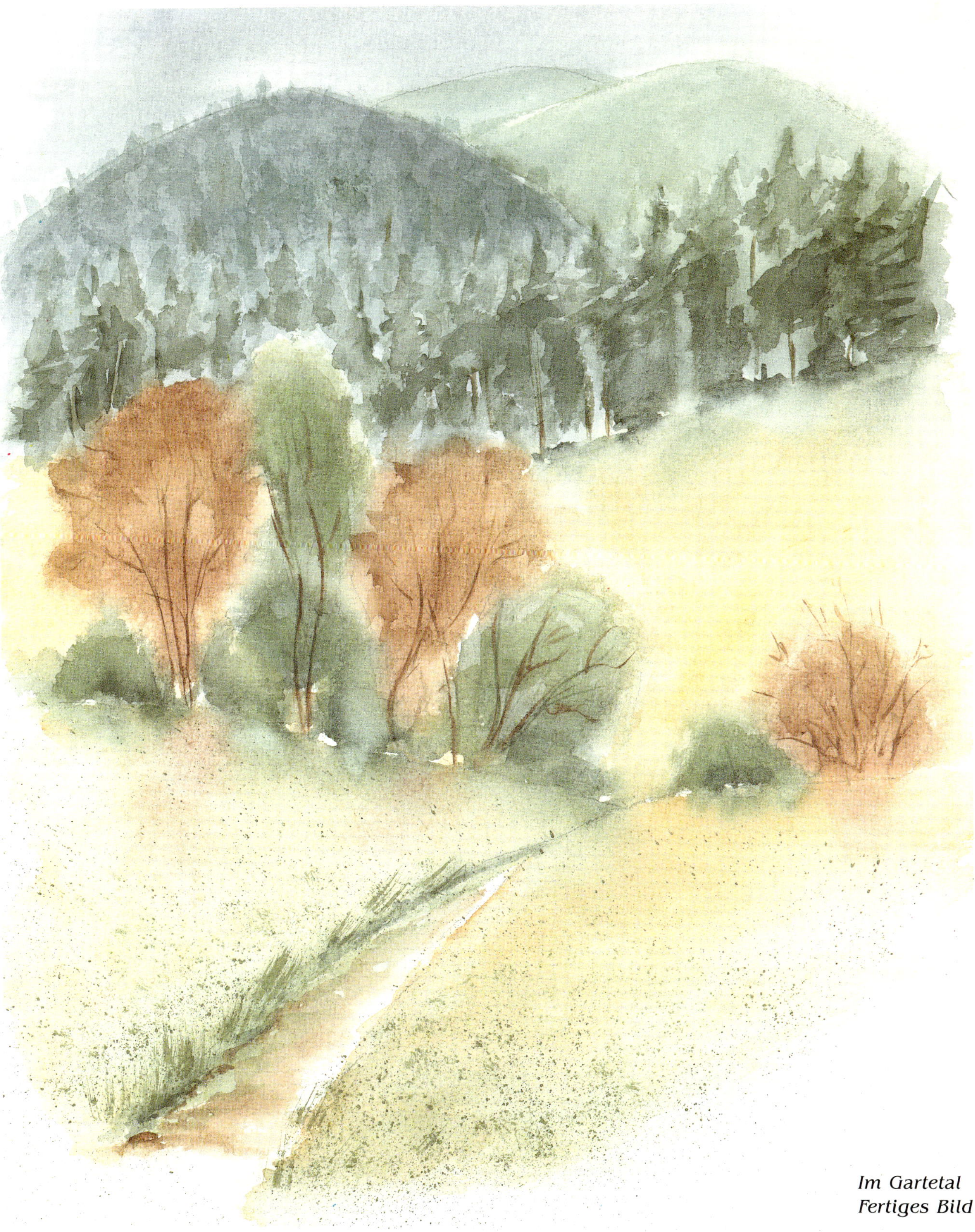

Im Gartetal
Fertiges Bild

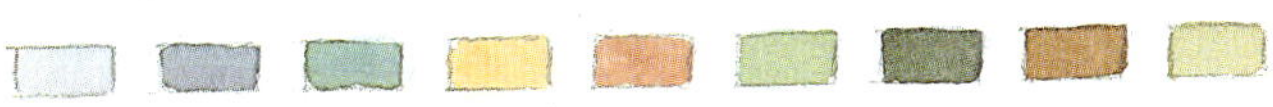

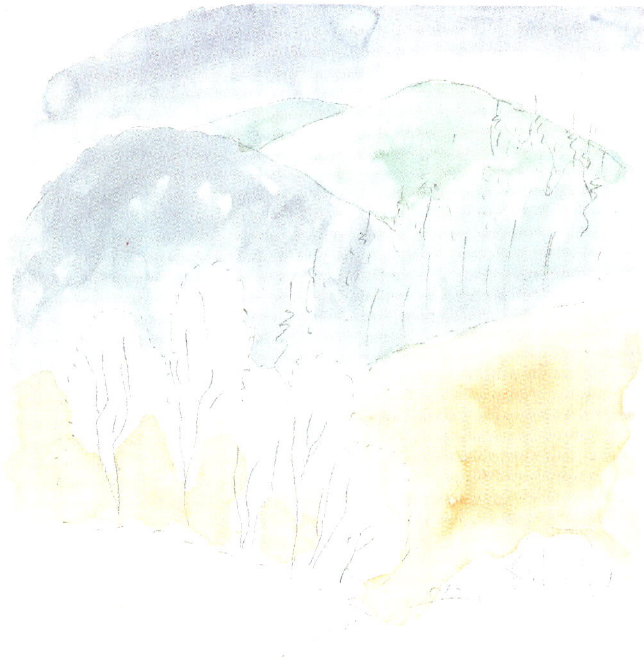

Schritt 1

Nach einer einfachen Vorzeichnung feuchten Sie den oberen Teil des Bildes an, nehmen Paynesgrau sehr transparent und malen den Himmel. Mit gleicher Farbe, nur etwas intensiver, wird der erste Berg gemalt. Für den zweiten hinteren Berg mischen wir in das Paynesgrau etwas Chromoxidgrün und fügen es ein. In die obere Fläche wird Lichter Ocker eingefügt, der an den Rändern gut verzogen werden soll. Jeder harte Rand schadet dieser Naß-in-Naß-Technik.

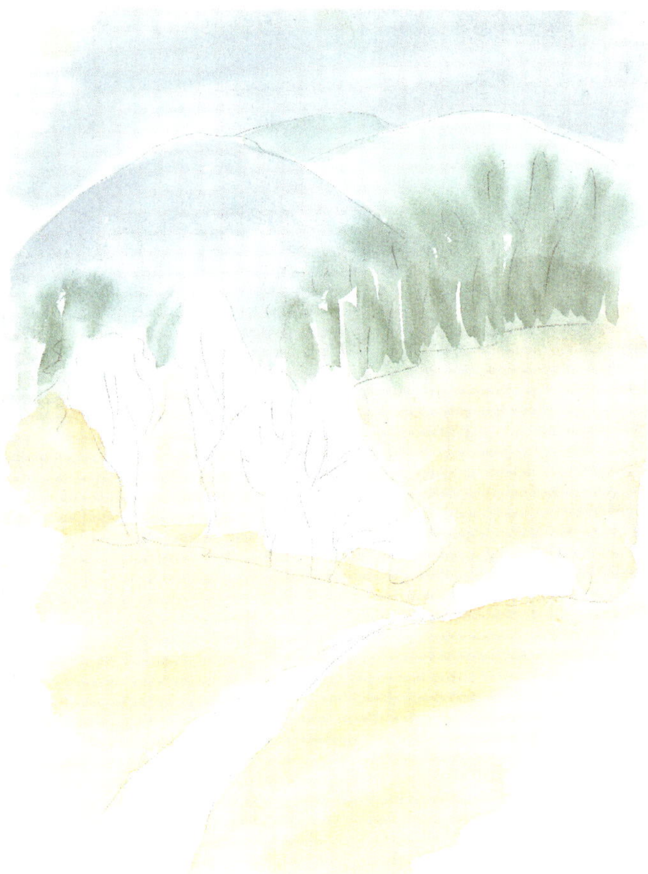

Schritt 2

Ist das Papier inzwischen etwas zu trocken, muß es vorsichtig nochmals angefeuchtet werden, um den Hochwald mit dem ersten Farbton anzudeuten. Alle Farbaufträge auf dem nassen Papier werden beim Trocknen tüchtig aufhellen. Deshalb ist es unbedingt erforderlich, von dem jeweiligen Farbton etwas übrig zu behalten, um neues Farbmischen zu vermeiden. Für die Tannen werden Paynesgrau, Umbra und Chromoxidgrün zu einem blaugrünen Farbton gemischt. Als letztes überziehen Sie die zwei großen Flächen im Vordergrund mit Lichtem Ocker.

Schritt 3

Das rötliche Herbstlaub mischen wir aus Englischrot und Umbra. Vor dem Auftragen der Farbe muß das Papier wieder etwas angefeuchtet werden. Denken Sie besonders an die Umrisse der Bäume. Während des Trocknens sollen die äußeren Konturen mit einem trockenen Pinsel mehrmals verzogen werden, um weiche Übergänge zu erhalten. Das etwas hellere Grün wird aus Lichtem Ocker mit Chromoxidgrün gemischt und ebenso vorsichtig wie das Herbstlaub eingesetzt. Jetzt drehen Sie Ihren Pinsel herum und drücken die angedeuteten Baumstämme mit dem Stiel in die noch nasse Farbe ein. In diese Vertiefungen läuft die dunklere Farbe. Man muß später keine Baumstämme einmalen. Das Buschwerk zu Füßen der Bäume wird aus dem helleren Grün gemalt. Danach setzen Sie von dem Tannengrün ein wenig darunter. Einige blitzend helle Stellen sehen gut aus. Man sollte sie unbedingt stehen lassen. Fahren Sie mit einem sauberen Wasserpinsel vom Rand der Hecke ein Stück über die helle Fläche. So kann die Restfarbe nach unten verlaufen. Tupfend bringen Sie auf dem linken Berg mit den Pinsel einen transparenten Tannenfarbton auf, so als würden die Tannen bis zur Bergspitze reichen.

Schritt 4

Das Bild sollte jetzt eine halbe Stunde trocknen. Danach beginnen wir mit den Konturen der Tannen. Sie malen diese auf das trockene Papier mit Pinselschwüngen und lassen dazwischen helle Stellen für ein paar Baumstämme frei. Sind drei bis vier Tannen gemalt, wird der Pinsel ausgewaschen und das überschüssige Wasser abgestreift, um hier und da zwischen die Tannen etwas Feuchtigkeit zu setzen. Einige Konturen verlaufen, die anderen bleiben stehen, diese Technik macht die Lebendigkeit im Bild aus. In die Herbstbäume tupfen wir die jeweils dazugehörende Farbe nochmals ein. Die Ränder werden gut verzogen. Der Weg muß nicht angefeuchtet werden, hier zieht man eien grünen Streifen Farbe. Mit dem sauberen, etwas nassen Pinsel wird nachgezogen. Man zieht die Farbe nach außen in das linke Feld hinein. Mit Umbra werden die Baumstämme zwischen den Tannen und, wenn es nötig erscheint, in der Baumreihe angedeutet. Der Weg bekommt einige schnelle braune Farbstriche, die Sie wiederum mit dem Pinsel verziehen. Mit Lichtem Ocker, mit etwas Chromoxidgrün gemischt, wird das trockene linke und rechte Feld lasiert, um die Nähe durch Farbe auszudrücken. Sollten die Farben nach dem Trocknen verblassen, tupft man mit der entsprechenden Farbe nochmals etwas ein und verzieht in der Verlaufstechnik. Mit dem Borstenpinsel spritzen wir den Vordergrund und ziehen Gräser am Wegrand nach.

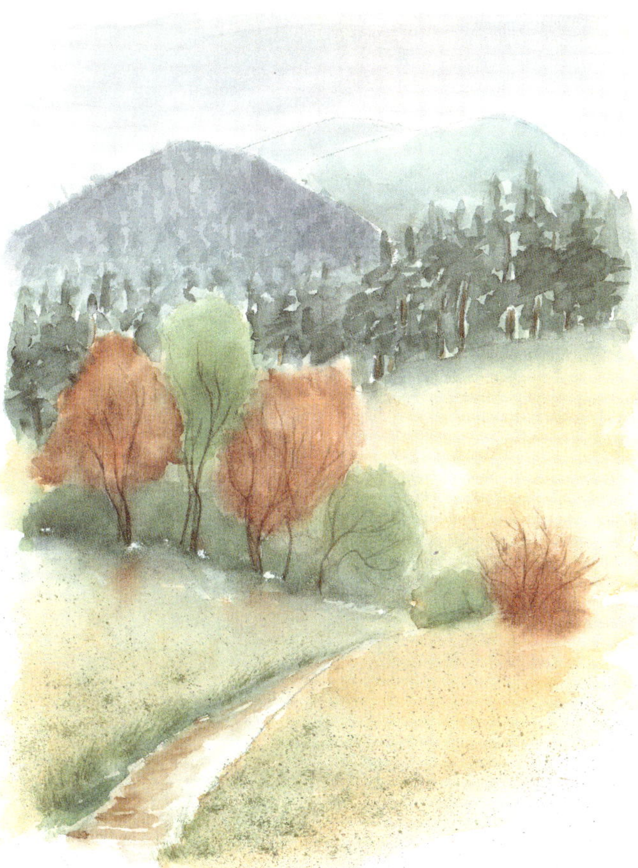

Traumlandschaft

Nur das zu malen, was man sieht, d.h. realistische Motive wiederzugeben, bedeutet Verzicht auf natürliche Farbgebung. Trotzdem kann ein so gemaltes Bild idyllisch sein. Eine Teilansicht des Sees von Denkershausen ist in wenigen Farben gemalt und mit nur wenigen Farbnuancen versehen worden, die zum Schluß bewußt eingesetzt wurden. In einer seltenen Übereinstimmung von Naturdarstellung und Farbharmonie entstand eine künstliche, jedoch in den Formen, existente Landschaft. Zu sehr ist die gewollt wirkende Bewegung von Schilf und Bäumen eingebettet in eine „Traumlandschaft", die mit Naß-in-Naß-Technik begonnen wurde, doch im Vordergrund ausgearbeitet wurde.

Es wurden folgende Farben verwendet: Lichter Ocker, Krapplack, Umbra gebrannt, Paynesgrau und Chromoxidgrün. Es werden die Pinselstärken 2 und 8 benutzt. Zum Anfeuchten des Papieres nehmen wir den dicken Wasserpinsel.

Schilfskizzen

An manchen Ufern kommt auch Rohrschilf vor. Üben Sie auf einem Stück Papier das Herausziehen des Grases mit dem feinen, spitzen Pinsel. Ist die erste Strichlage noch naß, kann die zweite Lage nicht sauber gezeichnet werden. Man sollte warten und das Papier zwischendurch trocknen lassen. Es kann eine reizvolle Kombination sein, die Striche zum Teil trocknen zu lassen und zum Teil nachzufeuchten. Haben Sie vier bis fünf Striche auf das trockene Papier gezogen, tupfen Sie einfach etwas Wasser hier und da auf das Blatt und lassen so einen Teil verlaufen. Auf diese Art wurde das Schilf am See gearbeitet.

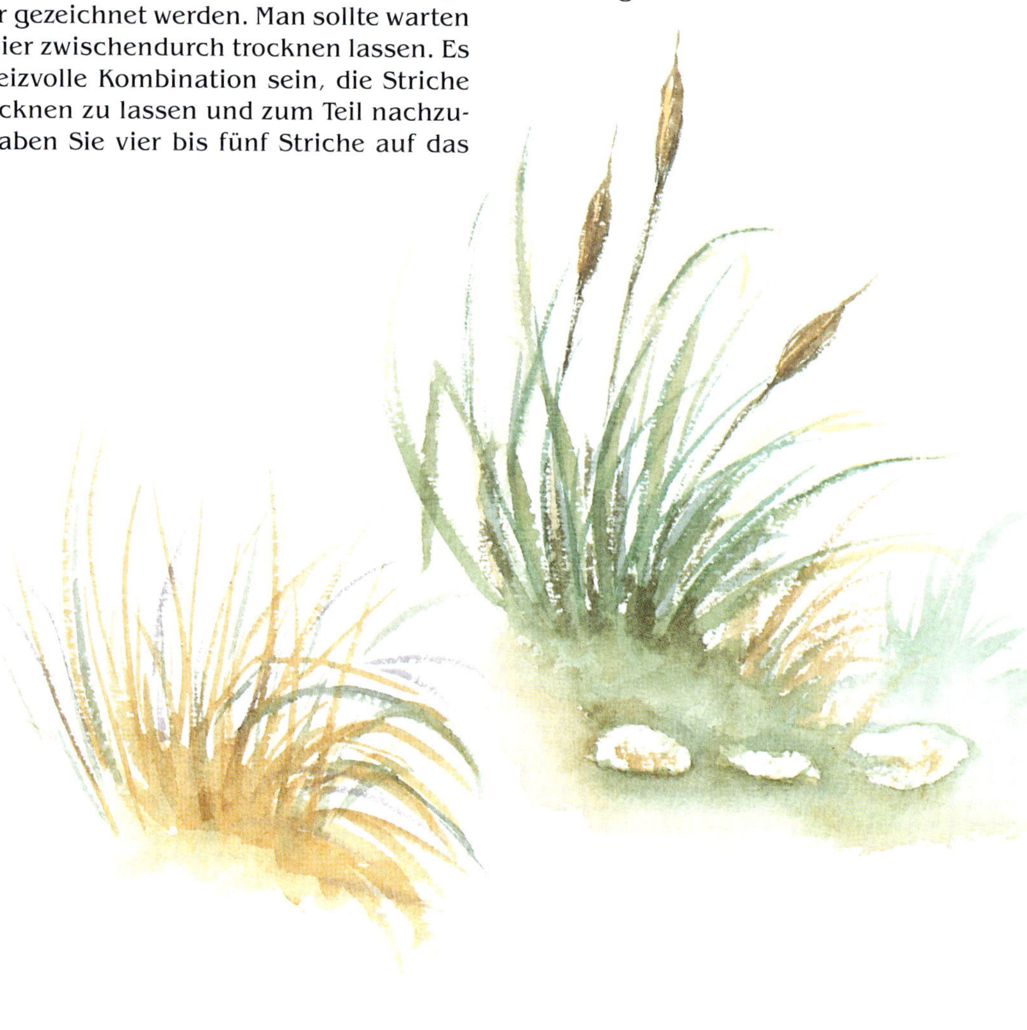

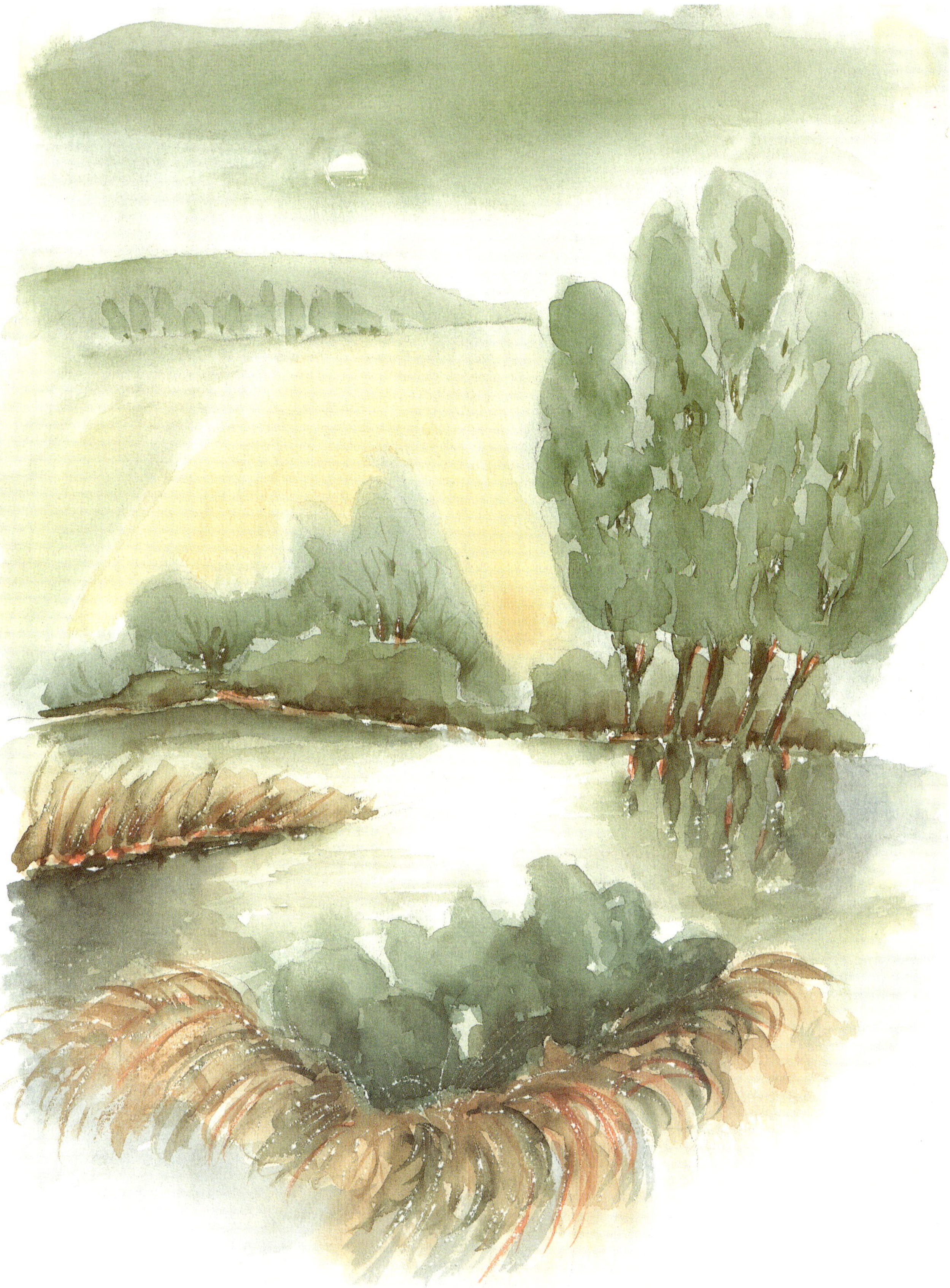

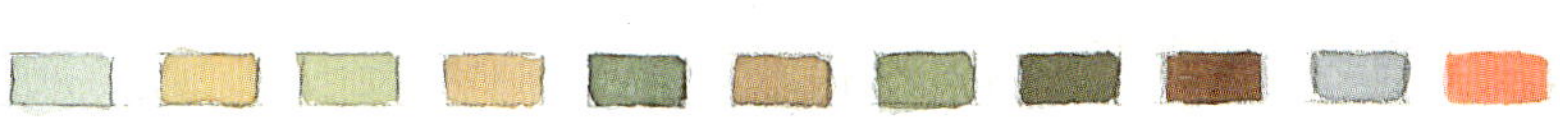

Traumlandschaft
Fertiges Bild

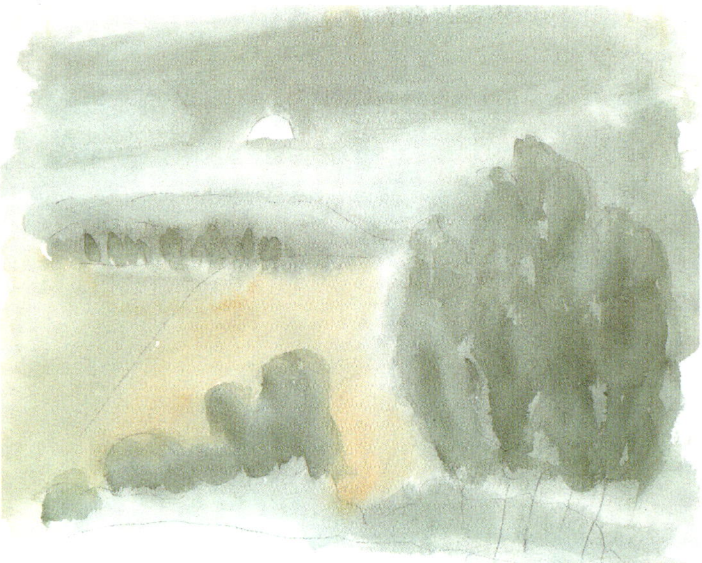

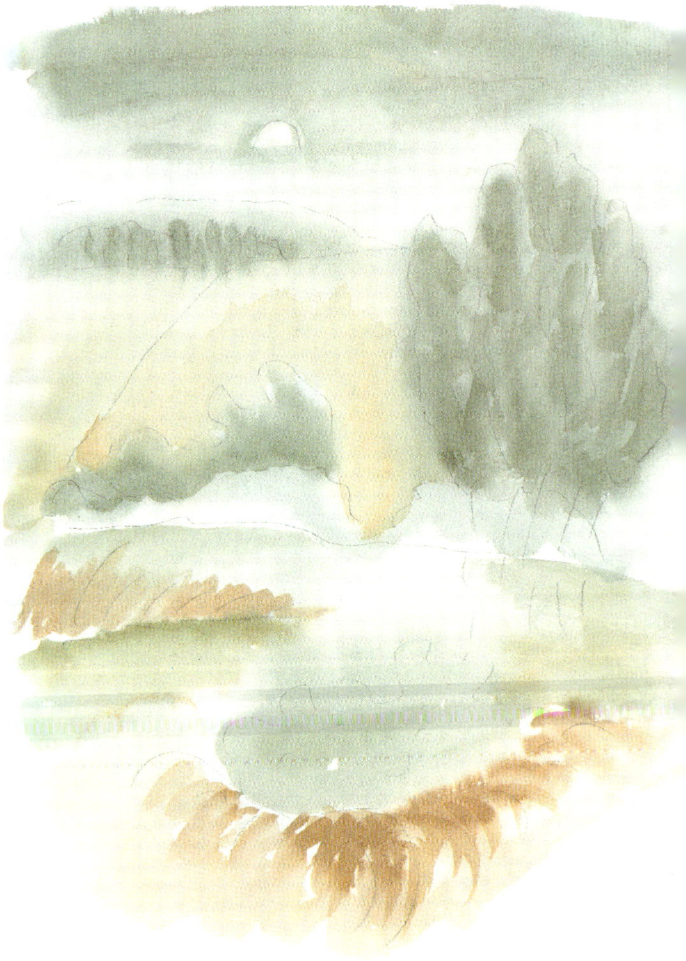

Schritt 1

Eine Vorzeichnung sollte man vermeiden, da Striche unter transparenten Farben stets zu sehen sind. Zeichnen Sie daher nur die Uferlinie, Insel und Stämme der Pappeln. Das Bild wird bis zum oberen Uferrand angefeuchtet. Man umfährt die Sonne mit dem Wasserpinsel oder tupft sie später mit dem Papiertuch aus der grünen Farbe wieder heraus. Gemalt werden grüner Himmel und grünes Wasser. Wichtig ist dabei, daß in der Mitte des Sees keine Farbe aufgetragen wird. In großer Menge mischen wir Chromoxidgrün mit Umbra, da sehr viel gebraucht wird. Am oberen Bildrand lassen Sie diese Farbe auf das nasse, jedoch nicht mehr glänzende Papier laufen. Über der Hügelkette tupfen Sie mit einem Papiertuch die Farbe wieder ab, um zusätzlich Weite darzustellen. Die Hügelkette und der linke Acker bekommen den gleichen Farbton. Nur in der Mitte wird Lichter Ocker transparent verwendet. Die Büsche am Ufer und die Pappeln erhalten denselben grünen Farbton.

Schritt 2

Der untere Teil des Bildes wird nun angefeuchtet und das gleiche Grün eingesetzt. Man sollte darauf achten, daß an dem Uferstreifen etwas weißer Papiergrund stehen bleibt. Das trockene Schilfgras wird in unregelmäßigen Schwüngen nur mit Umbra transparent gezogen.

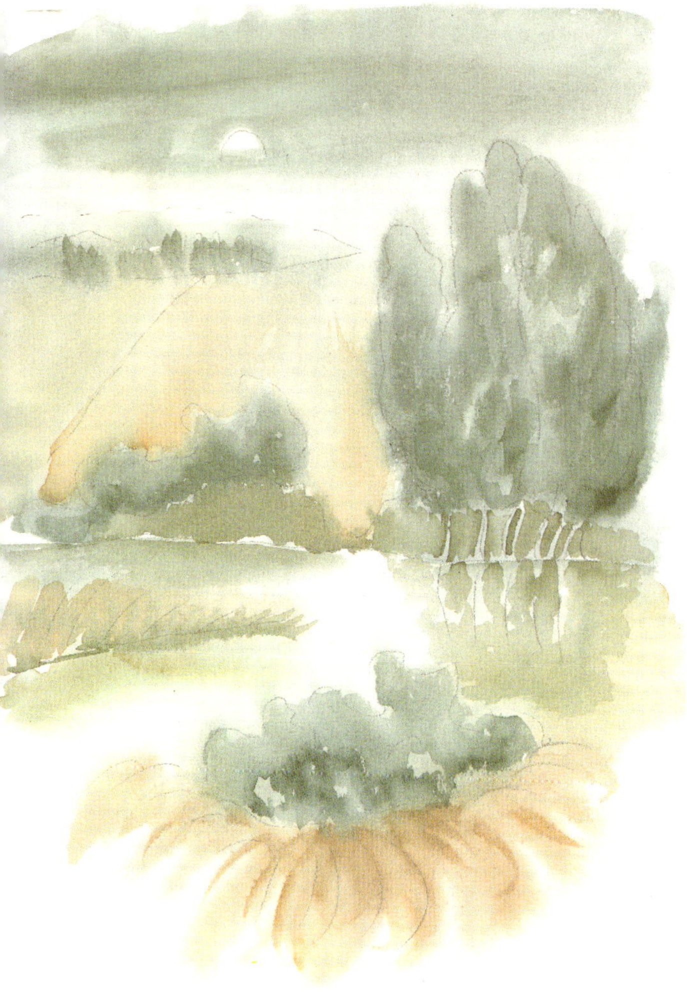

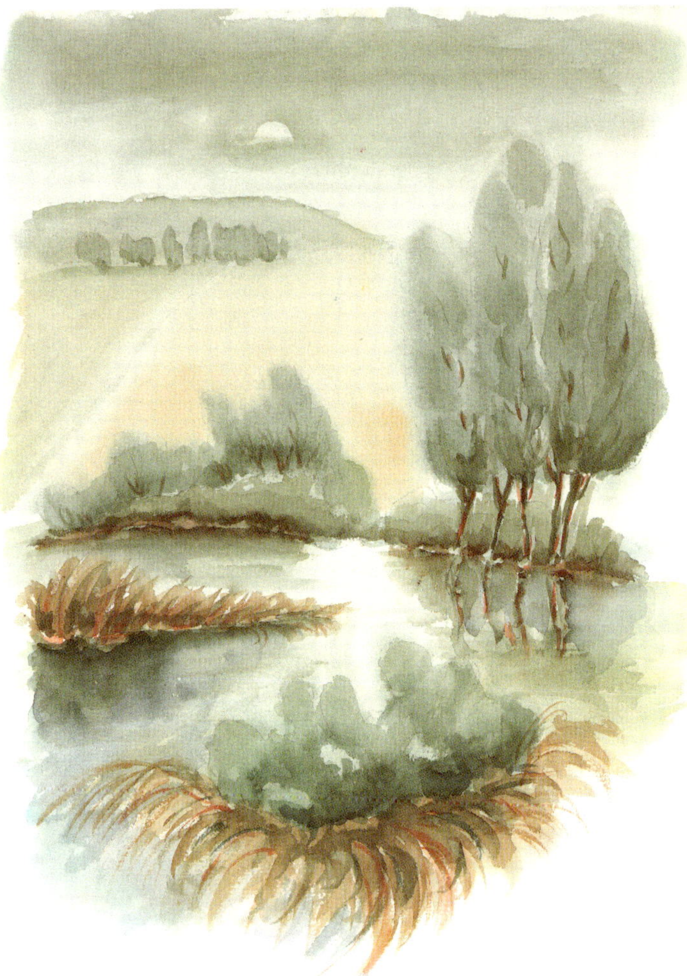

Schritt 3

Der zweite Grünton wird mit Umbra und Paynesgrau zu einer dunklen Farbnuance verstärkt. Ist inzwischen der obere Teil getrocknet, setzt man auf das trockene Papier diese zweite Grünfarbe in den Bäumen ein. Man verzieht die Farbränder wie bei der Verlaufstechnik, damit keine harten Kanten entstehen.

Schritt 4

Nun kommen die Details zur Ausarbeitung. In Umbra zieht man die Baumstämme, den Uferstreifen und die Konturen ins Schilf. Mit Paynesgrau deuten Sie rechts und links etwas Schatten im Wasser an. Zum Schluß mischen Sie sich Orange aus Krapplack mit Lichtem Ocker. Dieser Farbton wird an wenigen Stellen, zum Beispiel in die Baumstämme, den Uferstreifen und noch mit einigen Strichen in das Schilf eingesetzt. Damit wird das Bild belebt. Man sollte nicht die Baumspiegelungen im Wasser vergessen. Nun ist das Bild fertig. Es sollte auf dem Block bis zum endgültigen Trocknen bleiben, damit es sich nicht wellt. Es macht Arbeit, das Bild auf der Rückseite anzufeuchten und es tagelang unter einer Glasscheibe zu pressen. Ist das Bild gut getrocknet, kratzt man mit dem spitzen Messer einige Konturen im Vordergrund in das Schilf.

Im Mühlengrund

Es ist ein sonniger Oktobertag, die Blätter an den Bäumen färben sich gelb. Sollte man mit dem Malen im Freien nicht fertig werden, nimmt man die Herbsttabelle zu Hilfe wenn das Bild zu Hause abgeschlossen wird. Eine gewisse Spannung im Bild entsteht beim Zusammenklang zweier Techniken. Mit allen Tricks wird eine Naß-in-Naß-Arbeit begonnen und mit vielen Risiken des geheimnisvollen Verlaufens der Farben beendet. Der Trockenprozeß dauert lange und führt oft zur Fleckenbildung. Man muß öfters mit einem sauberen Pinsel die sich bildenden Ränder weich verziehen. Es hat keinen Zweck, zu früh mit der nächsten Farbe zu beginnen, da immer noch eine Restfeuchtigkeit im Papier steckt. Die neue Farbe würde sich mit der vorher gemalten Farbe vermischen. Lassen Sie daher das Bild eine halbe Stunde trocknen.

Es werden die Farben Lichter Ocker, Umbra, Krapplack, Ultramarin und Paynesgrau gewählt. Man arbeitet mit den Pinselstärken 8, 4 und 2 und einem Wasserpinsel zum Anfeuchten des Papieres.

Schritt 1

Der Fluchtpunkt liegt am Ende des Weges. Die Baumreihe und Wegränder sind fächerartig angeordnet. Dort verläuft auch die Horizontlinie. Zeichnen Sie den großen Baum, den Weg und die Umrisse der linken Baumreihe ein. Man feuchtet das Papier bis zur Mitte an, läßt das Wasser einziehen und setzt einen Streifen Lichten Ockers am oberen Bildrand und an den Spitzen der Bäume ein. Der violette Farbton entsteht aus der Mischung von Ultramarin und Krapplack. Ziehen Sie diese Farbe nicht zu dicht an die Bäume heran, da sich sonst Lichter Ocker mit dem Violett auf dem Papier zu einer braunen Farbe vermischt.

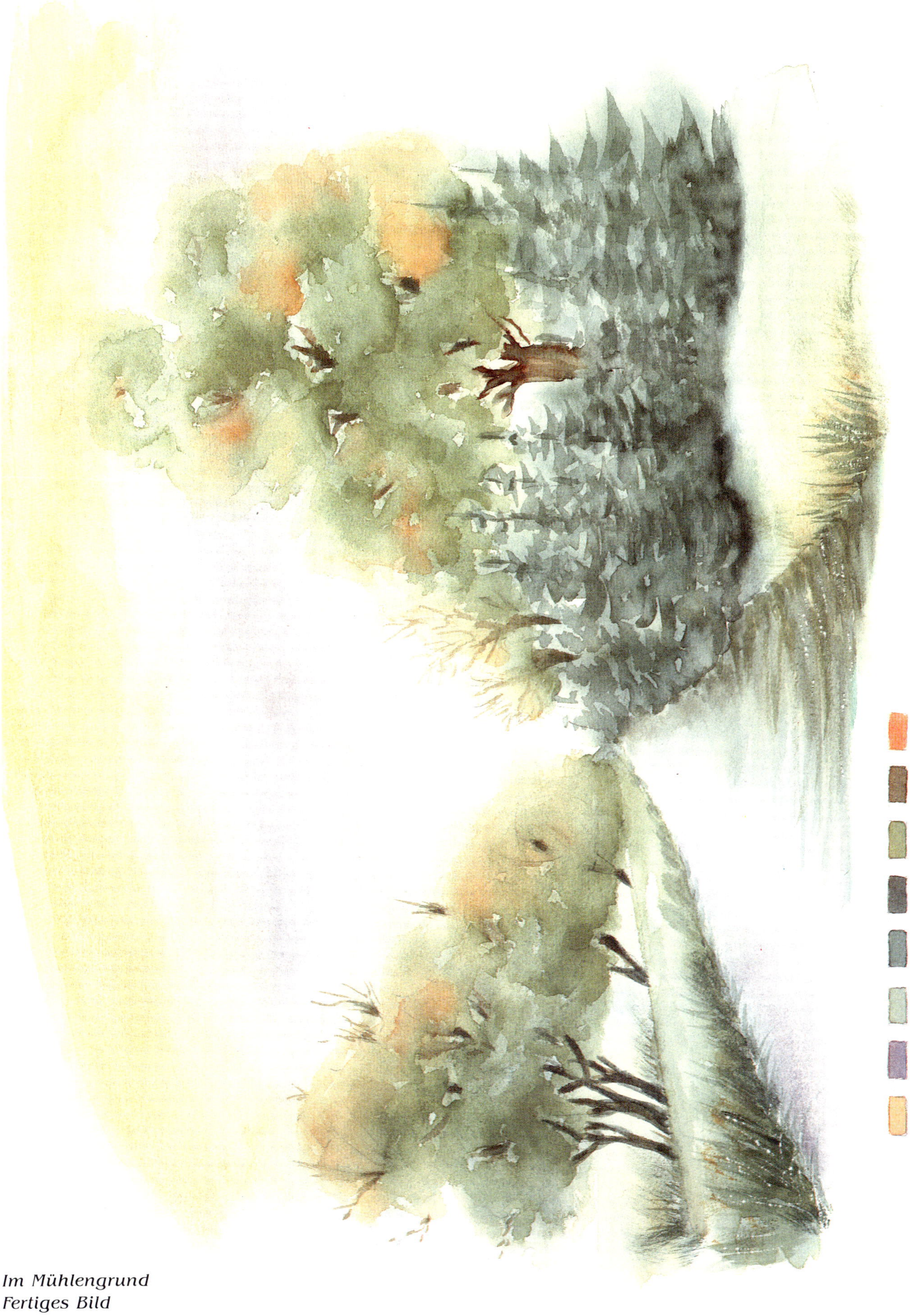

Im Mühlengrund
Fertiges Bild

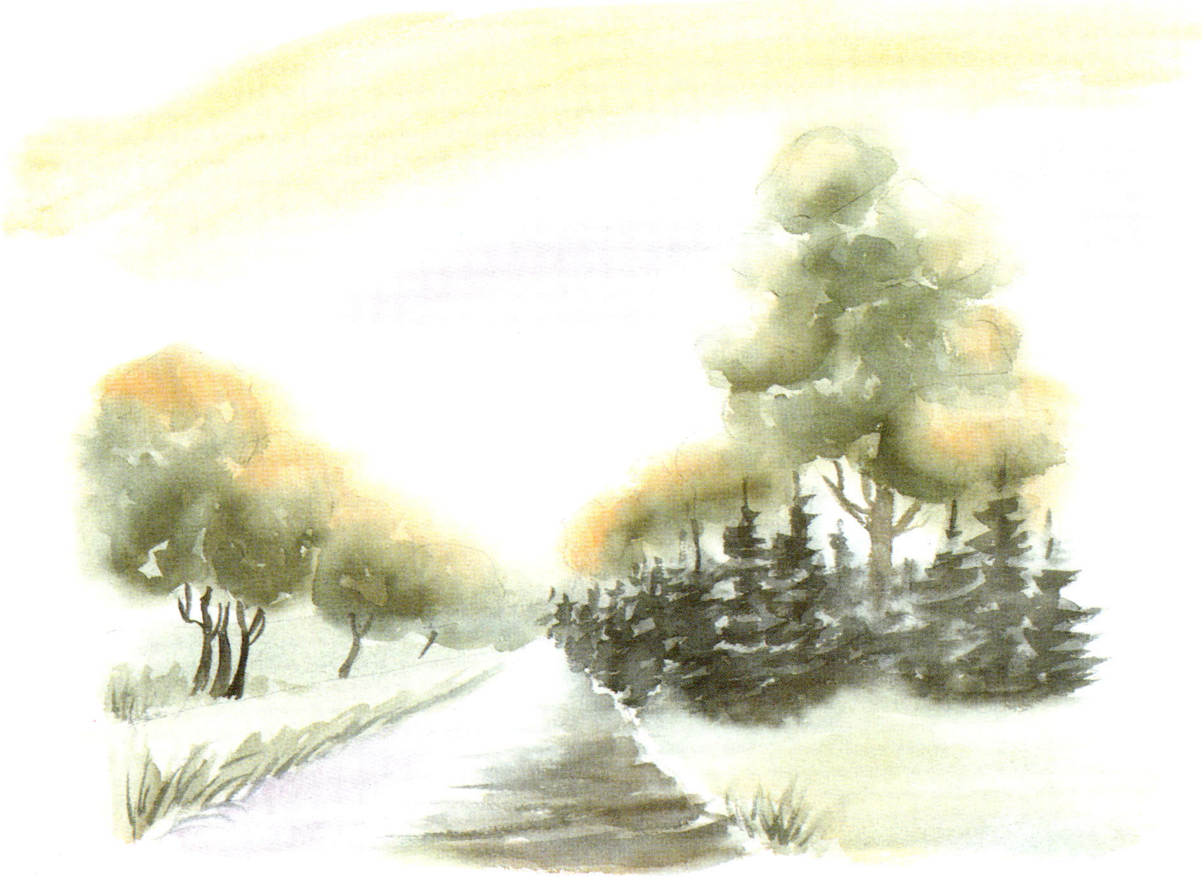

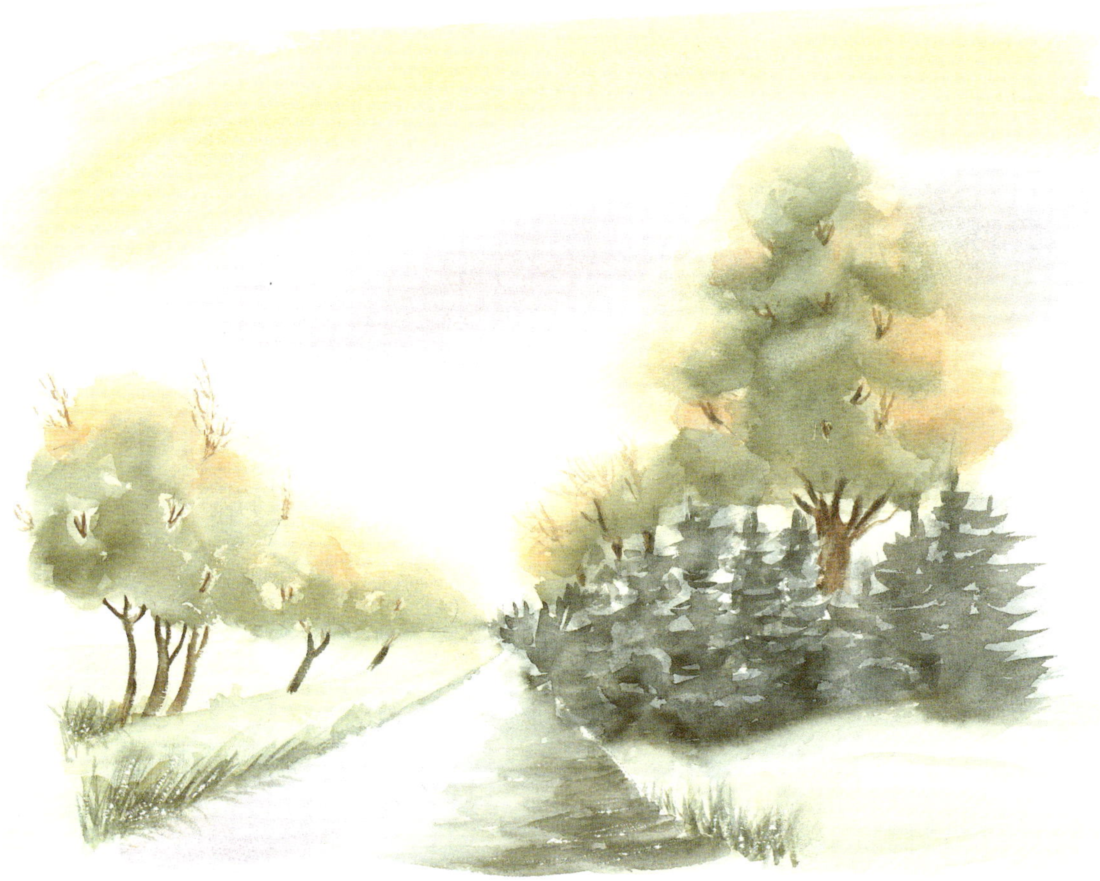

Schritt 2

Mischen Sie einen Grünton von Lichtem Ocker mit Ultramarin und setzen Sie ihn in die Baumreihe und den rechten Baum ein. Man achte darauf, daß das Papier noch eine gewisse Feuchtigkeit hat. Für die Tannen werden Lichter Ocker mit Paynesgrau gemischt, wobei der dicke Baumstamm kunstgerecht ausgelassen wird.

Schritt 3

Inzwischen wird man sicher mit der Fleckenbildung im Himmel und den Bäumen zu kämpfen gehabt haben. Die zweite Tannenfarbe wird mit Umbra verstärkt und nach einer Trockenzeit mit Pinselschwüngen eingesetzt. Jetzt bekommen die Tannen Form. Der helle Tonwert soll in den Nadelbäumen durchscheinen. Für die Gräser benutzt man alle Grüntöne, zuletzt das Tannengrün, das Sie im Wegrand einsetzen. Die Baumstämme werden mit Umbra auf das trockene Papier gezogen.

Schritt 4

Nach dem Trocknen sind alle Farben wieder heller geworden. Tupfen Sie Farbe nach und verziehen Sie die Ränder wie bei der Verlaufstechnik. Der violette Streifen im Weg und das feine Astwerk werden auf das trockene Papier gemalt. Zum Schluß, am besten am anderen Tag, kratzen wir einige helle Grashalme in die Grasbüschel rechts und links vom Wege; so kann Licht dargestellt werden.

Fischerhütte

Es war ein klarer, jedoch kalter Tag. Zu sehen sind hohe, alte Bäume, Buschwerk und in der Ferne geduckt eine Fischerhütte. Für das Bild sollte eine eigene Farbgebung komponiert werden. Dem kühlen Wetter entsprechend wurden solche Farben verwendet, die unreal wirken. Am Schluß wollte ich dem Bild noch mehr Kälte geben; so kratzte ich mit dem spitzen Bastelmesser Rauhreif in die Gräser und an die Äste der Pappeln.

Verwendet wurden die Farben Coelinblau, Paynesgrau, Englischrot und Umbra. Benutzt wurden Pinsel der Stärke 2, 4 und 8 sowie ein Wasserpinsel zum Befeuchten des Papieres und ein Bastelmesser zum Kratzen.

Schritt 1

Zeichnen Sie mit Bleistift die Stämme der linken Baumgruppe und die Umrisse der Büsche, Hütte und Boote. Danach feuchten wir das Blatt diagonal bis zur Mitte an, um den Himmel und die Berge im Hintergrund zu malen. Die erste Farbe am oberen Bildrand ist ein Streifen Paynesgrau. Darunter lassen wir etwas weißen Papiergrund stehen und malen darunter einen Strich Coelinblau. Die hintere Bergkette bekommt transparentes Paynesgrau. Zwei Heckenreihen werden aus einer Mischung von Paynesgrau und Umbra eingetupft. Es deckt noch nicht gleich. Man muß die Farbe etwas trocknen lassen und den Vorgang wiederholen.

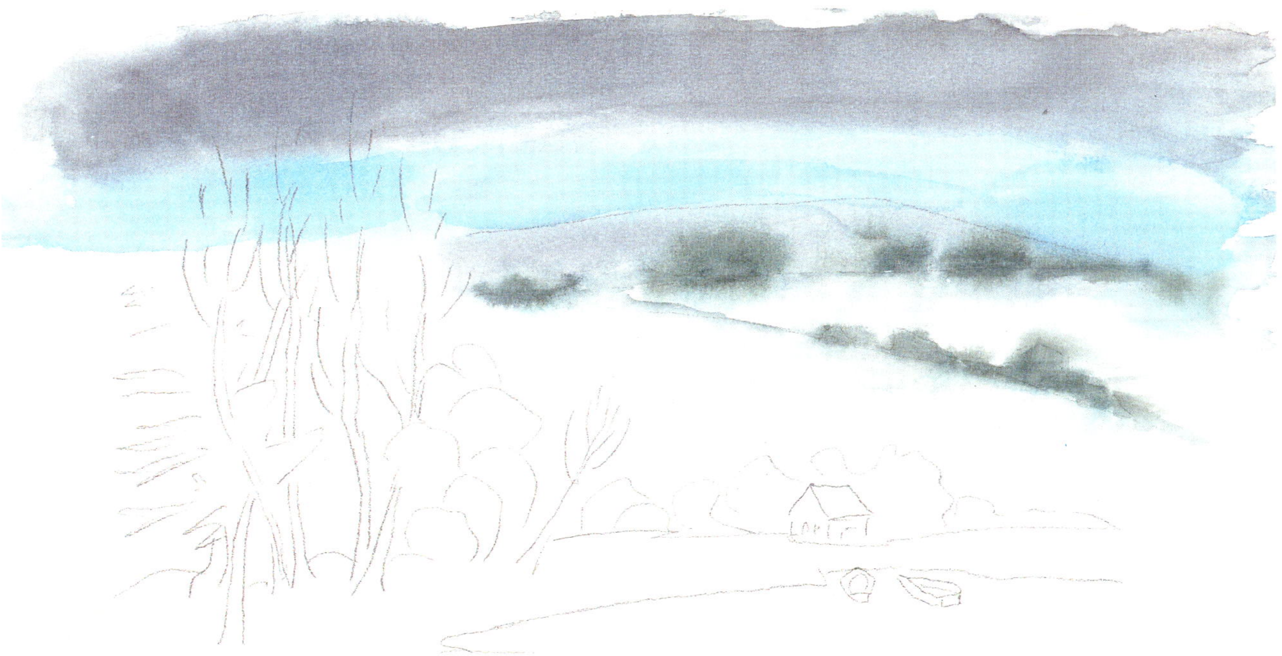

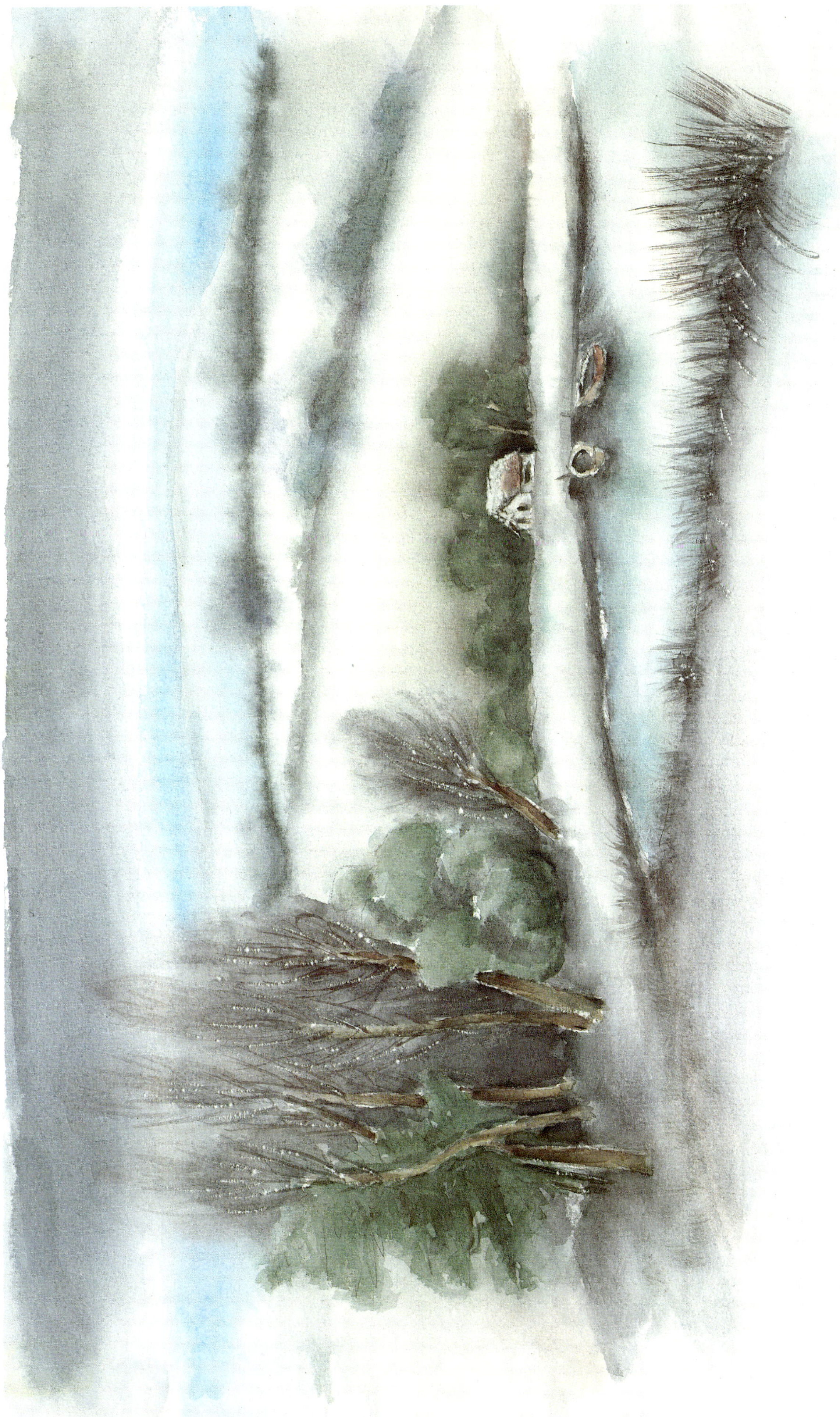

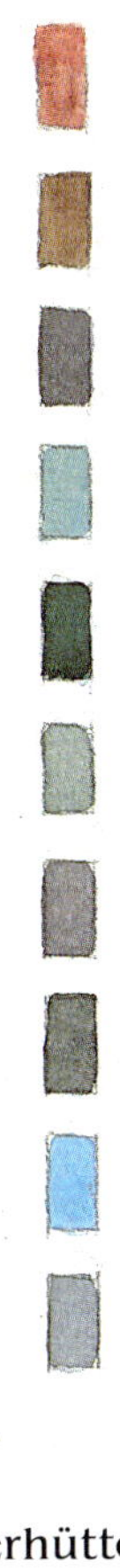

Fischerhütte
Fertiges Bild

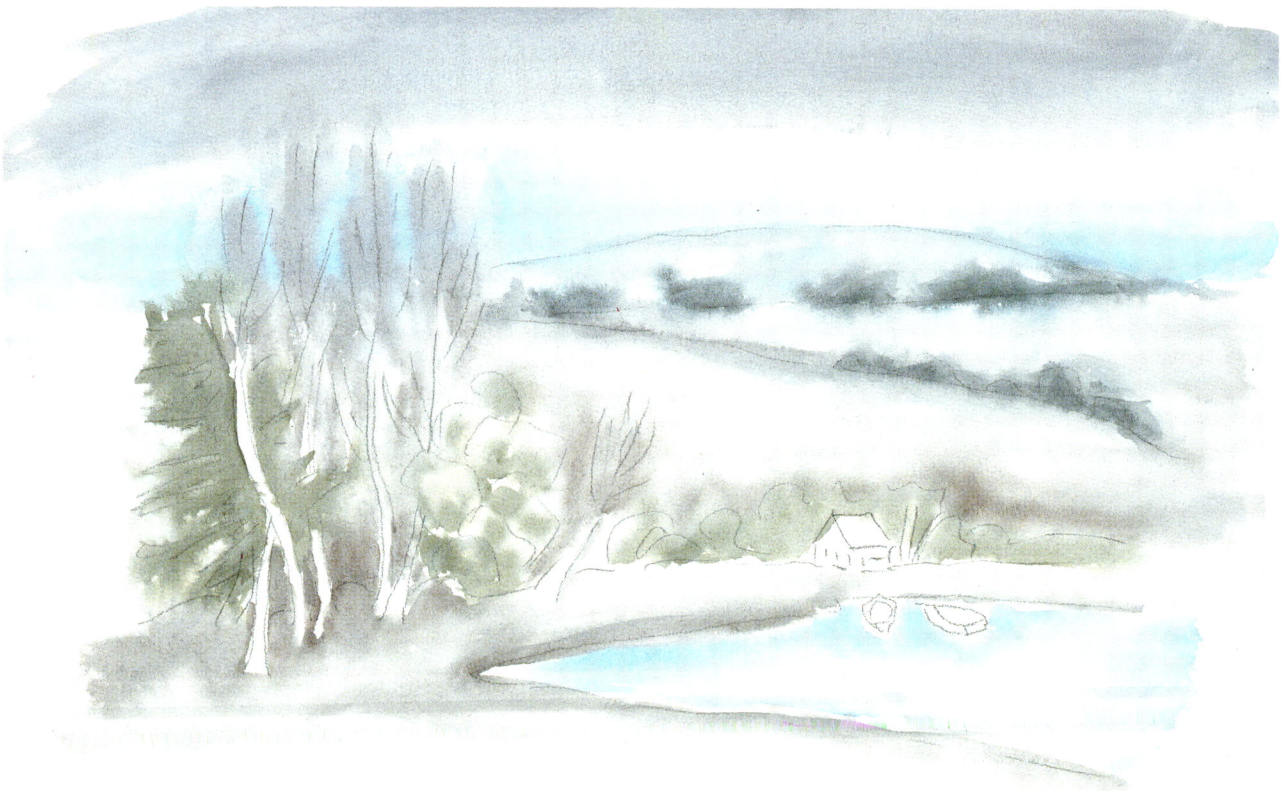

Schritt 2

Eine neue Farbnuance kommt jetzt ins Bild. Mischen Sie Englischrot mit Paynesgrau zu einem verwaschenen violetten Ton. Man feuchtet das restliche Bild an und spart dabei die langen Baumstämme aus; sie sollen weiß stehen bleiben. Begonnen wird mit diesem Farbton zwischen den Baumstämmen. Lassen Sie die Farbe einfließen und ziehen Sie mit trockenem Pinsel die Wipfel aus. Die Grünmischung stellen wir aus Lichtem Ocker und Paynesgrau her. Man beginnt mit den Büschen hinter der Hütte. Danach kommt der große Busch an die Reihe und zuletzt links die Kiefer.

Schritt 3

Inzwischen ist das Papier getrocknet und muß noch einmal leicht angefeuchtet werden. Setzen Sie danach die restliche violette Farbmischung auf dem Weg und am Uferrand ein. Coelinblau lassen Sie in den See einfließen. Die Mitte bleibt frei. Die dunkelgrüne Farbnuance entsteht, indem man in die erste Farbe noch etwas Paynesgrau gibt. Setzen Sie vom Schatten aus diese Farbe ein.

Schritt 4

Zwischen den trockenen Pappeln werden mit gleicher Farbe und dem kleinen Pinsel Äste vom Stamm ausgehend nach oben gezogen. Man achte dabei auf eine gewisse Unregelmäßigkeit der Striche. Sie vermitteln einen lebendigeren Gesamteindruck. Vertiefen Sie mit den verschiedenen Farbtönen hier und da das Bild noch. Wir setzen Englischrot auf das Hüttendach und in ein Boot ein. Um die Boote werden Schatten und in die Baumstämme Umbra eingefügt. Im Vordergrund zieht man Gräser mit dem Borstenpinsel oder dem kleinen Rundpinsel aus. Erst wenn das Bild ganz trocken ist, setzen Sie das Messer an und kratzen in den Zweigen und auf den Gräsern helle Stellen heraus, die aussehen sollen, als liege ein wenig Reif auf ihnen.

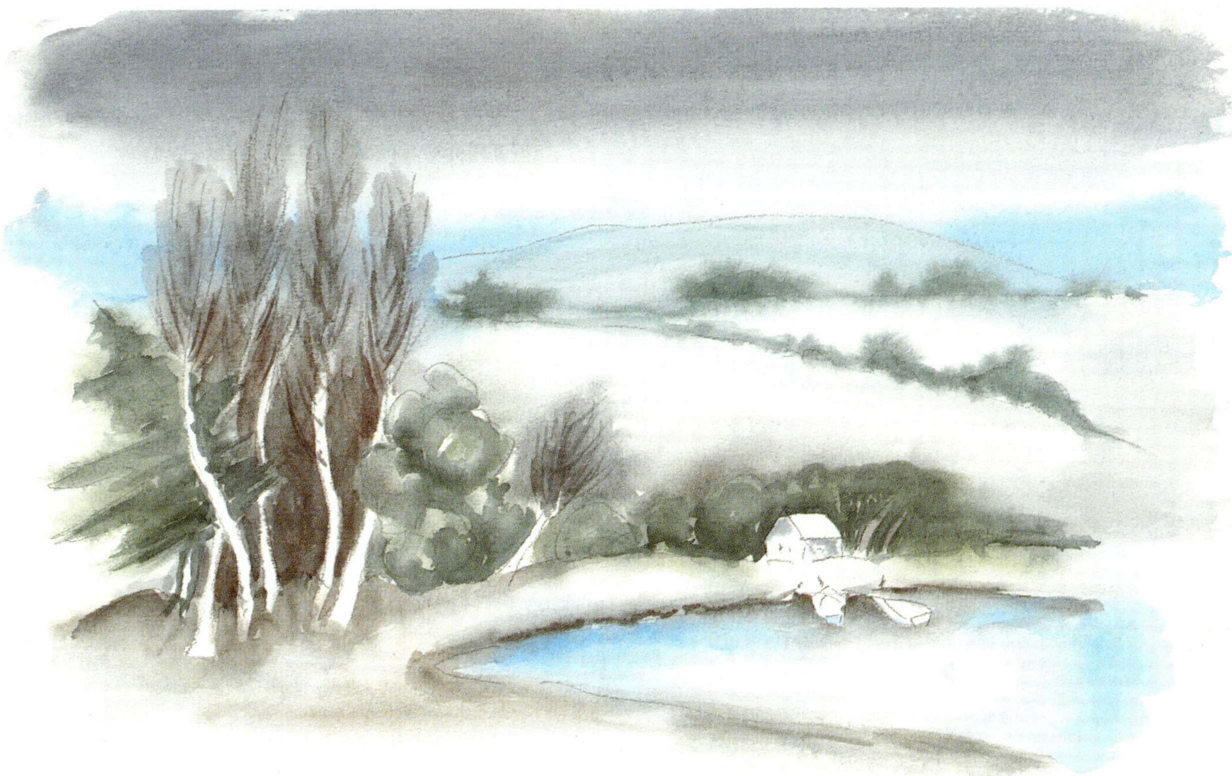

Schritt 4

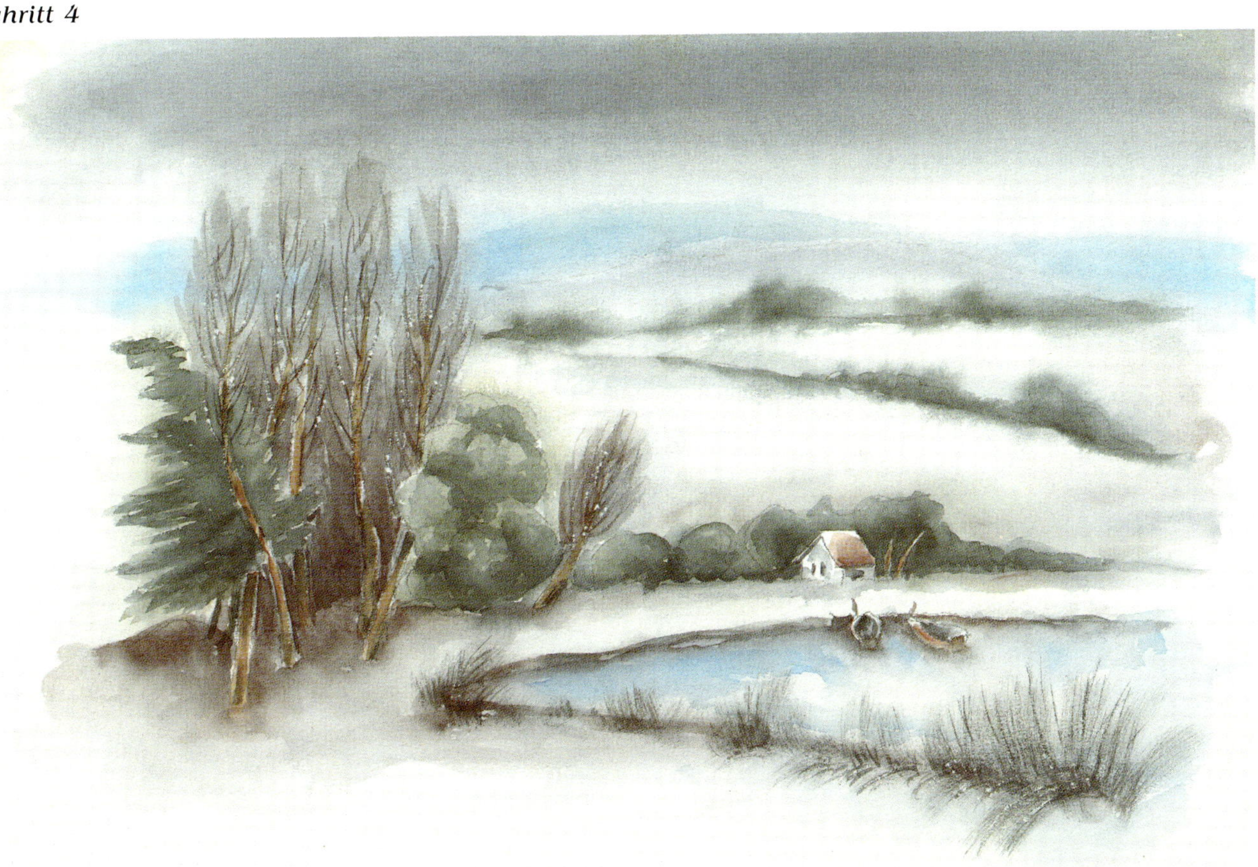

Winterlandschaft

Die Aussagekraft einer Landschaft kann auch mit einer stark reduzierten Farbpalette erreicht werden. Dabei spielt das Weglassen oder die Andeutung von Formen eine große Rolle. Wer zum ersten Mal eine Winterlandschaft malen möchte, weiß zunächst nicht, wie Schnee darzustellen ist. Lassen Sie freie weiße Flächen stehen und setzen daneben nur einige schwache Farbakzente ein. Auch hier ist weniger mehr. Bei Winterlandschaften denke ich jedemal an Emil Nolde, der im Schnee auf dem Bauche liegend und mit Eisstücken am Pinsel malte, die bei seiner Rückkehr ins Haus auf dem Papier zu schmelzen begannen. Diese Bilder zeigten danach Wasserkränze im Aquarell, die jedoch von ihm bewußt mit in die Malerei einbezogen wurden. So entstanden aufregende Bilder.

Bei der vorliegenden Landschaft werden ein kühler und ein warmer Farbton miteinander in drei bis vier verschiedenen Tonwerten gemischt und eingesetzt.

Es sind die Farben Ultramarin und Umbra gebrannt. Gemalt wird auf rauhes Büttenpapier mit den Pinseln der Stärke 8 und 2 und einem Wasserpinsel zum Anfeuchten des Papiers.

Schritt 1

Zeichnen Sie die obere Reihe Bäume und die Pfosten im Vordergrund. Der Fluchtpunkt befindet sich am rechten Rand auf der Horizontlinie, auch wenn Baumreihe und Pfosten einen sanften Bogen beschreiben. Man feuchtet die Hälfte des Papieres genau bis zur Horizontlinie an. Ultramarin brechen Sie mit etwas Umbra. Von der Farbe soll genügend angefertigt werden, da mit diesem Farbton weiter gearbeitet wird. Setzen Sie diese Farbe im Himmel und an den hochstehenden Bäumen ein. Für die dichte Baumreihe mischen wir ins Umbra nur ein wenig Ultramarin, um den Braunton etwas zu brechen. Setzen Sie den Farbpinsel in jedem Baum unten an und ziehen Sie ihn nach oben zur Rundung. Danach füllt man die Lücken zwischen den Stämmen mit dem Blauton aus.

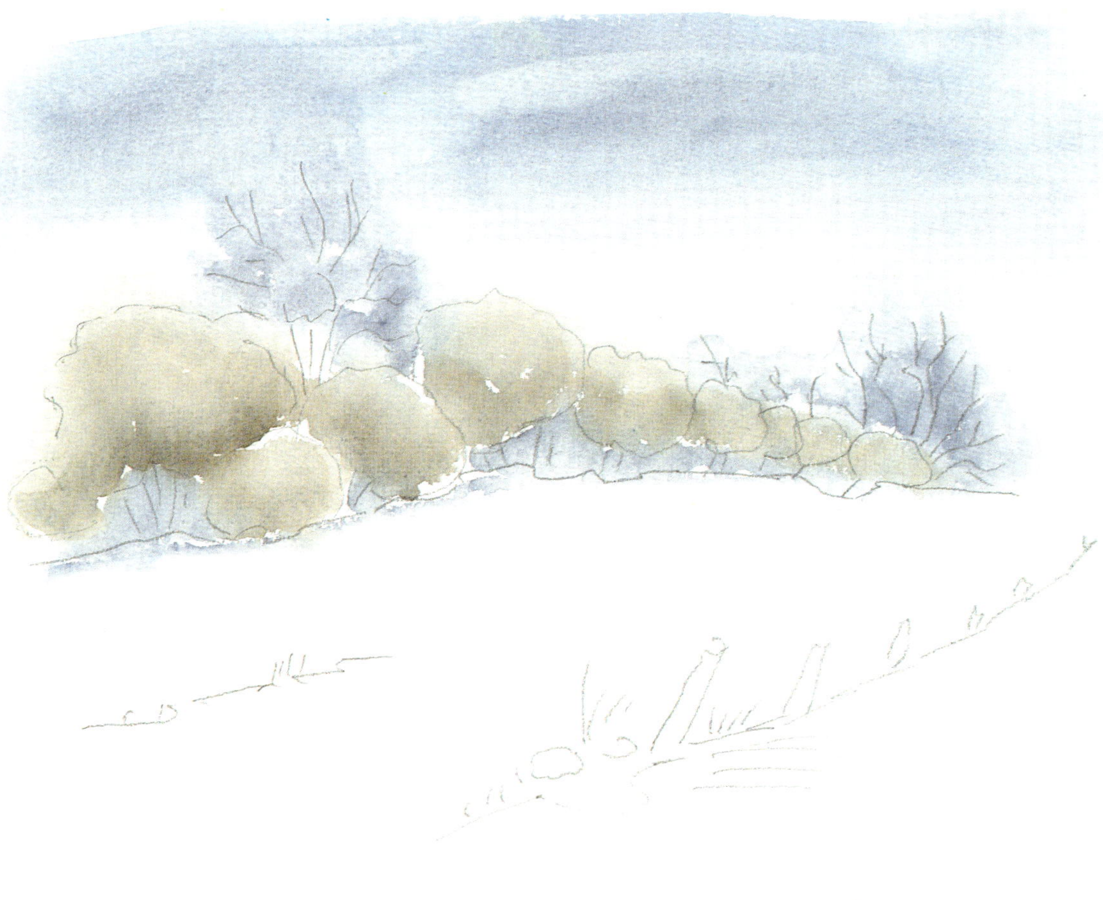

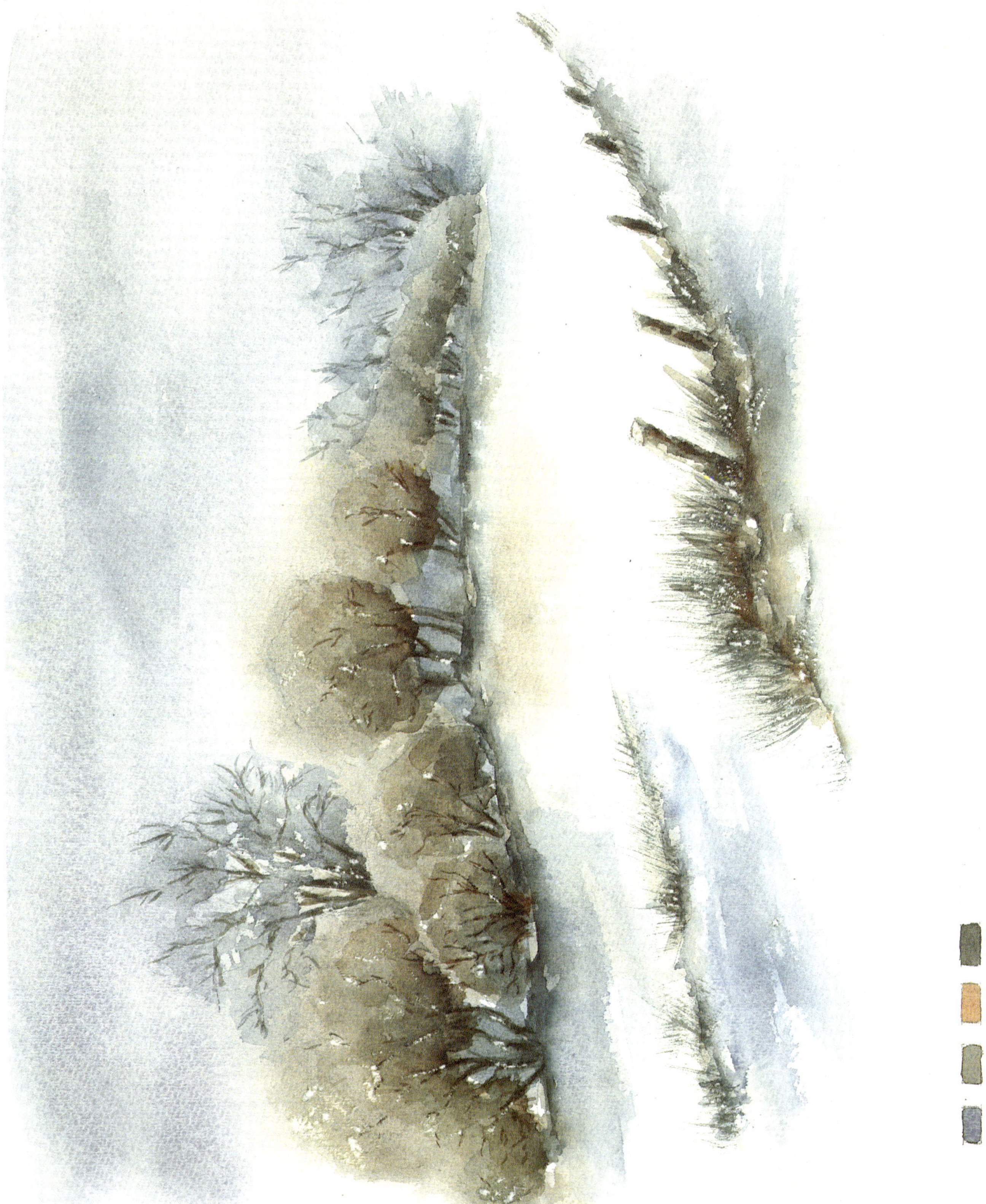

Winterlandschaft
Fertiges Bild

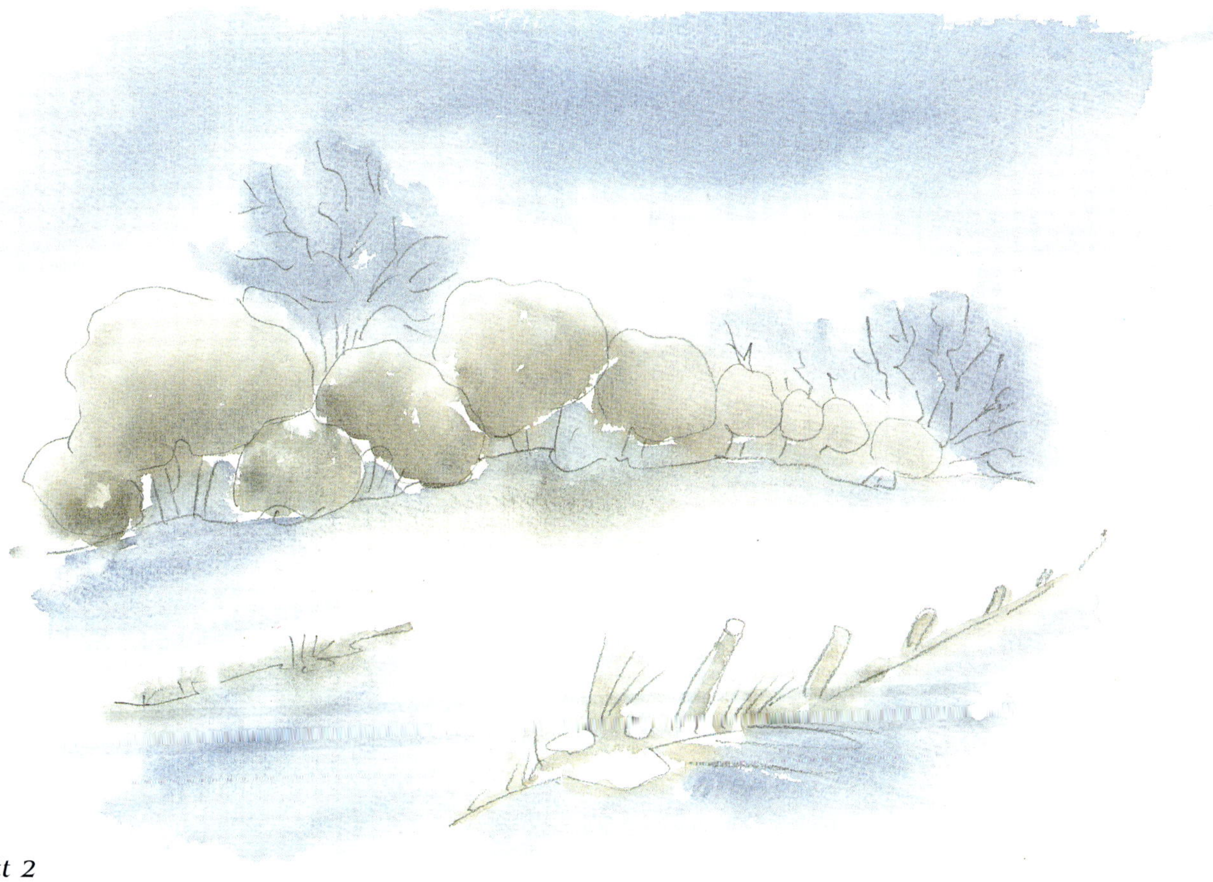

Schritt 2

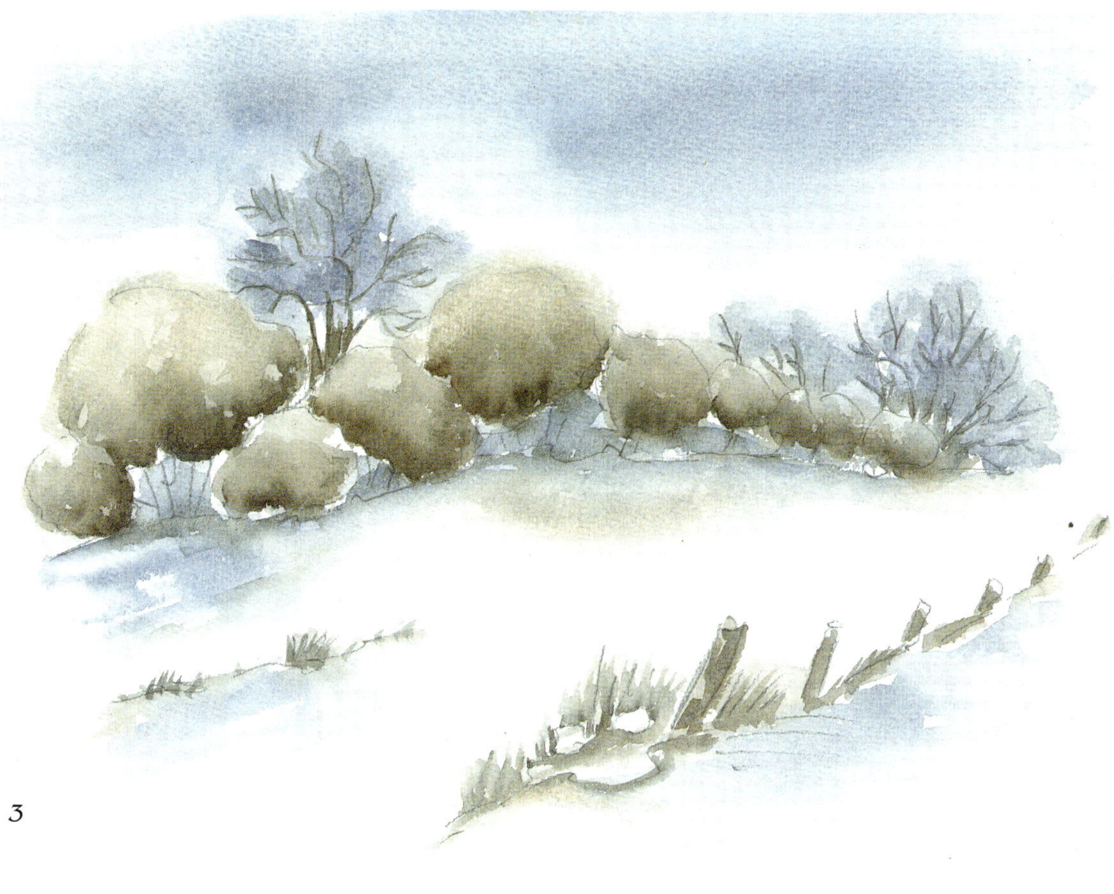

Schritt 3

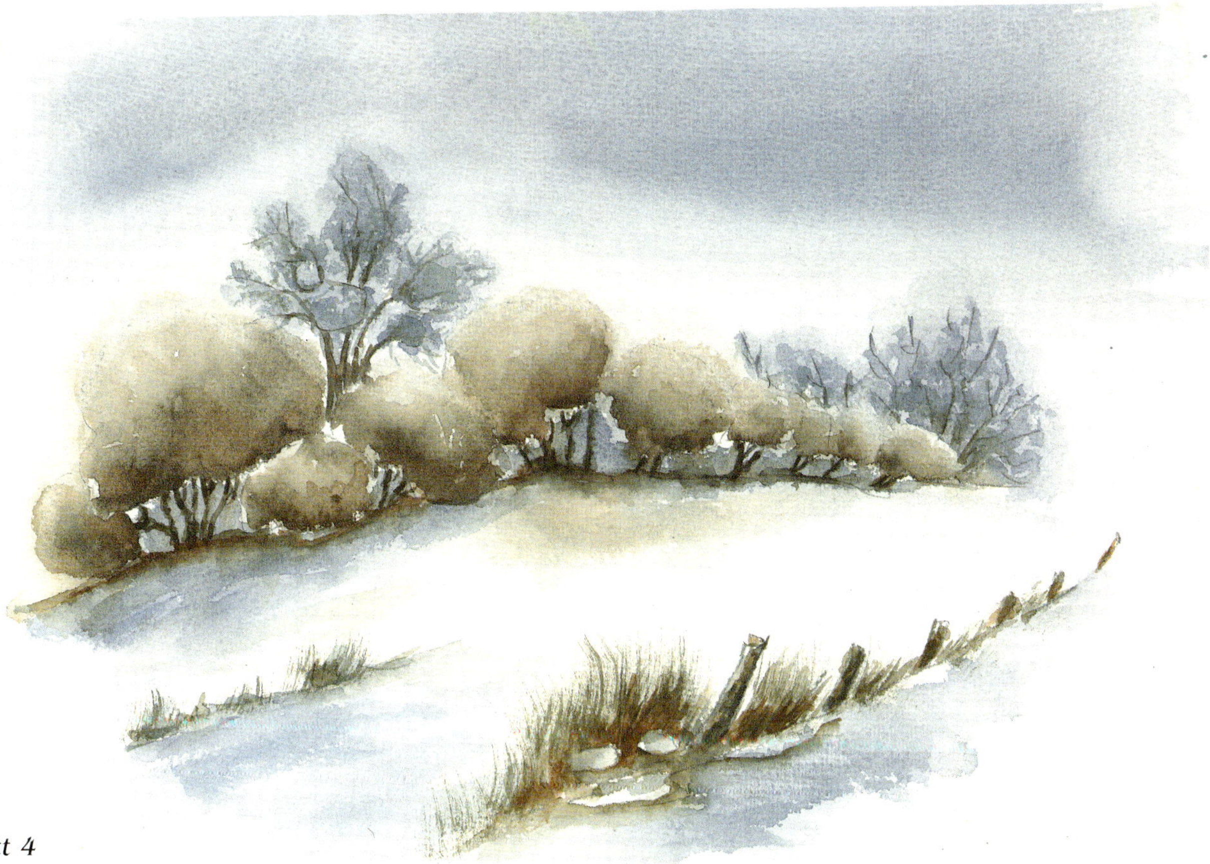

Schritt 4

Schritt 2

Nun feuchten wir die untere Hälfte des Bilddes an und setzen die Farben an die jeweils angegebenen Stellen. Mit dem Pfosten muß gewartet werden, bis die Feuchtigkeit etwas besser eingezogen ist. Es werden stets die gleichen Farbtöne benutzt.

Schritt 3

Da die Baumreihe noch feucht genug ist, nehmen Sie Umbra und lassen es in die dunkelsten Stellen einlaufen. Legen Sie etwas Schatten an und vergessen Sie nicht, in den Pfosten und das Gras im Vordergrund ebenfalls etwas Umbra einzumalen.

Schritt 4

Der wichtigste Teil kommt zum Schluß. In die oberen blauen Bäume wird noch einmal der gleiche blaue Farbton eingetupft. Man zieht die kleinen Äste nach. Für den dunklen Farbton mischen Sie zum Ultramarin sehr viel Umbra, um dann mit dem kleinen Pinsel die Baumstämme und Pfosten nachzuzeichnen. Mit dem Borstenpinsel werden am Schluß Gräser herausgezogen und dunkle Zonen angebracht. Ist das Bild gut getrocknet, kratzen Sie Rauhreif in Bäume und Gräser. Feines Astwerk wird mit dem kleinen Pinsel eingefügt.

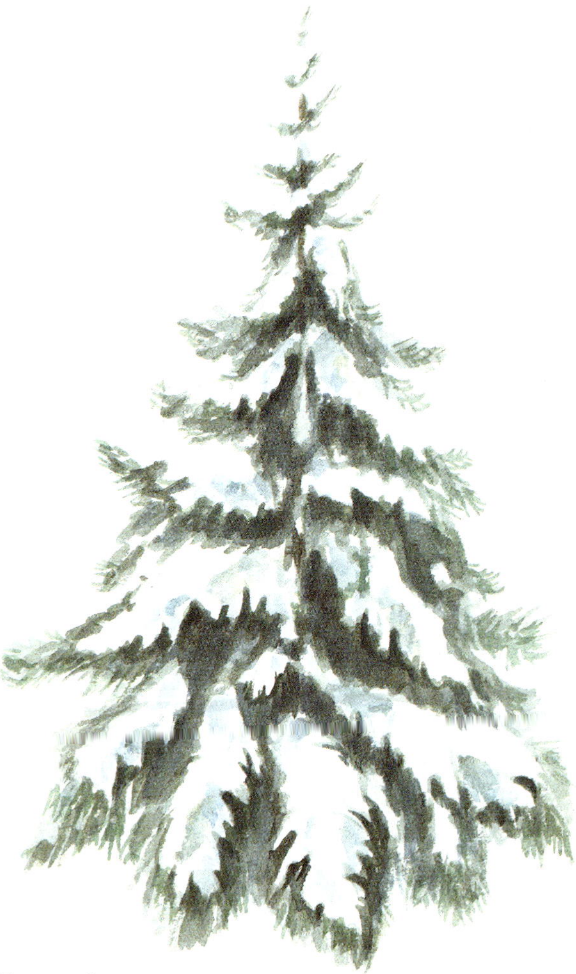

Tannenbaum

Schneeskizze

Nicht so einfach zu malen sind die schneebedeckten Bäume und Büsche auf dieser kleinen Skizze. Dabei kommt es in erster Linie auf den Hintergrund an, wie hier auf den Himmel. Ein dunkler blauer Farbton läßt den Schnee auf den Zweigen und Bäumen besser zur Geltung kommen als ein blasser Ton. Es wird dabei ausgespart. Unregelmäßig umfahren wir mit dem Farbpinsel die Konturen der Bäume und fügen erst im zweiten Schritt den Grünton ein. Die Buschreihe sollte keinen geraden Strich bilden, sondern in lockerer Linie verlaufen. Es ist gut, vor der Hecke einige weiße Stellen als Schneewehen stehen zu lassen. Der mit unregelmäßigen Schneeklumpen besetzte Tannenbaum wird nun aus der Nähe betrachtet. Schnee zu malen heißt auch Licht und Schatten darzustellen. Der weiße Papiergrund bleibt stehen, wenn Sie mit einem hellen Tonwert, dem blasseren Halbton der Tannenfarbe, die Umrisse malen. Erst danach mischen Sie denselben Ton dunkler an, um die zweite und später die dritte Stufe einzusetzen. Auf den Schnee kommt ein blasses Blau.

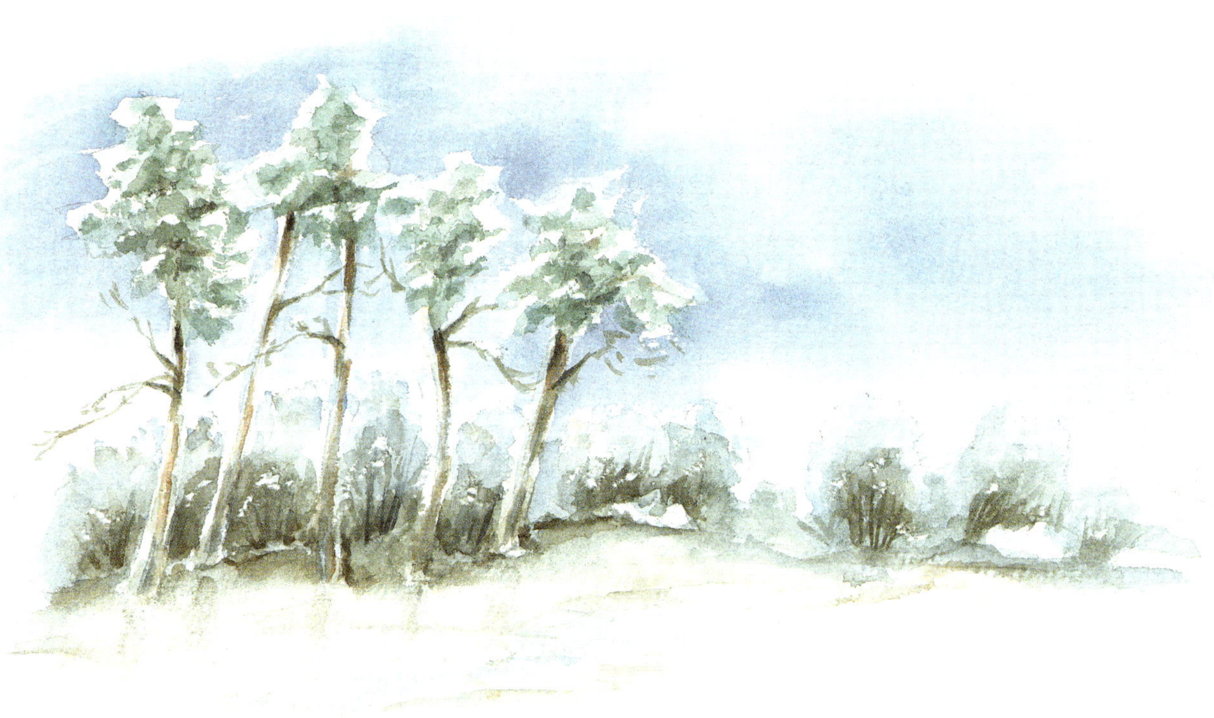

Vom Aufräumen und was noch dazugehört

Meist ist Aufräumen eine lästige Sache. Es gehört jedoch dazu und ist sehr wichtig. Es ist ein Trost für alle Aquarellmaler, daß es schneller geht als beim Ölfarbenmaler, der sich mit Terpentin, Farblappen und verklebten Pinseln abplagen muß. Es wird zur Gewohnheit werden, wenn man sich gleich einige wichtige Handgriffe merkt. Haben Sie mit dem Malen aufgehört, kommt zuerst das Auswaschen der Pinsel. Waschen Sie sie gut in klarem Wasser aus, am besten unter der Wasserleitung und nicht im gefärbten Malwasser! Bei Kunsthaarpinseln bleibt manchmal eine leichte Färbung im Pinsel zurück, die nach gründlichem Auswaschen jedoch nicht auf die nächste Farbe übertragen wird. Aus den Pinseln schlägt man kurz das Wasser heraus. Auf diese Weise formt sich von selbst eine saubere Spitze, die konisch zuläuft.

Für das Malen im Freien sollte man die Pinsel in eine Bambusmatte einbinden. Diese eignet sich besonders gut zum Transport von Pinseln. Die Haarspitzen der weichen Aquarellpinsel dürfen auf keinen Fall verformt werden, dann sie sind das wichtigste und teuerste Malgerät.

Nach dem Malen sollen alle Farbreste von der Palette oder dem Deckel mit nassen Papiertüchern abgewischt werden. Etwas Wichtiges darf dabei nicht vergessen werden: Farbnäpfchen verschmieren leicht durch andere Farben und lassen manchmal den eigentlichen Farbton kaum noch erkennen. Verschmierte Farben waschen Sie mit einem älteren, großen Pinsel aus oder halten den Farbkasten unter die Wasserleitung. Danach den Kasten, und nicht die Farbnäpfchen, gut abtrocknen, bevor er weggestellt wird. Der Maltisch hat mit Sicherheit kleine Farbspritzer abbekommen, die ebenfalls weggewischt werden müssen. Darüber hinaus ist der verwendete Schwamm so verschmiert, daß er einer gründlichen Reinigung unter der Wasserleitung bedarf.

Vergessen Sie niemals, die scharfe Klinge des Bastelmessers zu sichern oder in die Scheide zurückzuschieben. Bewahren Sie alles in Schachteln auf. Waschen Sie sich nach dem Aufräumen gründlich die Hände mit Seife, denn einige Farben sind giftig.

Aufbewahren und Rahmen von Bildern

Fertige Aquarelle sollten in Mappen aufbewahrt werden, um sie vor dem Zerknittern und direktem Lichteinfall zu schützen. Gelungene Bilder erhalten ein Passepartout aus Karton und gelten somit als eine abgeschlossene Arbeit. Man setzt mit Bleistift das Datum ein. So kann man seine Weiterentwicklung verfolgen. Wenn ein Aquarell sorgfältig behandelt wird, kann es jahrhundertelang halten. Dabei kommt es in erster Linie auf die Lichtechtheit der Farben, die heute chemisch stabil sind, und auf säurefreies Bütten- oder Aquarellpapier an.

Widerstehen Sie der Versuchung, das Bild auf einen Karton aufzukleben. Besser ist es, das Bild daraufzulegen. Die Glasscheibe drückt es an die Rückwand. Noch besser ist es jedoch, wenn es frei im Passepartout hängt, wobei es nur leicht oben und unten von kleinen Klebestreifen gehalten wird.

Ein *Passepartout* kann man sich leicht aus farbigem Fotokarton herstellen. Die Schreibwarengeschäfte bieten eine breite Farbpalette an. Doch nicht alle Farben können verwendet werden. Ein Bild kann vom Passepartout erdrückt werden, wenn der Farbton zu dunkel ist. Er soll das Aquarell nur unterstreichen. Ist das Passepartout zu breit, wirkt das Bild zusammengedrängt. Von Vorteil ist es bei allen Landschaftsbildern, einen weißen Rand von ungefähr fünf Zentimeter Breite stehen zulassen. Die farbige Umrandung (Passepar-

Passepartout

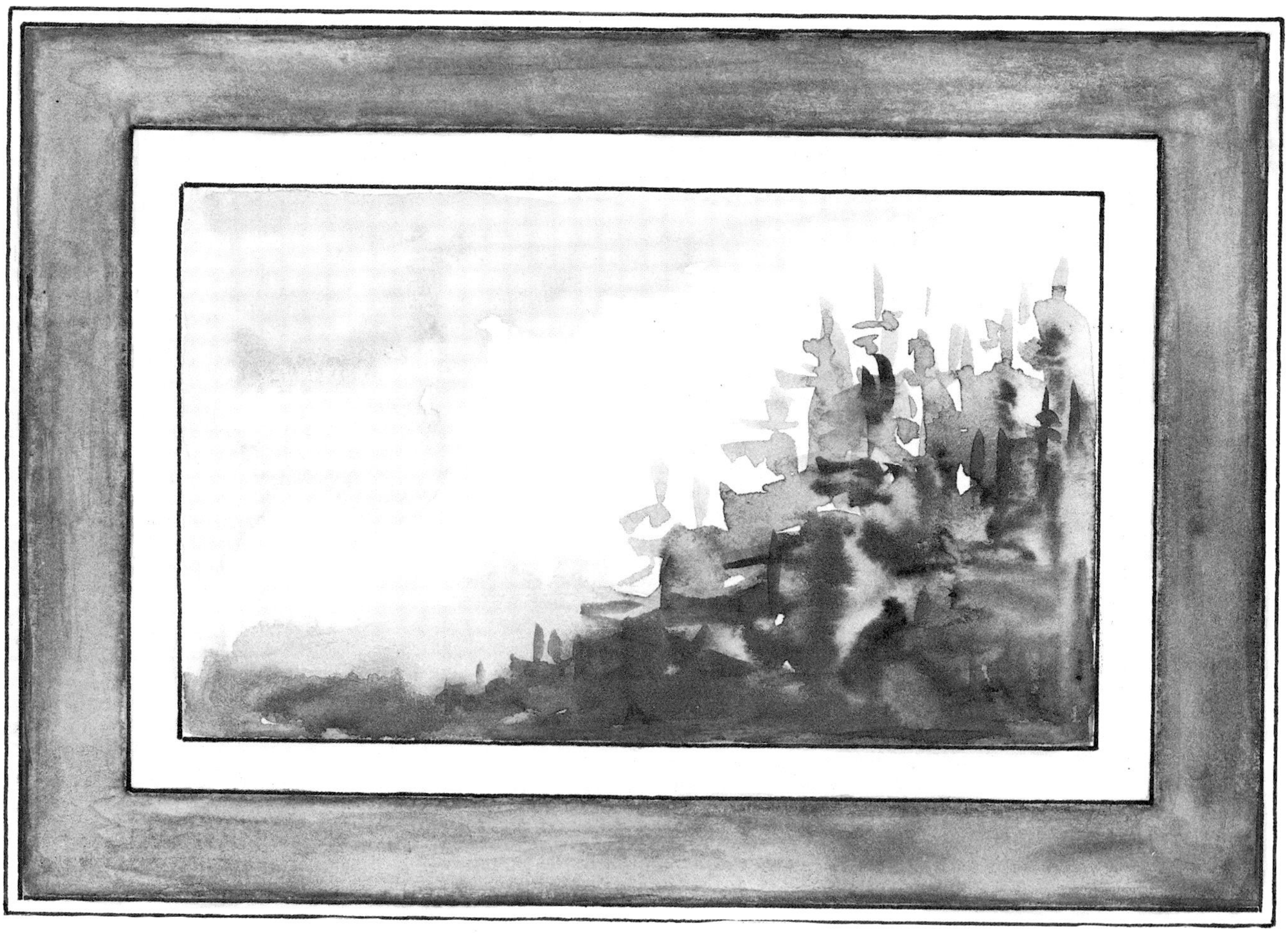

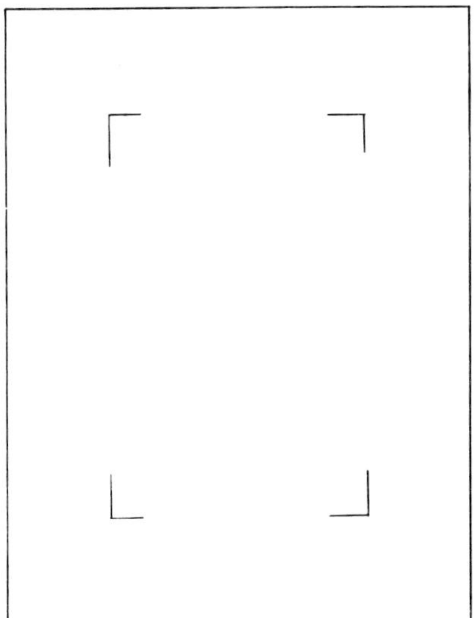
Schritt 1

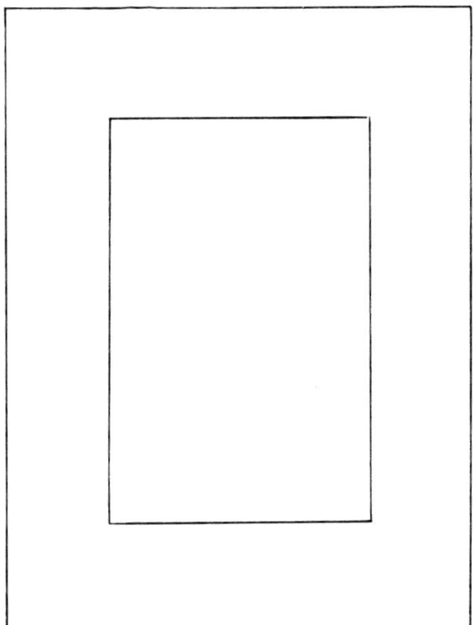
Schritt 2

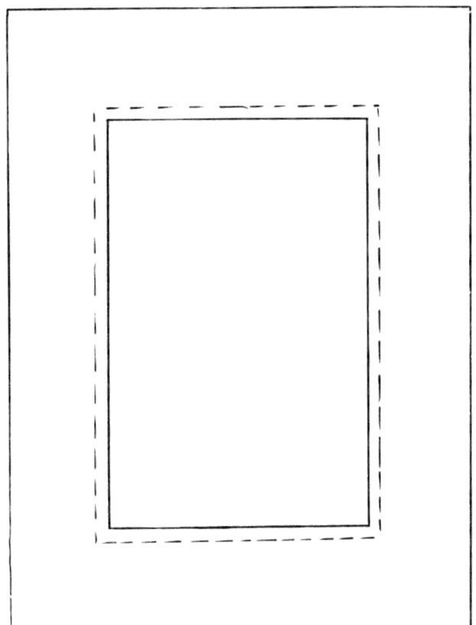
Schritt 3

tout) wird dann schmaler gestaltet. Von innen nach außen folgen: Bild — weißer Rand — farbiges Passepartout — Rahmen. Alle Teile müssen gut aufeinander abgestimmt werden, denn durch sie kann ein Bild hervorgehoben oder erdrückt werden. Eine für ein bestimmtes Bild geeignete Einrahmung paßt nicht zu allen Motiven; sie ist auch eine Frage des Geschmacks.

Die Holzleisten des Rahmens sollten eine klare, schlichte Form aufweisen. Ein schmaler und neutraler Rahmen wirkt stets besser als ein bunter. Ein Bild kann in seiner Wirkung durch ein falsches Passepartout beeinträchtigt werden. Es empfiehlt sich Fotokarton in der zum Bild passenden Farbe. Brauntöne eignen sich besonders gut. Da das Bild nicht vom Passepartout erdrückt werden soll, überlegen Sie sorgfältig, wieviel vom weißen Malgrund oder vom zusätzlichen weißen Passepartout sichtbar bleiben soll. Ein heller Holzrahmen als Abschluß ergänzt den Hell-Dunkel-Wechsel des Passepartouts.

Wollen Sie ein Passepartout selbst anfertigen, so benötigen Sie folgende Materialien:
Passepartoutpappe oder Fotokarton
Teppich- oder Passepartoutmesser
Lineal oder Stahllineal
Winkel

Schritt 1

Legen Sie die Bildträgerrückwand oder das Glas auf einen Bogen Fotokarton und schneiden Sie den Umriß des Passepartouts. Sie können, je nach Ihrem Geschmack, alle Seiten gleich einteilen, oder wie angegeben drei gleichbreite Seiten wählen, wobei der untere Rand ein wenig breiter sein darf als die übrigen Seiten.

Schritt 2

Mit der unteren Seite legen Sie den Umriß auf den Tisch und darauf das Bild. Nehmen Sie ein Lineal und messen Sie von außen nach innen den richtigen Abstand. Einen halben bis einen Zentimeter soll das Passepartout über Ihr Aquarell reichen. Die Ecken markieren Sie mit einem Bleistift in Winkelform, um beim Schneiden saubere Ecken zu erhalten.

Schritt 3

Legen Sie jetzt ein Lineal oder eine Stahlschiene gut an, drücken Sie darauf und schneiden mit einem scharfen Teppich- oder Passepartoutmesser scharf am Lineal entlang. Vorsicht ist in den Ecken geboten, da man schnell darüber hinausschneidet.
Nun legen Sie Ihr Bild, das rechts und links rückseitig am Rand mit Klebeband fixiert ist, auf den Tisch und bringen vorsichtig das Passepartout darüber, drücken das Klebebend fest und stecken alles in den Rahmen.

Nun ist das Bild gerahmt und soll sich in unseren anderen Wandschmuck einordnen. Es soll von seinen Betrachtern bequem in Augenhöhe angesehen werden können. Bitten Sie einen Helfer, Ihnen das Bild an die Wand zu halten, damit der Gesamteindruck von Ihnen geprüft werden kann.

Landschaftsimpressionen

G. Kiessling *Am Mühlbach*

Es ist ein warmer Frühlingstag, die Weidenbäume beginnen gerade ihre Blätter zu entfalten. In lichten Ockertönen mit Umbra und Chromoxidgrün gemischt ist dieses Bild gemalt. Die Hausdächer in Englischrot. Der Bachlauf und die Weiden wurden zu Beginn etwas gewachst. Die Schattenlage am rechten Uferrand ist wichtig und als Ergänzung zu den dunklen Bäumen gedacht.

G. Kiessling *Blick vom Grillplatz*
Einen winterlichen Eindruck bekommt der Betrachter bei diesen kalten Farben, den noch nicht einmal das Rot der Hausdächer abschwächen kann. Im Vordergrund sind Farbspritzer aufgetragen, um ihn etwas zu beleben.

G. Kiessling *Fischerhude*

Überschwemmte Wiesen nach einem heftigen Regen sind im Moor keine Seltenheit. So sind im Hintergrund überall Pfützen zu erkennen, die sich im Vordergrund zu einem kleinen See ausbreiten. In ihnen spiegeln sich alle Farben des Bildes wieder.

G. Kiessling *Vor dem Walde*

Fast märchenhaft in luftigen Aquarellfarben sind Tannen, Buchen und Hecken aus einer Farbmischung hervorgegangen. Unreal wirken die Baumarten. Die lila Farbtöne verstärken noch diesen Eindruck. Auch schwache Orangefarbtupfer im Himmel und Vordergrund können ihn nicht verdrängen.

G. Kiessling *Durchblick*

Vor der Tannenschonung bildet sich im Herbst häufig Bodennebel. Dieser ist oft Anreiz zum Malen. Noch eindrucksvoller wird es wenn wie hier der Betrachter, durch junge, kräftig gemalte Buchen im Vordergrund sieht, die wie ein Zaun stehen. Das freie Feld im Mittelgrund bildet eine Ruhezone, die sich vor den Tannen im Nebel verflüchtigen, um an diesen hinaufzusteigen, bevor der Blick alle Umrisse klar im Hintergrund erkennen läßt. Es ist ein Bild, das durch Kontraste wirkt.

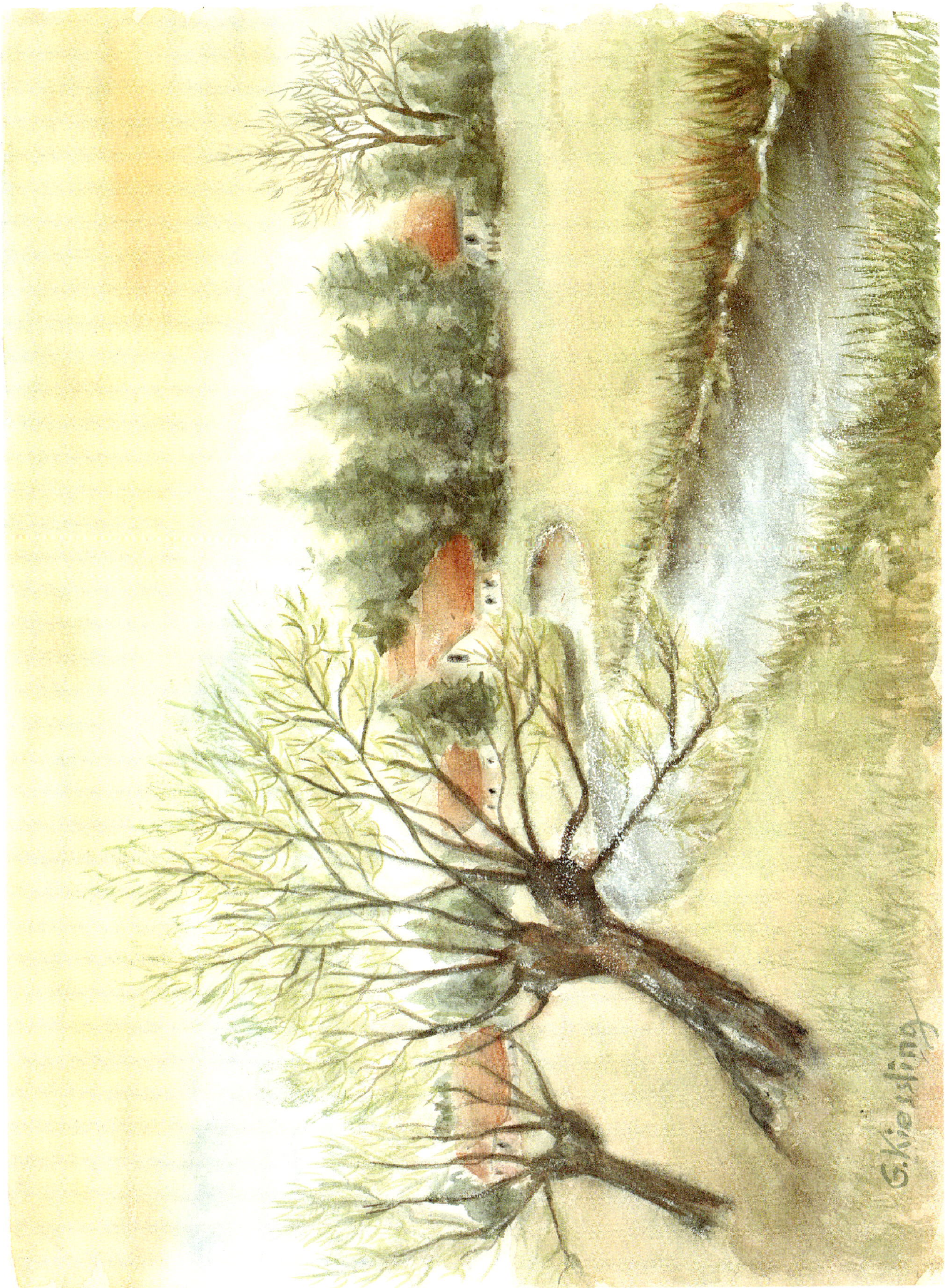

Am Mühlbach

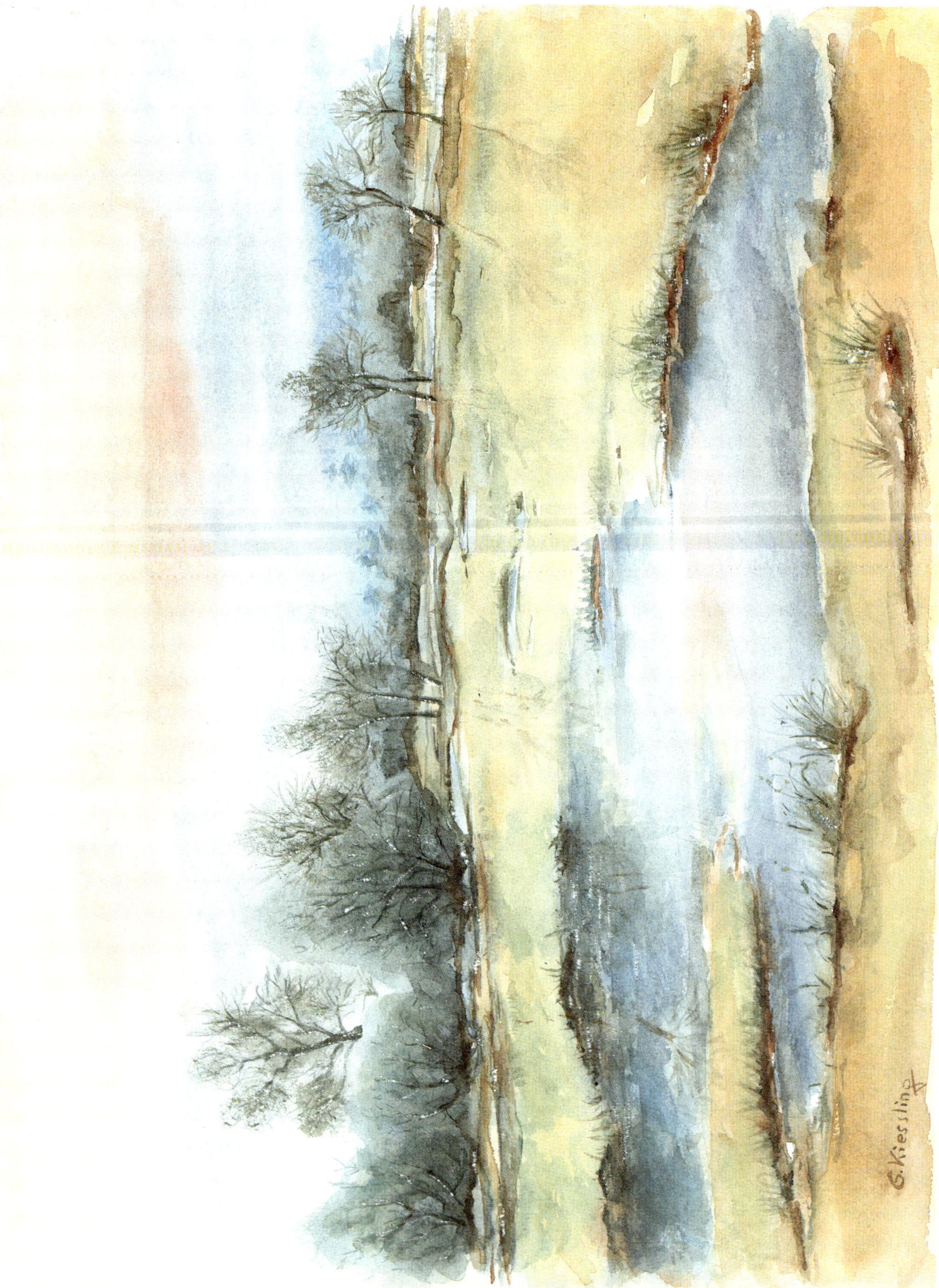

Fischerhude

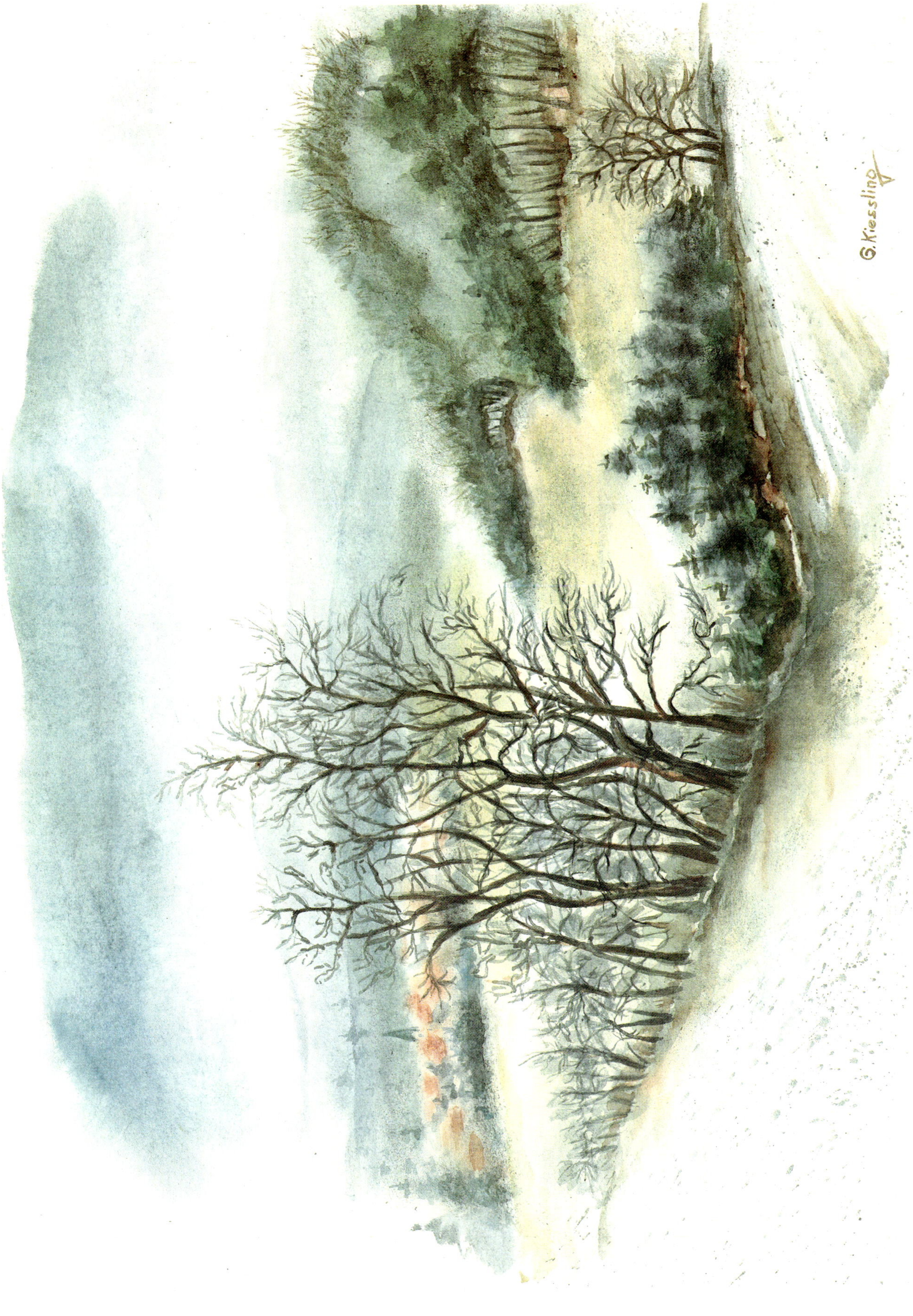

Blick vom Grillplatz

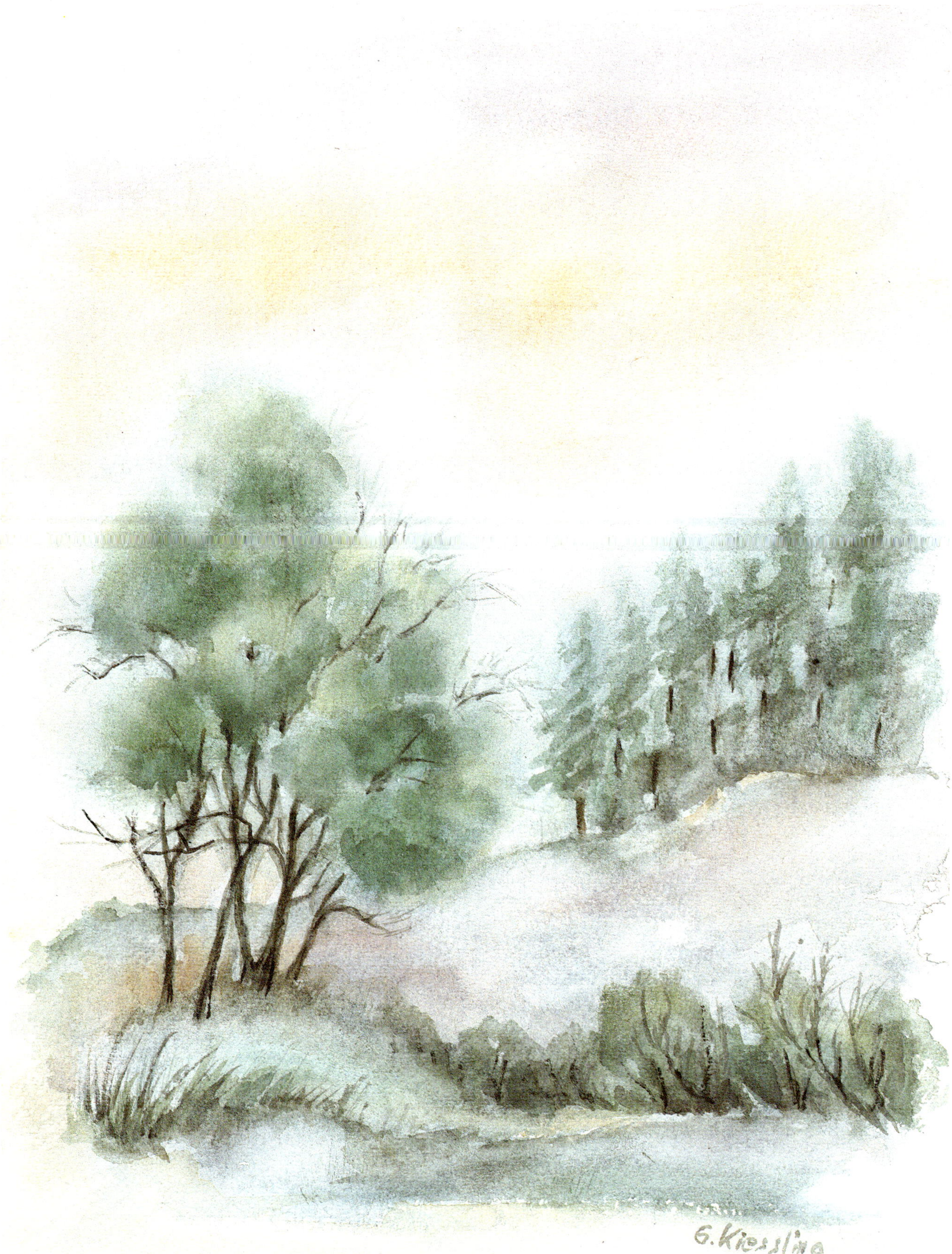

Vor dem Walde

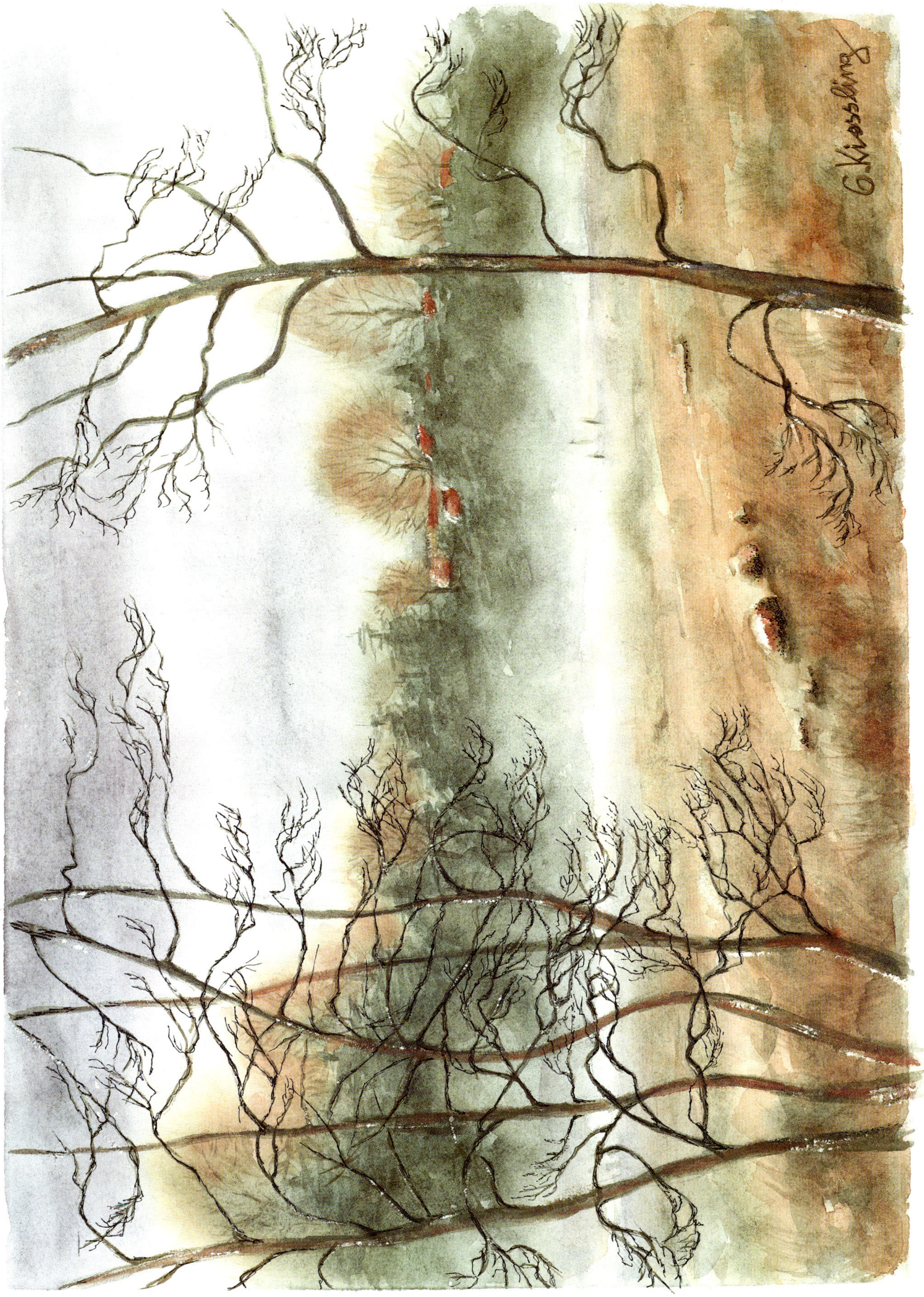

Durchblick

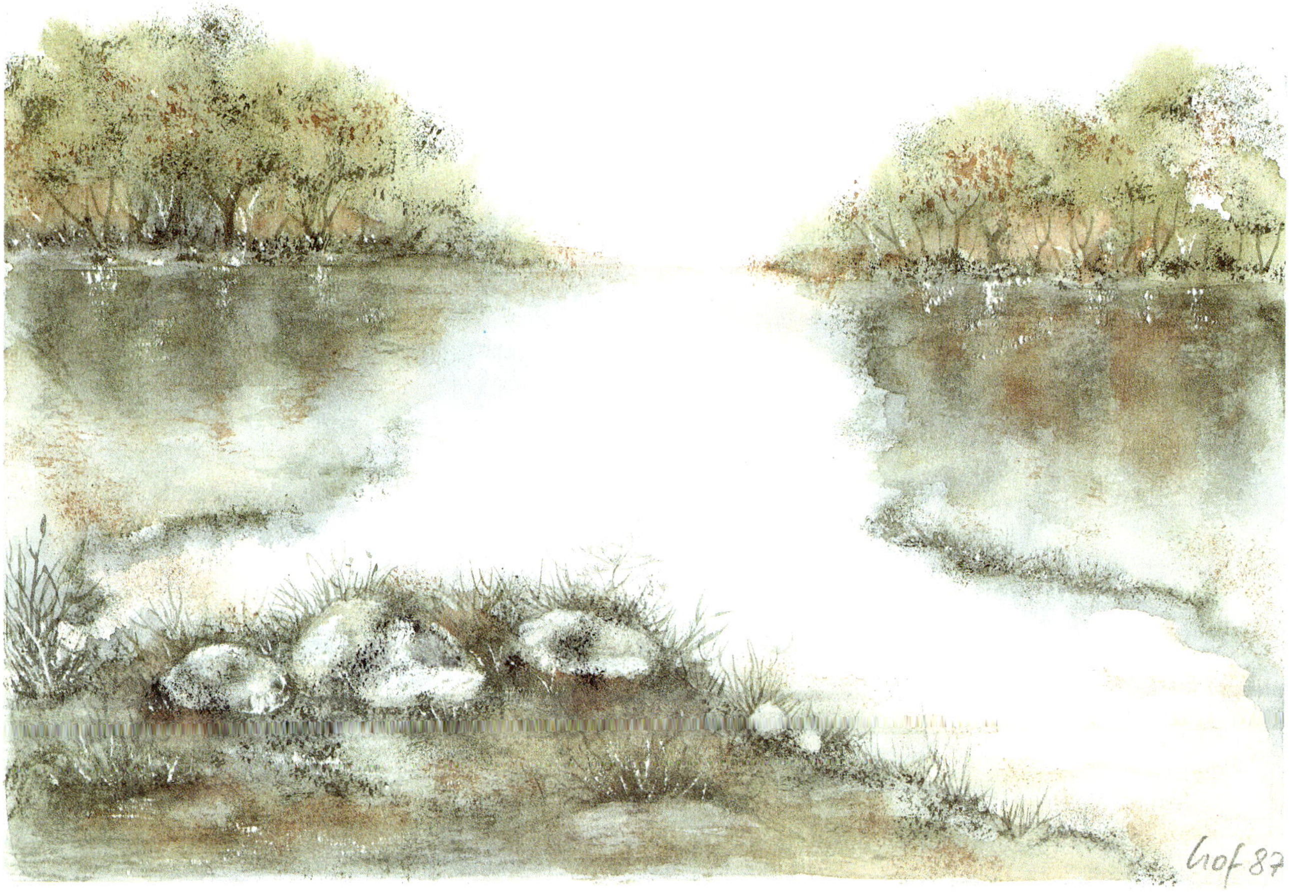

U. Hofacker *Seeskizze*

Bei dieser Seeskizze stand die Zeichnerin direkt am See auf Steinen, um die Spiegelungen im Wasser besser studieren zu können. Es wurde mit Wachs gearbeitet, der auf die Steine aufgebracht wurde. Himmel und See blieben frei von jeglicher Farbe; auch so kann eine Tiefe erzielt werden.

U. Hofacker *Herbstbild*

Ein warmer Herbsttag im Oktober, die Äpfel fallen vom Baum und uns vor die Füße. Diese Skizze legte die Malerin in Farben frei an, wobei auf die Form des Baumes im Vordergrund besonders Wert gelegt wurde.

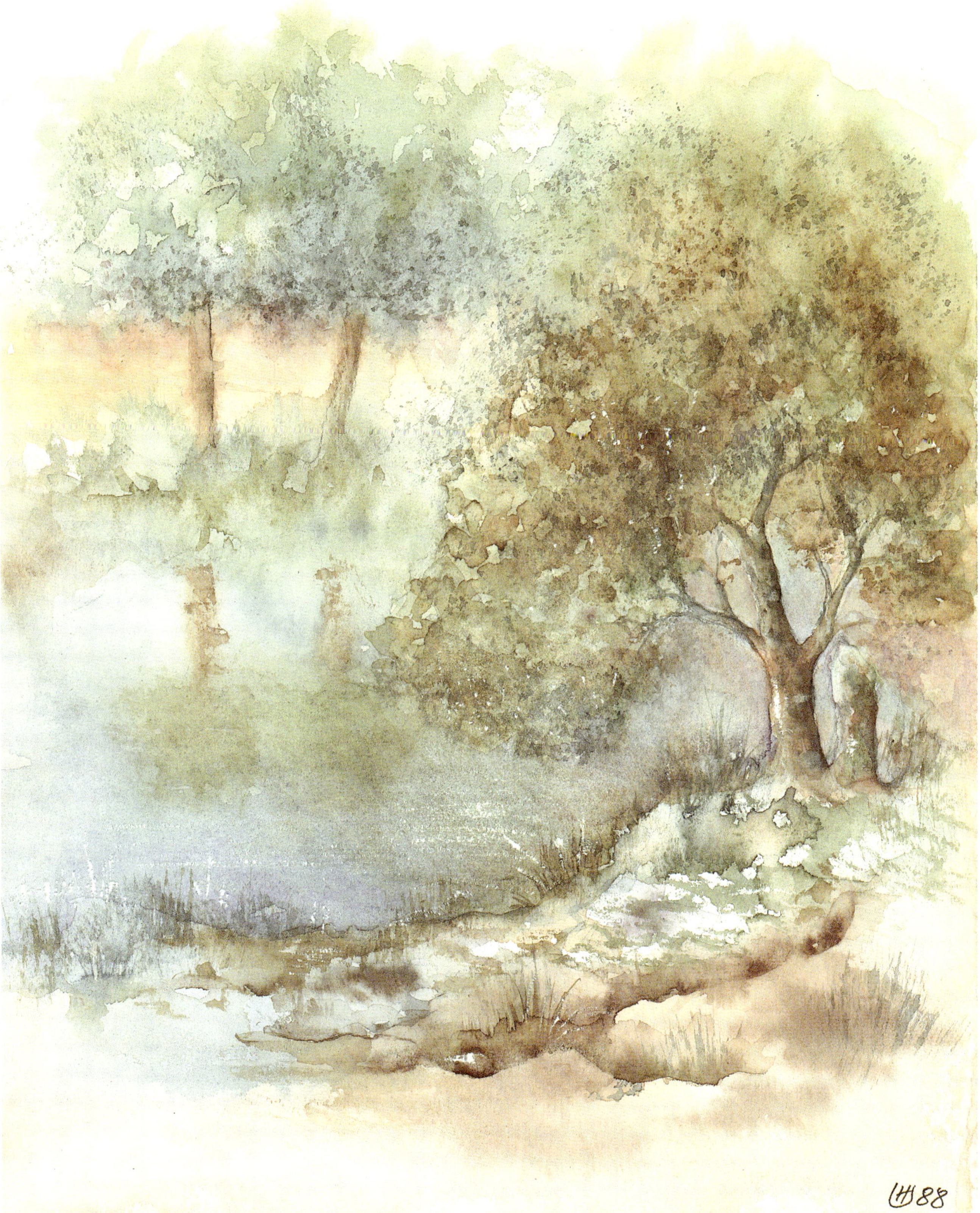

Herbstbild

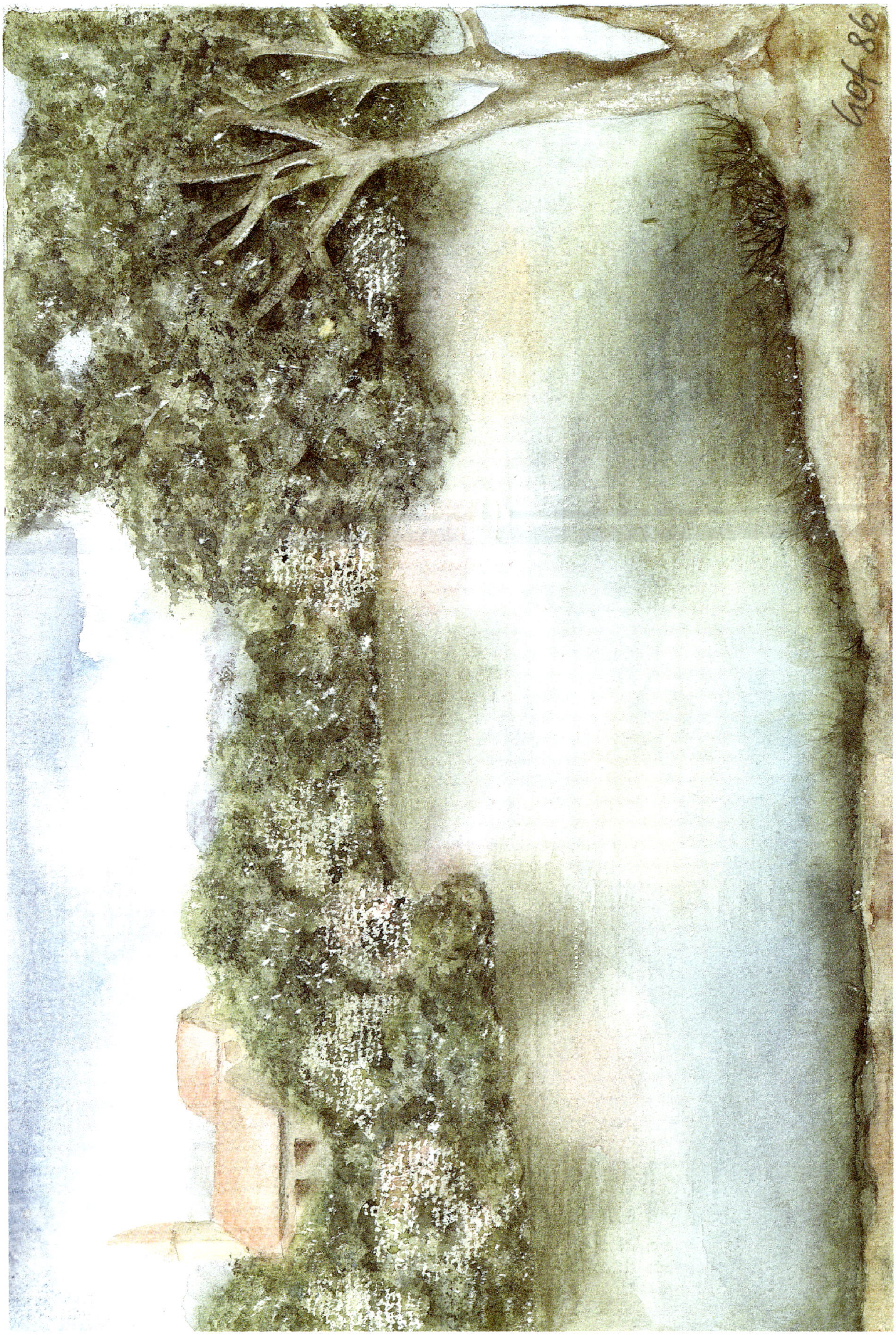

Kirche am See

U. Hofacker *Kirche am See*

Das Wasser ist von besonderem Reiz. Die Spiegelungen der Ufer sind farblich besonders gut wiedergegeben. Einige Bäume wurden gewachst, was den Eindruck von blühenden Bäumen vermittelt. Der Baumstamm und das Ufer im Vordergrund wurden in gleichen Farbtönen angelegt und bilden dadurch einen ruhigen Abschluß.

M. Krämer *Gartenlaube*

An einem Wochenende entstand diese Skizze, an der nichts geändert oder „verschönt" werden darf. Sie wirkt in ihrer Spontaneität für sich. Die Hüttenbretter haben einen ebenso verwitterten Farbton wie dies auf dem Bild dargestellt wurde. Das alles bedarf einfach keiner Einzelheiten.

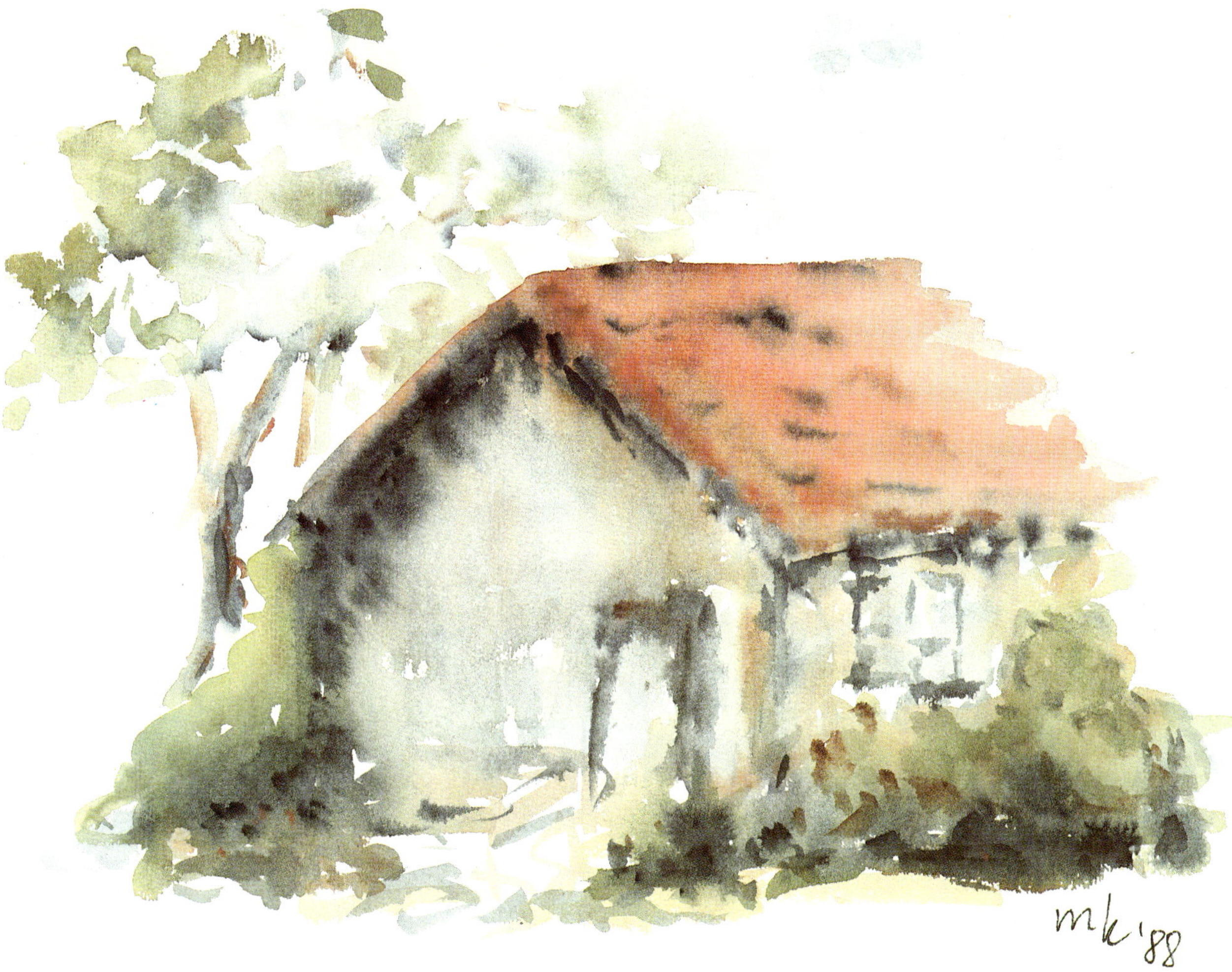

Entenjagd

Nebel in den Sanddünen, darüber aufgeschreckte Wildenten. Der Bodennebel über dem Wasser gibt den Blick für den Vordergrund frei. Durch die hohen Gräser entsteht der Eindruck einer Froschperspektive. Die Ocker- und Blautöne mit ein wenig Morgenrot auf der linken Seite verdeutlichen die frühe Stunde der Jagd.

Baumgruppe

Diese dunklen Kiefern ziehen den Blick an. Sie sind eingerahmt von Pappeln und einer Buche im Vordergrund. Die Nähe eines Sees kann der Betrachter durch moorigen Boden und Schilfgrasbüschel ahnen. In diesem Bild sind kalte und warme Farben gut aufeinander abgestimmt.

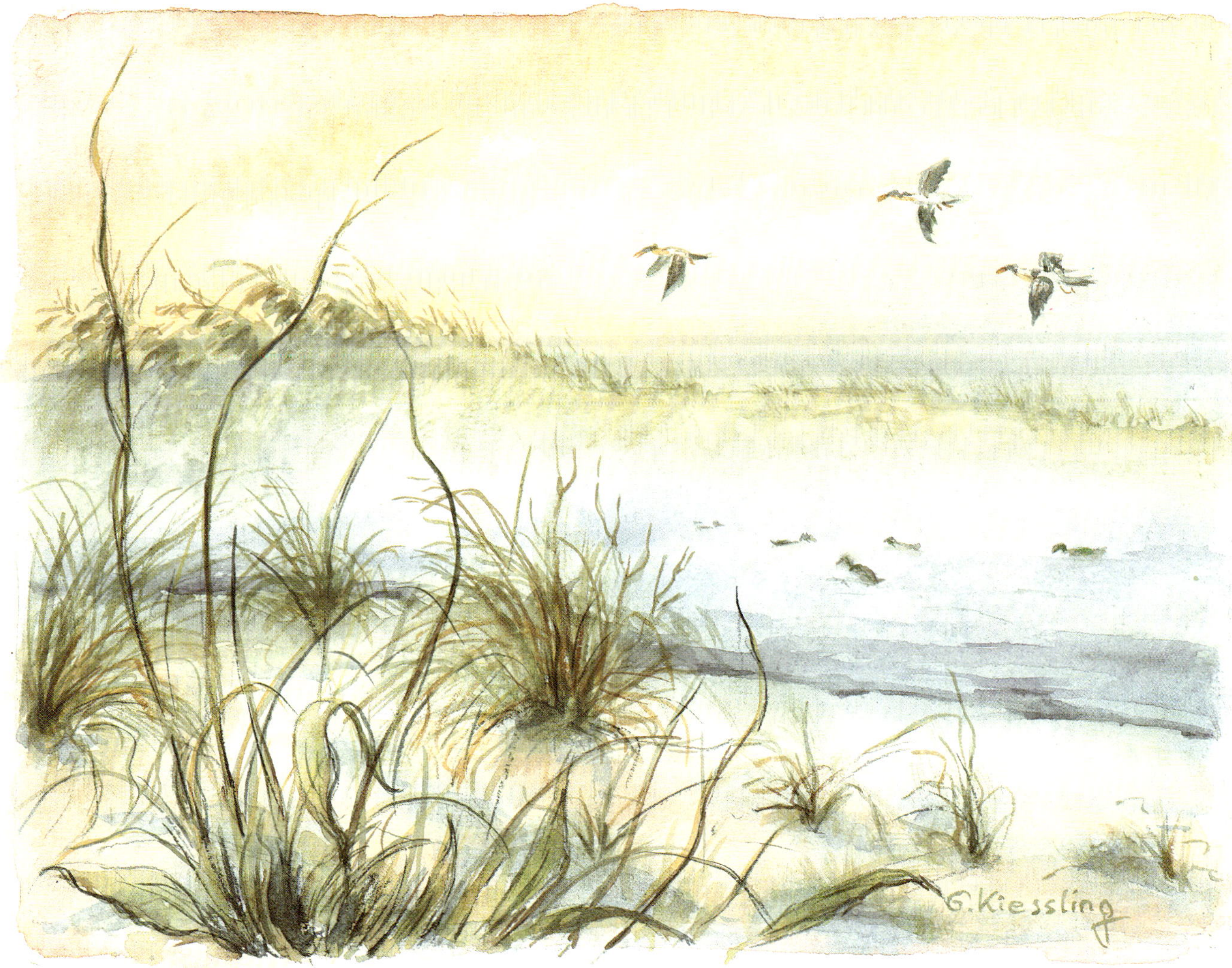

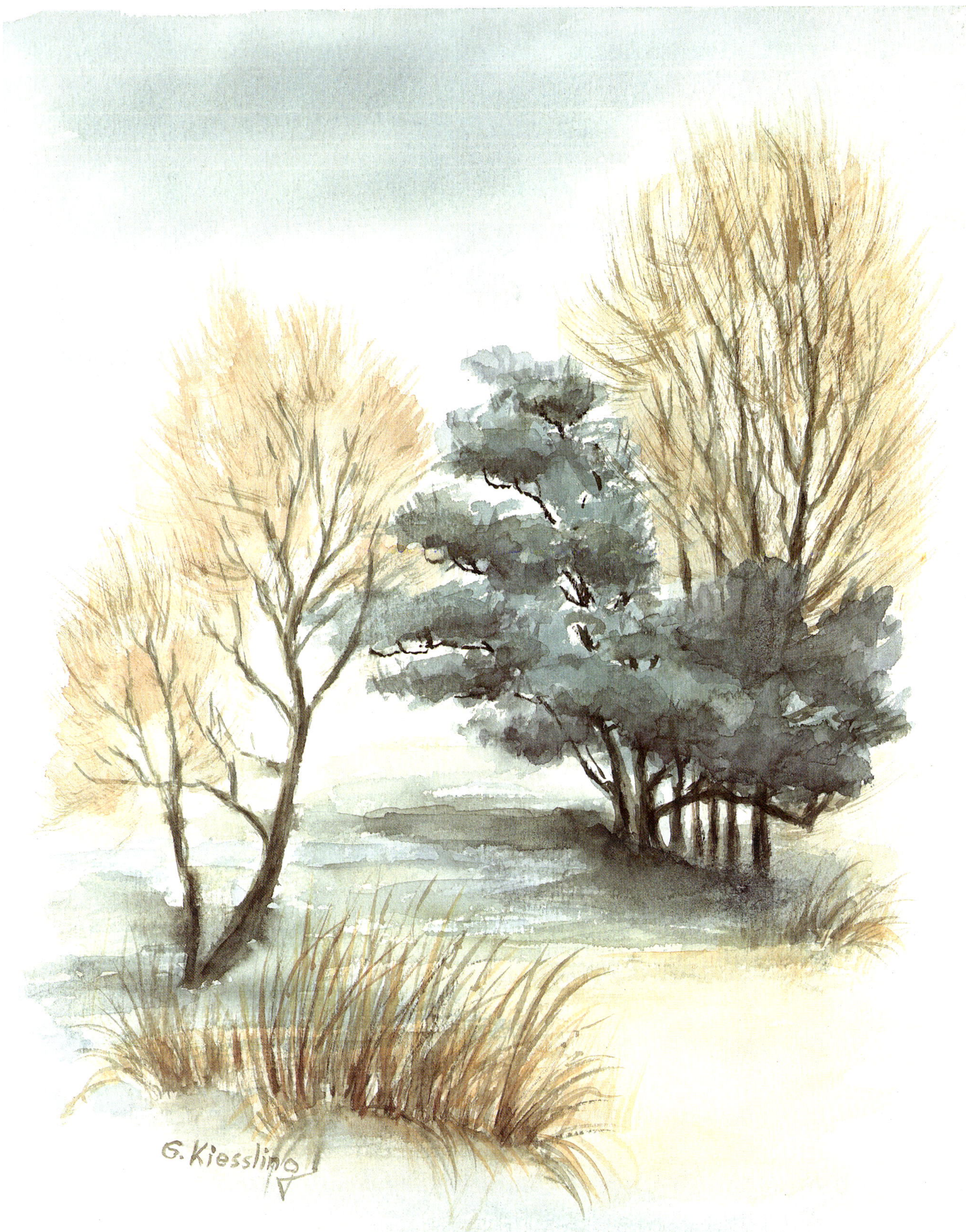
G. Kiessling

Burg Plesse

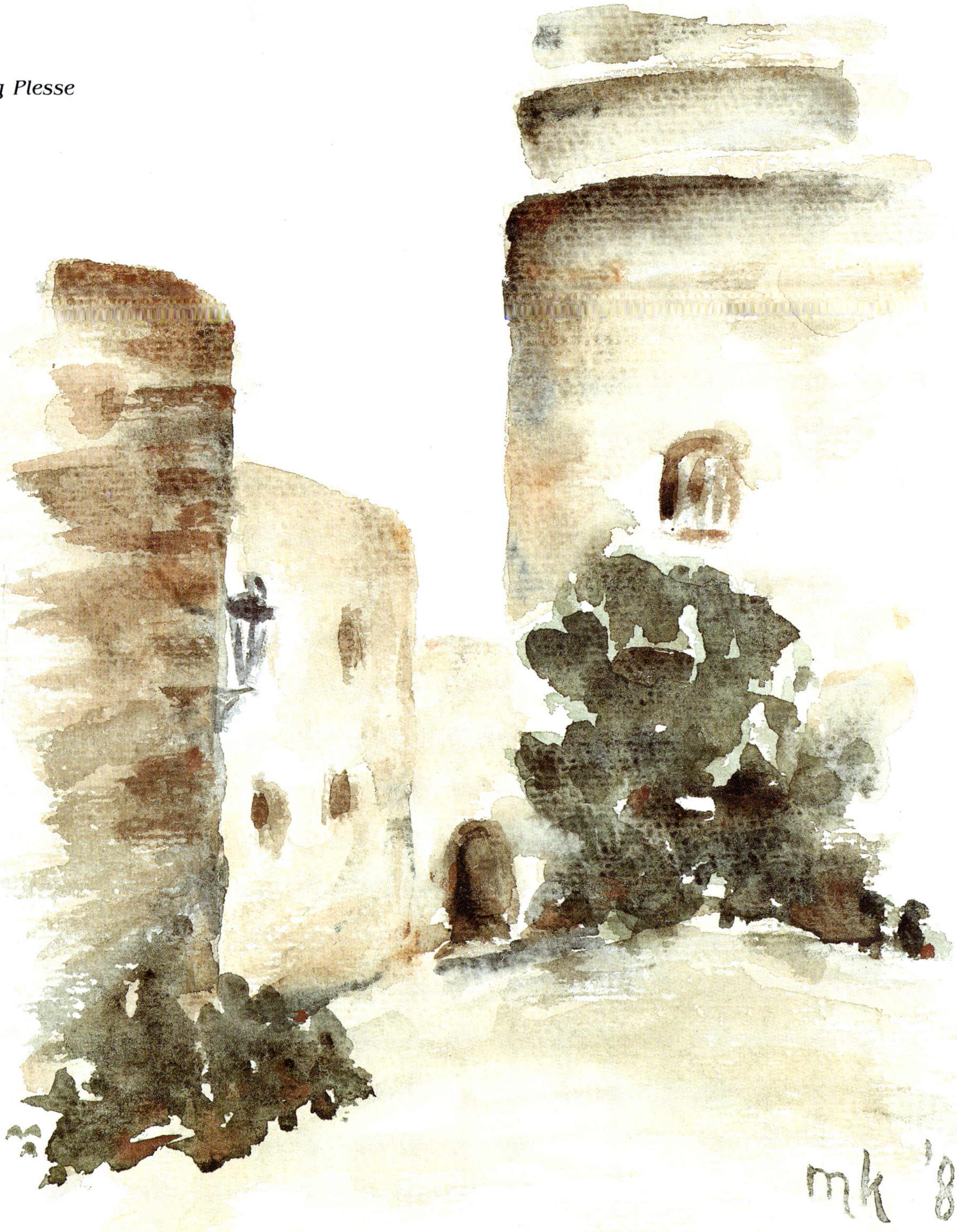

Literaturnachweis

Farbe in der Aquarellmalerei *Blake, W.:*
Otto Maier Verlag Ravensburg, 1986

Mit Wasserfarben malen *Guptill, A.L.:*
Bauverlag Wiesbaden 1981

Blumenaquarelle *Kiessling-Kuchenbuch, G.:*
Bauverlag Wiesbaden 1987

Die Kunst des Aquarells *Koschatzky, W.:*
Residenz Verlag Salzburg 1982

Räumliches Zeichnen *Rotgans, H.:*
Otto Maier Verlag Ravensburg 1986

Ölmalerei *Handell, A./Trainor, L.:*
Bauverlag Wiesbaden 1983

Landschaftsmalerei *Wedewer, R.:*
Köln: DuMont Buchverlag GmbH 1980

M. Krämer *Burg Plesse*

Ein rasches Erfassen der aus großen, hellen Steinen erbauten Burganlage hoch über dem Leinetal ist wichtig, um sich nicht in Details zu verlieren. Im Vordergrund stand der Gedanke, Spannung duch Hell-Dunkel-Effekte zu erzeugen. Hinzu kommt noch der sparsame Gebrauch von Farbigkeit, der diese spontane Arbeit vom Burghof auszeichnet. Gemalt wurde auf rauhem Büttenaquarellpapier.

Stichwortverzeichnis

Die Autorin

Gisela Kiessling-Kuchenbuch
Jahrgang 1929

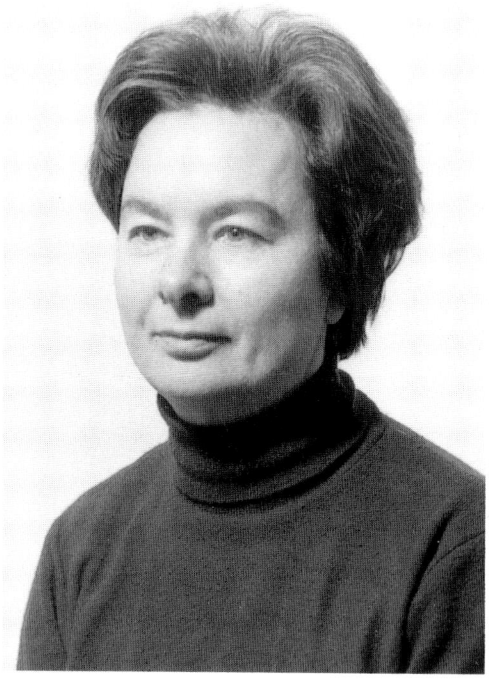

1944 – 1947	Grafische Zeichnerin mit Abschluß an der Gutenbergschule zu Leipzig
1964 – 1970	Studium der Malerei bei H. Hinsch und Blumenmalerei bei K. Krebs, Göttingen
Seit 1973	freiberuflich als Malerin und Zeichnerin tätig
Seit 1979	Dozentin an der Volkshochschule Göttingen im Bereich bildnerisches Gestalten. Zahlreiche Einzel- und Gruppenausstellungen im In- und Ausland.